酸化物半導体と鉄系超伝導
—新物質・新機能・応用展開—

Oxide Semiconductors and Iron Based Superconductors
—Novel Materials, Functionalities and Emerging Applications—

《普及版／Popular Edition》

監修 細野秀雄，平野正浩

シーエムシー出版

はじめに

本書は，10年余に亘って実施された「細野プロジェクト」の後半の成果をまとめたものである。先に上梓した「透明酸化物機能材料とその応用」と合わせ読んで頂けるとプロジェクトで得られた成果を総合的に理解して頂けると期待している。

「細野プロジェクト」は，主として，科学技術振興機構　戦略的創造事業ERATOの「細野透明電子活性プロジェクト」(1990年10月～2004年9月）とその継承であるERATO-SORST「透明酸化物のナノ構造を活用した機能開拓と応用展開」(2004年10月～2010年4月)，および日本学術振興会　学術創成振興費の「ナノ構造と活性アニオンを利用した透明酸化物の機能開拓」(2004年4月～2009年3月）の枠組みで研究開発を推進してきた。本書は，そこで得られた研究成果を，研究に従事した研究者の方々に執筆して頂いた。また，「細野プロジェクト」では，プロジェクトでの研究成果を実用にシームレスに繋げるために，民間企業との共同研究を積極的に進めた。そうした共同研究の内容・成果も，民間企業の研究者の方々に執筆して頂いた。

「細野プロジェクト」は，機能性酸化物のフロンティアを開拓することを主題として，研究をスタートさせた。機能を追求していくうちに，対象とする材料は，酸化物からオキシカルコゲナイド，ニクタイド化合物へと広がり，「アモルファス酸化物半導体（TAOS)」，「C12A7」および「鉄系超伝導化合物」の3つの研究領域で，大きな研究成果を得ることができた。

「アモルファス酸化物半導体」(第2章）は，酸化物の電子構造を，電子材料として，もっともうまく活用した例と言えよう。液晶ディスプレイの大画面化，有機ELディスプレイおよび3次元テレビ商品化への期待という「ニーズ」と，それらのディスプレイのバックプレーンTFTとして十分な性能を有するという「シーズ」が整合した。従来から使われているアモルファスシリコンTFTでは，電子移動度が小さいために，それらの平面ディスプレイ用TFTの要求をわずかに満たすことができない。現在，大手ディスプレイメーカーで，平成22，23年での実用化を目指した研究開発が精力的に進められており，また，学術的にも「アモルファス酸化物半導体」という新しい分野が拓けている。「アモルファス酸化物半導体」の研究は，明確な課題を設定して，スタートしたわけではなかった。逆に，シーズ探索的な色彩が強かった。現在は，課題設定型研究開発が強く求められているが，ブレークスルーを生む研究成果は，シーズ探索型研究に端を発することが多いようにも思える。「C12A7」(第5章）は，ゼオライトと同様な中空ケージを内包するポーラス構造結晶を持つ。しかし，ゼオライトとは異なり，フレームワークがプラスに帯電しているため，ケージ中には，アニオンが包接される。こうした特異な構造が，いかなる材料特性をもたらすかを明らかにすることが，C12A7を取り上げた動機であった。前著にも記したように，包接イオンである酸素イオンを他のアニオンで置換することにより，実用化できそうな多くの特性が見出された。酸化力の強い酸素ラジカルの生成，電気伝導性の付与，エレクトライドの生成，還元性の強いH^-と電子の包接，低仕事関数の実現などである。しかし，実際に実用化を目指した研究開発を進めてみると，当初は想定していなかった数々の障害に遭遇した。テーマの多くに関して，引き続き研究開発を継続しているが，まだ実用化への明確な道筋は見えていない。その中で，現在，もっとも有望と考えているものが，低仕事関数を利用した蛍光灯，液晶バックライト（冷陰極管）などへの応用である（第5章7)。電極材料として実用化するか否かは，まだ予断を許さないし，しかも，たとえば，液晶バックライトは，急速に発光ダイオードへの変換が進んでおり，冷陰極管が今後ともバックライトとして存続する保証はない。どんなに優れた新技術でも，その寿命は永遠ではなく，あるタイミングでのみ実用技術足りうるのである。C12A7の研究開発では，計算機シミュレーションが非常に有効であった（University College Londonとの共同研究)。また，ここで得られたC12A7研究成果は，「元素戦略」概念の礎となった。

前著のまえがきで『こうしたテーマ以外にも，同じ研究方針の下に，多様な材料を対象とした多くの研究テーマに取り組んできた。時間を限ってみれば，研究テーマの歩留まりは，決して100%ではない。しかし，本書に記載しなかったテーマが失敗であったというわけではない。これらの研究は近い将来に，革新的な成果として結実するものと期待している。材料の開発には，長い時間と忍耐が必要なのである。特に，革新的なインパクトをもたらす新材料においては』と記した。「鉄系超伝導化合物」（第3章）は，こうしたテーマの好例であり，セレンデピテイ的に発見され，「細野プロジェクト」の後半の中核的なテーマとなった。鉄系超伝導化合物は，銅酸化物に続く2番目の高温超伝導化合物群であり，超伝導転移温度が40Kを超える多くの化合物が見出された。残念ながら，最高温度は～55Kで，銅系超伝導化合物に遠く及ばない。また，ここ2年間以上，さらなる高温化は実現していない。鉄系超伝導の研究には，銅酸化物系で蓄積された知識がフルに活用できたこともあり，研究の進捗は非常に速く，他の分野での10年分の成果が1年で達成されるほどの異常なまでのスピードを感じた。

細野プロジェクトは，一つのテーマにフォーカスしてみると，大まかな領域を定めたシーズ探索的研究からはじまり，研究の進展と共に，社会ニーズを特定した課題設定型研究へと進展した。また，時期を区切ってみると，シーズ指向型および課題設定型研究が共存していたように思える。さらに，いくつかの新材料はセレンデピテイ的に見出された。本書から，革新的新材料を開拓する方法を考えるためのヒントを読み取っていただければ幸いである。

なお，「細野プロジェクト」は，「最先端研究開発支援プログラム（FIRST)」（新超電導および関連機能物質の探索と産業用超電導線材の応用）として継続実施されている。

2010年8月

㈱科学技術振興機構
平野正浩

普及版の刊行にあたって

本書は2010年に『酸化物半導体と鉄系超伝導―新物質・新機能・応用展開―』として刊行されました。普及版の刊行にあたり，内容は当時のままであり加筆・訂正などの手は加えておりませんので，ご了承ください。

2016年6月

シーエムシー出版　編集部

執筆者一覧（執筆順）

細野秀雄　東京工業大学　フロンティア研究機構＆応用セラミックス研究所　教授
平野正浩　㈱科学技術振興機構　研究開発戦略センター　フェロー
神谷利夫　東京工業大学　応用セラミックス研究所　准教授
平松秀典　東京工業大学　フロンティア研究機構　特任准教授
小郷洋一　東京工業大学　応用セラミックス研究所（現・HOYA㈱）
松崎功佑　東京工業大学　フロンティア研究機構　産学官連携研究員
野村研二　東京工業大学　フロンティア研究機構　特任准教授
熊原吉一　JX日鉱日石金属㈱　磯原工場　開発部　主任技師
栗原敏也　JX日鉱日石金属㈱　磯原工場　開発部　主席技師
鈴木　了　JX日鉱日石金属㈱　磯原工場　開発部　主席技師
磯部辰徳　㈱アルバック　千葉超材料研究所　第1研究部　第2研究室　主事
野村尚利　東京工業大学　大学院総合理工学研究科（現・㈱デンソー）
松石　聡　東京工業大学　応用セラミックス研究所　助教
梶原浩一　首都大学東京　大学院都市環境科学研究科　分子応用化学域　准教授
上岡隼人　筑波大学　大学院数理物質科学研究科　物理学専攻　助教
河村賢一　㈱科学技術振興機構　透明電子活性プロジェクト　研究員
林　克郎　東京工業大学　応用セラミックス研究所　准教授
金　聖雄　東京工業大学　フロンティア研究機構　特任准教授
戸田喜丈　東京工業大学　フロンティア研究機構　研究員
津田　進　大阪歯科大学　化学教室　助教
渡邉　暁　旭硝子㈱　中央研究所
宮川直通　旭硝子㈱　中央研究所
伊藤節郎　東京工業大学　応用セラミックス研究所

目　次

第1章　概論
―10年間の透明酸化物の機能探索とそれから拓けた新領域―

細野秀雄

第2章　酸化物半導体

第3章　LnTMPO 系超伝導化合物

第4章　透明酸化物

第5章　$12CaO \cdot 7Al_2O_3$(C12A7)

第1章　概論
—10年間の透明酸化物の機能探索とそれから拓けた新領域—

細野秀雄*

1　“透明電子活性”に託した想い

透明な酸化物は地殻の主な構成成分であり，陶磁器，セメント，ガラスなどの伝統的窯業製品の原料となっている。資源的に豊富で，環境調和性に優れているが，半導体などの電子機能を発現させる舞台とは殆ど考えられていなかった。1986年の銅酸化物での高温超伝導の発見とそれに続く強相関酸化物の固体電子物性の研究は，遷移金属酸化物が新しい電子機能の宝庫であることを明らかにした。しかしながら，これらの研究に最も寄与したのは物性物理を専門とする人たちと良質の薄膜と単結晶を作製した人たちであった。残念ながら筆者のようなセラミックスを専門としていた研究者の本質的寄与は顕著ではない。学問の進歩という観点からは，誰がそれを担うかなど瑣末なことであるが，その分野に身を置く生身の人間としては，実にショッキングなことであった。また，反面，酸化物という古臭い物質に秘められた電子機能材料としての思いもしれない可能性があるのではないかと期待を抱かせてくれた。

1993年に勤務先を名古屋工大から東工大に移し，川副博司先生とペアを組んで，透明酸化物半導体という分野に焦点を絞って研究を開始した。特異な電子輸送特性を有するアモルファス酸化物薄膜とその物質設計指針の提案，イオン注入によってキャリア注入ができる物質群，真空紫外域の透明性とレーザー耐性の優れたシリカガラス，p型導電性物質などを成果として論文発表していった。1998年にJST（当時　科学技術振興事業団）の担当職員の方から，「複数の先生方から推薦があったのでERATOプロジェクトの研究提案を書いてみませんか」との誘いがあった。そこで，どうせ凄い競争率なのだから，小さくてもいいから明快なオリジナリティのあるテーマを伸ばしてみようと考え，透明酸化物の結晶とアモルファスを舞台に，独自の視点と良質の試料を用意し，新しい光・電子機能の探索を行うことを提案した。当時，既に明らかになっていたスピンと電荷が織りなす多彩な遷移金属酸化物を意識的に避け，伝統的なセラミックスの原料である透明酸化物にこだわった。この方針は，積極的な理由からではなかった。今さら遷移金属酸化物の物性研究をおこなっても（世界的に見て明快なオリジナリティを確保できるということ）勝てる気がしなかったことと，本気で透明酸化物の光・電子機能の探索を行えば，自分のチームくらいなら何とか食えるくらいの成果は出てくるだろうという目算があったからである。この提案は幸運なことに採択された。よくこの時点でERATOの総括責任者に選んでくれたも

---

*　Hideo Hosono　東京工業大学　フロンティア研究機構&応用セラミックス研究所　教授

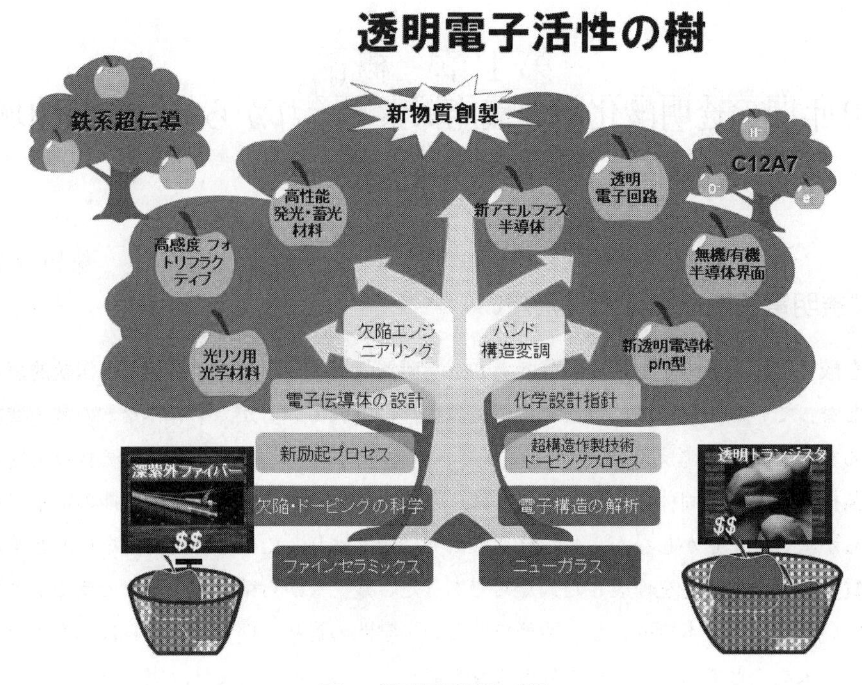

図１　透明電子活性の樹

透明活性プロジェクトの構想とそれから得られた成果。紫外用光ファイバーとトランジスタが応用に繋がりそうなテーマとなった。C12A7は新学術分野の芽となった。

のだと感じている。審議会の先生方とJSTの担当職員の方々に感謝している。

1999年10月から「透明電子活性プロジェクト」を開始した（図1)。「透明電子活性」(Transparent Electro-activity）という言葉は，古典的なイメージを打ち破り，電子が主役となる新機能をもつセラミックスを創り出すのだ，という願望を込めた私の造語である。参画した研究員らの奮闘により，初期の目的をほぼ達成し，新学術分野や産業応用につながりそうな成果が得られたとの評価を受け，2004年10月からERATO-SORSTという継続プロジェクトに採択され，さらに5年間の研究を行った[1,2]。後述のC12A7に関する機能開拓は，2004年から日本学術振興会の科学研究費補助金の「学術創成研究費」の課題に採択され，SORSTとは切り分けた研究を展開した。

以下には，この10年の主な成果とそれから拓けた新しい領域について簡単に紹介する。

2　新しい範疇のアモルファス半導体：透明アモルファス酸化物半導体（TAOS）

アモルファス半導体の歴史は，結晶半導体と遜色ないくらい古い。1950年に市販されたゼロックスの最初のコピー機の感光ドラムにはアモルファスセレンが使われている。均質な大面積薄膜の作製において，アモルファスは結晶に比べ，明らかな優位性がある。しかしながら，結晶半導体のように不純物のドーピングによるフェルミレベルの制御は，殆どのアモルファスで達成できなかった。これが可能になった物質が1975年にSpear & LeComberによって報告された水素化アモルファスシリコン（a-Si：H）であった。結晶シリコンと比べると移動度は数桁も低下して$0.5cm^2(Vs)^{-1}$程度であるが，液晶表示板を駆動する薄膜トランジスタ（TFT）としては十分であった。現在の液晶ディスプレイはガラス板の上に形成されたa-Si：H TFTアレイを背面板として駆動している。

結晶半導体をアモルファス化すると，低温化，大面積化という薄膜形成プロセスには大きなメリットがあるが，電子輸送特性は桁違いに低下してしまうと考えられていた。実際，シリコンだけでなくカルコゲナイドや遷移金属酸化物においてもそうなっていた。筆者は，イオン性が高いpブロックの金属酸化物のn型半導体物質では，伝導帯の底が空間的に大きな広がりを有する金属のs軌道からなることに着目し，これらの酸化物のアモルファスでは結晶とあまり遜色ない電子移動度が得られるのではないかと考えた。これらの物質は，通常の急冷法ではアモルファス化が困難なため，研究は殆ど行われていなかった。ところが，スパッタリングなどの気相経由の製膜プロセスでは容易に作製できる。そこで，系統的に物質探索を行い，電子移動度が$10〜50cm^2(Vs)^{-1}$と大きな一群の透明アモルファス酸化物半導体（TAOS）を見出し，上記の仮説とともに1995年に神戸で開催された第16回アモルファス半導体国際会議（ICAMS-16）で発表した。

ERATOプロジェクトでは，透明酸化物半導体の単結晶$InGaO_3(ZnO)_4$薄膜を使って，電界効果移動度$\sim 80cm^2(Vs)^{-1}$という多結晶シリコンに匹敵する，極めて高性能なTFTが作成でき，透明酸化物半導体の隠れたポテンシャルの高さを実感した[3)]。応用展開を模索するSORSTプロジェクトでは，単結晶から一転しアモルファスのTFT応用にフォーカスを絞った。PET基板上に室温でInGaZnOxのアモルファス薄膜を堆積し，電界移動度$\sim 10cm^2(Vs)^{-1}$のTFTが作成できることを2004年末に報告した[4)]。当時，電圧駆動の液晶と異なり，電流駆動の有機ELの駆動には高移動度でかつ低温で作製可能なTFTが求められていた。TAOS-TFTはそれまで全く知られていなかったが，この発表によってアカデミアのみならず内外のディスプレイ関連企業群が高い関心を示し，現在までの5年間の進展は筆者らの想像を超えるほど目覚ましい（図2)。

アモルファス半導体領域のメインの会議は，2年ごとに開催されるアモルファス半導体国際会議である。リスボンで開催された第21回会議では，初めてアモルファス酸化物のセッションが設けられ，従来のシリコン，カルコゲナイドに，有機と酸化物が正式に加わることとなった。そして2007年のコロラドで開催された第22回会議では全発表論文の15%（招待講演の20%）が酸化物関連となり参加者を驚かせた。2009年の23回大会（オランダ）でもこの傾向は続いている。

ディスプレイ分野の最大の国際会議は毎年米国で開催されるSID（国際情報ディスプレイ学会）年会で，論文発表とともに試作品の展示があることが特徴である。酸化物TFTのセッションは2007年大会で初めて開設され，以後常設化している。各企業によって試作されたTAOS-

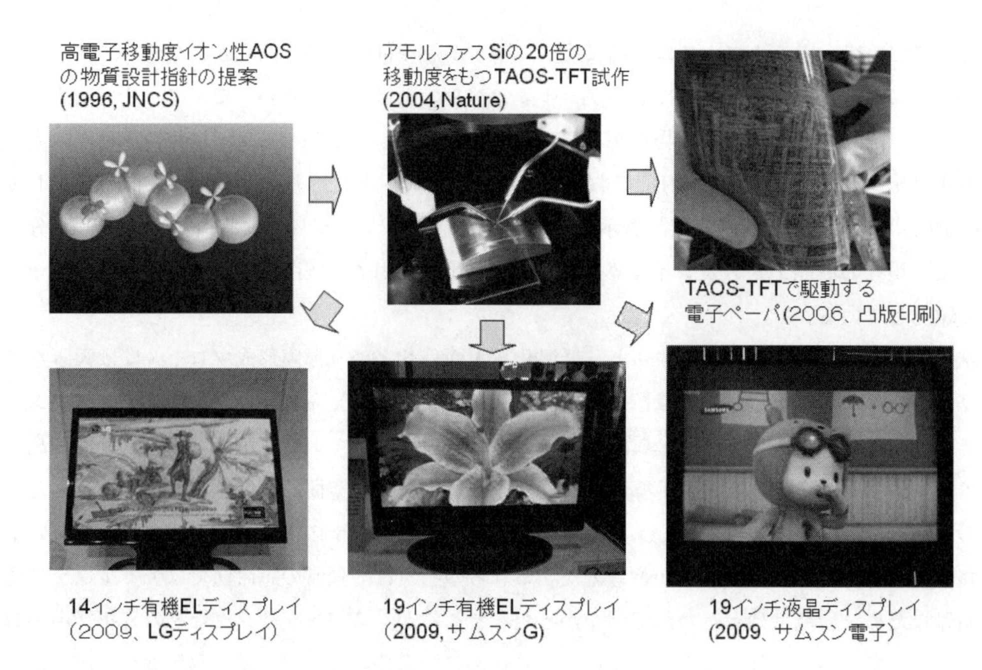

図2　イオン性透明アモルファス酸化物半導体（TAOS）の物質設計コンセプトの提案から TAOS-TFT で駆動する次世代ディスプレイの試作まで

TFT で駆動する有機 EL ディスプレイや最近では液晶ディスプレイが毎年展示され，そのサイズが年々大型化している。2009 年大会に合わせた SID の機関誌 Information Display には「酸化物はシリコンを置き換えることができるか？」という見出しが躍った。

2010 年 1 月に東工大＋JST が共催した第 2 回透明アモルファス酸化物半導体（TAOS）とその応用に関する国際会議（TAOS-2010）には，サムスン，LG，AUO，シャープ，HP，キヤノン，凸版印刷，大日本印刷，日立，NEC という 11 社からの研究発表があり，参加者は 360 名（うち 70%が企業から）を数えた。

動画を映し出すディスプレイの試作には，膨大な設備が必要であり，大学や JST のプロジェクト研究費で賄うことは到底無理である。内外の企業群が TAOS-TFT で駆動するディスプレイを試作し発表したことにより，多くの研究者の関心を集めることになった。未開拓であったイオン性アモルファス酸化物に着目した基礎的研究が一段落したときに，JST というファウンダーの支援を受け TFT を試作し優れた特性を有することが明らかになった段階で，次世代ディスプレイの駆動という応用を目指す内外の企業群によって研究が開始され，実用化が目前となっている。

3　ユビキタス元素協同戦略：セメント成分 C12A7 の多機能化

石灰とアルミナというありふれた酸化物からなる $12CaO \cdot 7Al_2O_3$(C12A7) は，アルミナセメントの構成成分。直径〜0.5nm のケージが面を共有することで3次元的に繋がった結晶構造をもつ。ケージはプラスの電荷を帯びており，それを中和するために酸素イオン O^{2-}（直径〜0.3nm）が対イオンとしてケージ中に緩く包接されている。この酸素イオンを通常の状態では不安定なアニオン種と交換することで，新しい機能の発現を狙った。その結果，図3にまとめるような成果が得られた。特に興味深いのは，O^{2-}の代わりに電子を導入したもので，電子濃度によって絶縁体，透明半導体，そして室温で 1800 Scm^{-1} という高い伝導度をもつ金属導電体にまで変化する。また，金属的な伝導を示す試料を低温に冷却すると 0.2〜0.4K で超伝導状態に転移する。セメントを金属，そして超伝導体に変身させることができたわけである。CaO-Al_2O_3 系には多くの化合物が知られているが，電子のドーピングが可能な物質は C12A7 に限られている。密に繋がったナノケージ中にドープされた電子は安定で，しかもケージの壁をトンネル効果ですり抜けて隣のケージに移動できるためで，この結晶構造が本質的役割を演じている。典型的な絶縁体から構成される物質でも，適切な構造とドーピングを施せば，金属伝導や超伝導までも起こすことができることを示したのである。

C12A7 の機能はこれだけにとどまらない。電子をドープした C12A7（C12A7：e^-）は，固体中から真空中にまで電子を引き出すのに必要なエネルギーである仕事関数が 2.4eV と金属カリ

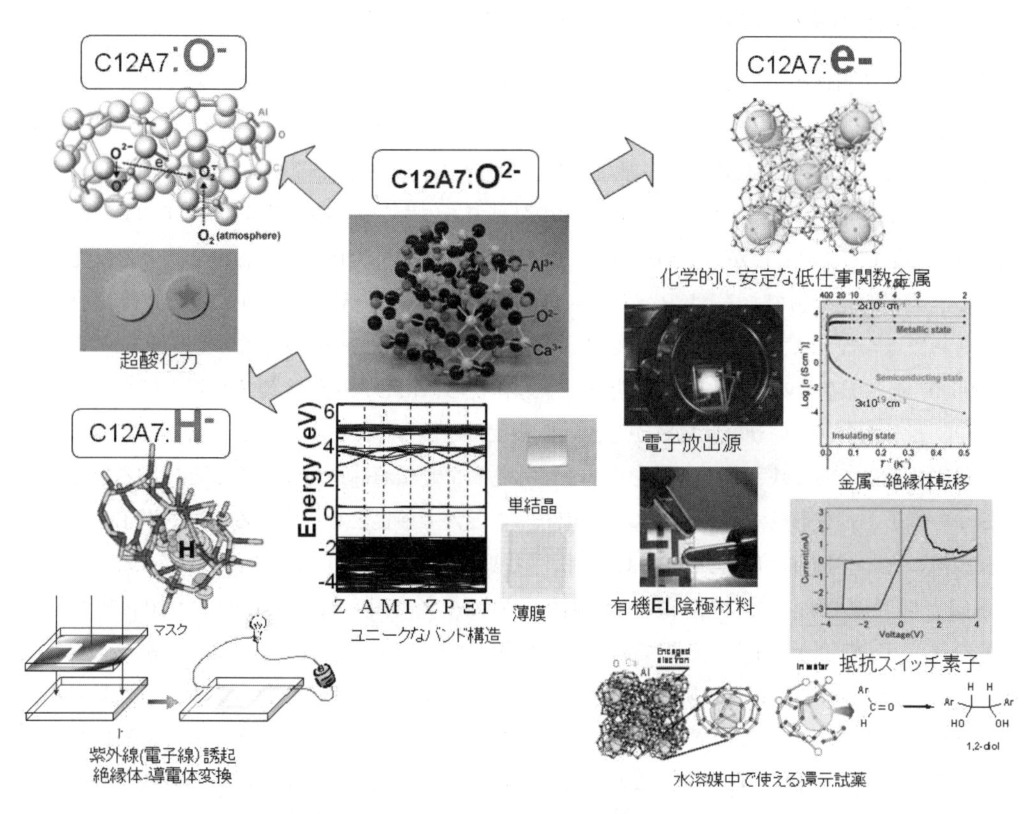

図3　活性アニオンを利用した C12A7 の機能化とデバイス応用

ウム並みに小さく，しかも空気中で化学的・熱的に安定である（素手で触っても全く支障なく，融点は～1200℃）。これらの特性を利用して冷陰極材料や水溶媒中で使える還元試薬などの応用が開けつつある。また，C12A7のケージ中には，極めて強い酸化力をもつが活性が高過ぎて安定化が難しかったO^-イオンを10^{20}～$10^{21}cm^{-3}$包接した試料（C12A7：O^-）を容易に合成することができる。

C12A7は50年以上前に結晶構造が決定された，よく知られた物質で，天然にもマイエナイトとして産出される。また，合成は容易で，現在でもアルミナセメントの成分として大量に生産されている。C12A7：H^-に光を当てるだけで，絶縁体から電子導電体に転化することを見出したときの背筋が震える驚きは今も忘れられない。ありふれた元素でもその組み合わせと構造の工夫次第で，思いもよらぬ機能を実現できるということを実感した瞬間であった。

これらの一連の研究成果は，第3期科学技術政策に取り上げられた「元素戦略」の先駆けとなった。そして，筆者は，これまで希少元素を使って実現していた機能を，ありふれた元素を用い，構造要素を工夫することで実現しようとする「ユビキタス元素戦略」を提唱し，初の府省連携施策「元素戦略」プロジェクトのテーマの一つに採択された。

4　高温超伝導の新鉱脈：鉄ニクタイド系超伝導体

数多ある電子物性の中で最も劇的なものは超伝導であろう。1911年にオンネスによって水銀で現象が発見されて以来，今年でちょうど100年となる。金属系超伝導体の臨界温度Tcが23K付近で飽和して，この温度が「BCS理論の壁」といわれていた停滞を破ったのが，1986年のベドノルツとミュラーによる銅酸化物超伝導体の発見であった。その後，数年間にTcは77Kを超え130K程度まで上昇したが，その後Tcは更新されていない。2001年に青山学院大の秋光らによって，金属間化合物であるMgB_2が$Tc=40K$であることが発見されたが，それ以降はいくつもの新物質は報告されているが，40Kを超える物質は発見されていなかった。

2006-07年，筆者らのグループは透明p型半導体から派出した磁性半導体物質の探索過程で，LaFePOとLaNiPOという層状物質が$Tc=4K$程度の超伝導体であることを報告した。強磁性を示す代表的金属である鉄とニッケルを中心とする物質で超伝導体を見出したことになる。超伝導は2つの電子が対を形成することによって生じることが大前提となっているので，電子のスピンが長距離に亘って揃う（反）強磁性は，超伝導と競合する。しかしながら，これらの物質のTcは水銀と同程度であったため，参入は中国のグループに限られた。しかし，2008年2月に$LaFeAsO_{1-x}F_x$で$Tc=26K$[8]，そして高圧下では43KまでTcが上昇すること[9]を報告すると，世界中が一斉に反応し，6月以降は1ヶ月に1回を上回るペースで国際会議が相次いで開催されるようになった（図4）。この異様な興奮は，磁性元素の代表である鉄の化合物で銅酸化物を除くと最高のTcが実現したことで，これまで高温超伝導の発現にはCuO_2という平面が必須という常識が崩れ，新たな地平線が開けたためである。

図４　2008年米国物理学会　鉄系超伝導体のフォーカスセッションの様子
５日間の会期中，３会場パラレルで朝８：30から夕方６：00まで昼休みなしで特別セッションが開催された。

昨年，５月から2010年７月までに発表された論文は1500報をはるかに超える。筆者らの2008年のTc＝26Kを報告した論文の被引用回数は既に1400回を超えている。その結果，多くの鉄系超伝導物質が報告されたが，図５にあるように何れも鉄イオンの正方格子を含んでいる。超伝導が生じるフェルミレベル近傍の電子状態は，殆んどFeの５つの3d軌道から構成されており，Asの軌道成分の寄与は少ないので，鉄ニクタイドは「鉄の超伝導」と粗く表現してもいいであろう。ドーピングされていない母物質は，低温では鉄のスピンが反強磁性配列をしており超伝導を示さないが，これに電子や正孔をドープしていくと，反強磁性が消失したところで超伝導が発現する[10]。反強磁性相に接して超伝導相が隣接するという点で銅酸化物超伝導と類似しているが，母物質が鉄系では金属であるのに対し，銅系ではモット絶縁体という違いがある。現時点の最高のTcは56K程度であり，銅酸化物には及ばないが金属系より上回っている。物性としては超伝導が消失してしまう上部臨界磁場が大きいという特徴を有していることが明らかになっている。スピンを有する遷移金属ニクタイド（カルコゲナイド）系には，多くの物質が存在する。これらの母物質へのドーピングを考慮すると，実に多くの候補物質が存在する。この中に77Kを超えるようなTcを持つ物質が存在するかどうかはわからないが，新しい鉱脈であることは確かである。

また，応用面では，エピタキシャル薄膜が2008年９月に初めて報告され，2010年４月にはジョセフソン接合[11]，６月にはSQUID[12]が実現した。

5　これからの可能性

鉄，ガラス，セメントは近代建築を担う３大構造材料である。これらのファミリーから高温超

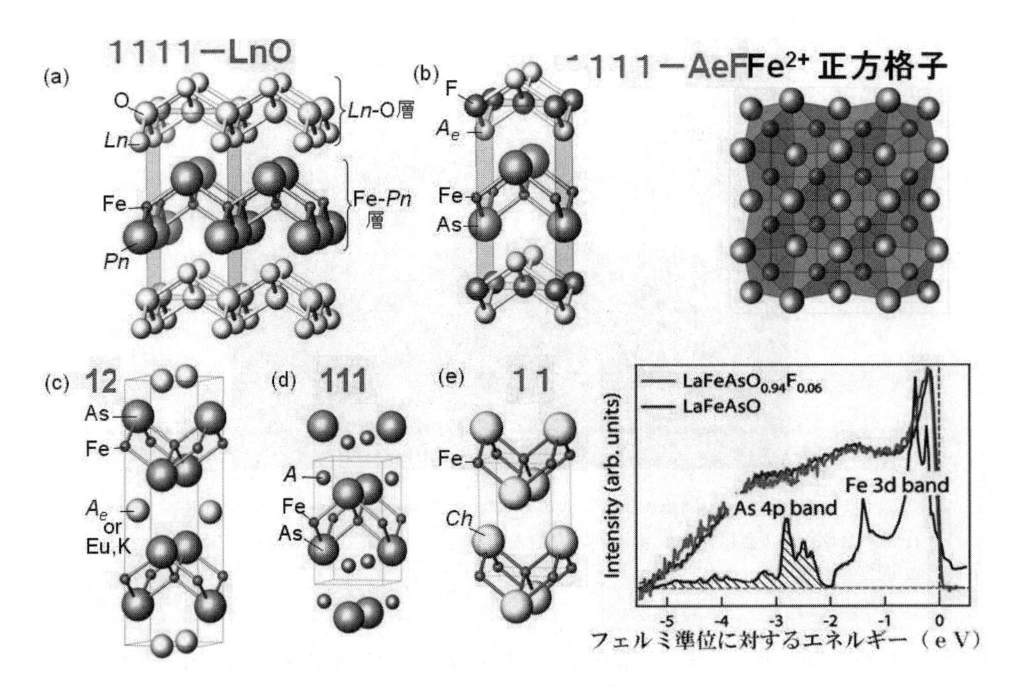

図5　これまでに報告された鉄系超伝導物質

結晶構造から上記の5つのタイプに分類でき，いずれも鉄の正方格子を含んでいる。右はLaFeAsOの光電子分光による状態密度の実測と計算。フェルミレベル付近は殆どFe3d軌道成分から構成されている。

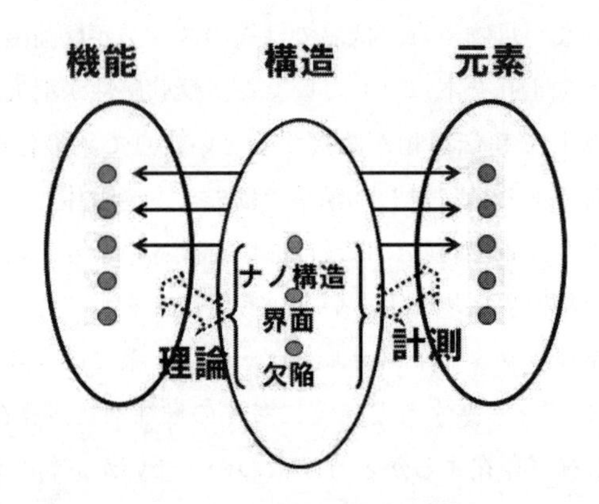

図6　元素と機能の関係

如何に従来の個々の元素に対するイメージを打ち破るかが課題。そのためには斬新な構造要素の導入と制御が重要となる。

伝導体，曲がる高性能透明トランジスタ，そして透明金属が誕生したのである（図6)。いずれも10年前には筆者も含め，予想できなかったことであろう。物質のもつ隠れた潜在能力と多様性に驚嘆せざるを得ない。もう鉱脈をほとんど掘りつくしてしまった，などという印象を抱いている材料研究者も少なくないように感じられる。しかし，これは明らかに誤解である。至るところ青山ありである。

物性理論の究極は，「1を知って 10^{23} 個の性質を予測だ」という。確かに理論と計算の進展は目覚しく，実験屋も理論家と対話しながら研究を進めないといけない時代になってきた。また，物性物理と化学の融合も急速に進んでいる。

ありふれた元素を使って構造を工夫することで新規機能の発現を目指す「ユビキタス元素戦略」は，これからの材料研究の方向である（図7）。これまで酸化物の表面や界面は科学的研究が遅れていたが，昨今ではよく制御されたヘテロ界面や表面が作製できるようになり，プローブ顕微鏡などによる原子オーダーの研究が進展している。また，計算によるアプローチは，よく制御された試料，原子レベルのキャラクタリゼーションと組み合わせると極めて有効であると感じている。思ってもみないような新機能が，ありふれた酸化物から見出される可能性は高いと予想している。

資源，環境，エネルギーと直面する課題は山積みである。過去の歴史を振り返ると，革新的材料の出現は，社会的困難の解決に繋がり，人類に大きな恩恵をもたらしてきた。これからもこれについては変わらないだろう。材料屋の力量を問われる，本来の意味でいい時代になったというべきであろう。新たな発想とアプローチでチャレンジしたいものである。

最後に，本研究で得られた成果とその過程の裏話などについては，一般向けに啓蒙書として2

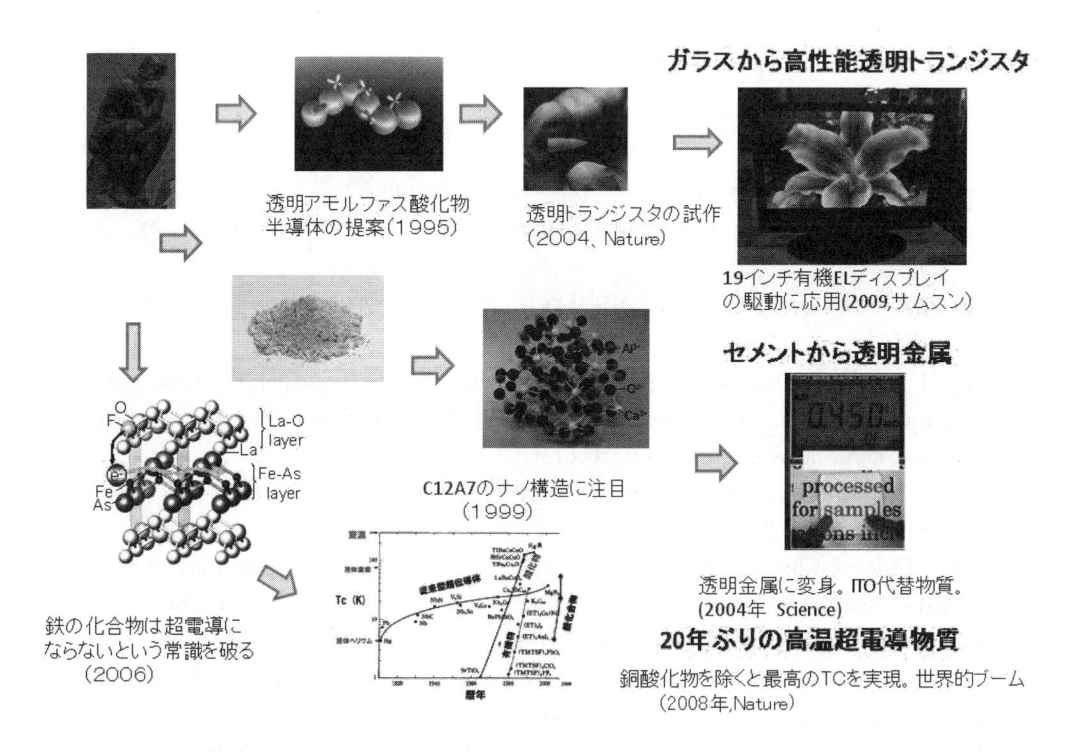

図７　近代建築を支える３つの基幹材料（ガラス，セメント，鉄）から生まれた電子機能材料

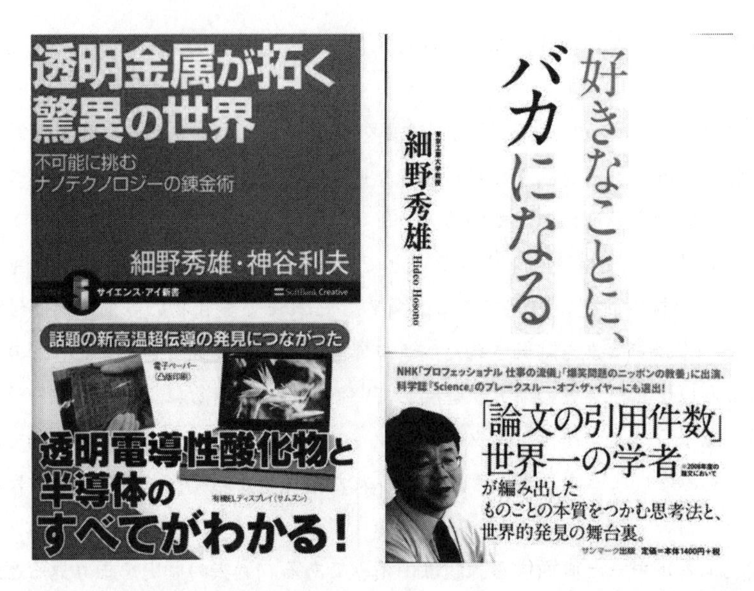

図８　10 年の透明酸化物の機能探索の成果とエピソードに関する成書（一般用）

冊の成書[13, 14]として出版したことを付記する（図 8）。

文　献

1)　(a) 細野秀雄，平野正浩，透明酸化物機能材料とその応用，シーエムシー出版（2006）
(b) 細野秀雄ほか，特集　透明機能性酸化物，オプトロニクス，2004 年 10 月号，オプトロニクス社
(c) 細野秀雄ほか，特集　透明電子活性材料，機能材料，2005 年 4 月号，シーエムシー出版
(d) H. Hosono, M. Hirano, Chap.1, Function Cultivation in Transparent Oxides Utilizing Natural and Artificial Nanostructures, pp.3-61 in Nanomaterials, Edited. Hosono, Mishima, Takezoe, and Mackenzie, Elsevier (2006)

2)　(a) D. Ginley, D. Paine, H. Hosono, *Handbook of Transparent Conductive Oxides*, Springer, To be published in 2010.
(b) H.Hosono, Chap2. Transparent Oxide Semiconductors:Fundamentals and Recent Progress, pp.31-60, Transparent Electronics: From Synthesis to Applications Antonio Edited by Facchetti and Marks, Wiley (2010)

3)　K. Nomura, H. Ohta, K. Ueda, T. Kamiya, M. Hirano, H. Hosono, *Science*, **300**, 1269 (2003)

4)　K. Nomura, H. Ohta, A. Takagi, M. Hirano, H. Hosono, *Nature*, **432**, 488 (2004)

5)　K. Hayashi, S. Matsuishi, T. Kamiya, M. Hirano, H. Hosono, *Nature*, **419**, 462 (2002)

6)　S. Matsuishi, Y. Toda, M. Miyakawa, K. Hayashi, T. Kamiya, M. Hirano, I. Tanaka, H. Hosono, *Science*, **301**, 626 (2003)
7)　M. Miyakawa, S. W. Kim, M. Hirano, Y. Kohama, H. Kawaji, T. Atake, H. Ikegami, K. Kono, H. Hosono, *J. Am. Chem. Soc.*, **129**, 7270 (2007)
8)　Y. Kamihara, T. Watanabe, M. Hirano, H. Hosono, *J. Am. Chem. Soc.*,**130**, 3296 (2008)
9)　H. Takahashi, K. Igawa, K. Arii, Y. Kamihara, M. Hirano, H. Hosono, *Nature*, **453**, 376 (2008)
10)　総説：細野秀雄，松石聡，野村尚利，平松秀典，日本物理学会誌，**64**, 807-817 (2009)
11)　T. Katase, Y. Ishimaru, A. Tsukamoto, H. Hiramatsu, T. Kamiya, K. Tanabe, H. Hosono, *Appl. Phys. Lett.*, **96**, 142507 (2010)
12)　Idem, *Supercond. Sci. Technol.*, **23**, 082001 (2010)
13)　細野秀雄，神谷利夫，透明金属が拓く驚異の世界，サイエンスアイ新書，ソフトバンク (2006)
14)　細野秀雄，好きなことに，バカになる，サンマーク出版 (2010)

第2章　酸化物半導体

1　概要 ― 透明酸化物の材料設計 ―

神谷利夫*

1. 1　高性能材料とは何か？：光電子デバイスに要求される材料物性

本章では，我々グループが新材料研究をするにあたって指針としている材料設計の考え方について紹介するが，その前に，何が材料にとって「高性能であるか」について整理しておく。というのも，材料の要求性能は用途によって大きく異なり，本来，用途が決まらない限り性能云々を言っても意味がないからである。

我々のグループは透明な材料に電子や正孔をドープすることで新しい機能を発現させることを第一の目的として研究を行っている。このような材料は透明導電性酸化物（Transparent Conductive Oxide：TCO）として古くから知られ，薄膜太陽電池，薄型テレビ，タッチパネル，熱線反射ガラスなどに広く利用されている。TCO の研究は最近では，透明酸化物を半導体デバイスの能動層として使う「透明酸化物エレクトロニクス」へと発展し，その材料は透明酸化物半導体（Transparent Oxide Semiconductor：TOS）と呼ばれるようになっており，特にアモルファス酸化物半導体（Amorphous Oxide Semiconductor：AOS）は次世代薄型テレビの画素制御用薄膜トランジスタ（Thin-Film Transistor：TFT）のチャネル材料として最有望視されるようになっている。TCO も TOS も，現在まで研究されている材料のほとんどが In_2O_3-ZnO-SnO_2-Ga_2O_3-CdO 系に含まれ，材料系の重なりは大きい。実際に，これまではほとんど同じ研究指針で両者の研究が進められてきていたが，実際には TCO と TOS に要求される性能は大きく異なるため，これらは明確に区別する必要がある。以下簡単に，用途・半導体デバイスの種類とそれに対応する要求性能をまとめる。

半導体デバイスの影の立役者は金属である。金属のもっともわかりやすい性能指標は電気伝導度である。ところが，一番電気伝導度の高い銀は，価格と安定性の問題のため，電子デバイスにはほとんど使われていない。次に電気伝導度が高い銅は，配線材料として広く用いられているが，大気にさらされ頻繁に抜き差しされるコネクタには化学的に安定な金が使われている。ただし，コストに見合う付加価値がつく製品に限られる。アルミニウムの電気伝導度は金よりも低いが，大電流を流す電力配線では，空中配線しやすい軽量な金属が必要になるためにアルミニウムが使われる。一方集積回路の配線には，Si MOS 技術と整合性が高い高ドープ多結晶シリコンが用いられてきた。大電流を流す必要がないため，電気伝導度よりもプロセス整合性と安定性が優先されている例である。しかしながら最近では，Si ULSI の微細化と動作速度が限界に近づきつつあ

---

*　Toshio Kamiya　東京工業大学　応用セラミックス研究所　准教授

り，それにともない，配線も電気伝導度の高い銅を使うようになり，逆にULSIのプロセスの方を適合させて銅を使えるようにしている。

また，多くの電子デバイスでは電子や正孔をエネルギー損失なく能動層へ注入する必要があり，半導体能動層に接触する電極にはオーミック特性と低い接触抵抗が要求される。このような電極材料が低抵抗材料であるとは限らず，また，基板や下部・上部層への密着性が悪く剥離しやすい場合も多い。そのため，接触界面にだけこのような電極材料を挿入し，付着層や配線を別の材料で形成することが一般的に行われている。半導体のバンドギャップが大きくなるとオーミック特性を取ることは困難になっていくが，この問題は特に，電子親和力の小さい有機半導体を使う有機ELやTFTで深刻であり，LiFなどのアルカリ金属化合物をバッファー層として用いたり，Mgなどを合金化して使ったりしている。

半導体の能動層の場合はさらに複雑になる。TCOとして薄型テレビの透明窓層に使う場合は，高い電気伝導度と透過率が重要になる。現在最も使われているのはIn_2O_3：Sn（indium tin oxide：ITO）であるが，これは，可視域に吸収をもたない材料で一番電気伝導度が高いためである。短所を言えば，Inを含むために高価であること，ZnOなどに比べると若干透過率が低いことであるが，現状では製品のコスト・性能を左右するほどの問題ではない。一方で，廉価なTCOでもZnOやSnO_2が薄型テレビに使われていないのは，量産に使うスパッタリング法でつくる多結晶膜の電気伝導性が低かったり，経時安定性が悪かったり，微細加工が困難なためである。これについては，ZnOがITO代替材料として研究されており，技術的な課題のいくつかは解決されつつある。パネルが大型化，高速化するにしたがって透明電極にもより高いシート伝導度が要求されているが，現状ではITO以上の材料がないため，画素電極側では画素領域のみにITOを用い，他は金属配線するといったように，構造・システム設計で解決されている。TCOの性能指標（Figure of merit）として$F=T^n/Rs$（Tは透過率，Rsはシート抵抗，nは正の数）が使われることがある（文献4)では$n=10$を提案している)。これには物理的な根拠はなく，nの値も使用者にとって感覚的に合っている値が選ばれているだけである。違う材料で比較する際にもnのとり方で順序がひっくり返りかねず，また，特定の用途に対してFが大きい方が良いというわけではないので，参考程度に考えるべきである。また，ディスプレイの窓材料のように下部デバイスが強く発光する場合には，可視域で均一な吸収であれば透過率が低くても着色しないので透明導電体として使うのには問題ない。実際，上部発光型の有機ELテレビでは半透明金属を上部カソード電極として使っている。もちろん透過率が高いに越したことはないが，デバイスのトータルバランスを詰めた結果，このような選択がありえるということである。

一方，薄膜シリコン太陽電池の場合は，ITOは発電層上部の窓層電極にしか使われない。これは，シリコン薄膜をSiH_4を原料とするプラズマ化学堆積（PECVD）法で作製するため，強い還元性の水素プラズマによりITOが還元され，透過率が落ちてしまうためである。また，薄膜太陽電池では，薄い発電層で効率よく太陽光を吸収させるため，光を散乱させるための微構造を作る必要がある（テクスチャ構造，光閉じ込め構造)。現在このような構造でもっとも広く使われているのは，大気圧 CVD を用いて作製したテクスチャSiO_2/SnO_2膜であり，スーパーストレート型薄膜シリコン太陽電池のガラス基板側電極で使われることが多い。最近では，さらに水素プラズマ耐性の高い ZnO を用いたり，TiO_2をバッファー層に使ったりしている。これらは必ずしも十分な電気伝導度（シート伝導度）をもたないことと，発電層で吸収できなかった太陽光を反射させるため，金属電極の援用もされる。この事情は上部電極の ITO でも同様であり，ピックアップ電極を形成して直列抵抗成分を低減している。つまり，本来はもっと高い電気伝導度が必要なのであるが，透明性と安定性（プロセス適合性）の優先度が高いために TCO 材料が使われており，電気伝導度が不足する部分はデバイス構造で補償している。一方，太陽光スペクトルを有効に発電に利用するため，赤外光まで高い透過率が要望されるようになってきている。しかしながら，赤外域の透過率は自由電子吸収によって決まってしまうため，長い波長までを透過させようとすれば，TCO 中のキャリア密度を下げる必要が出てくる。この要請の中で高いシート伝導度を維持するためには移動度を上げるしかないため，高移動度 TCO の開発が要請されるようになっている。

抵抗式タッチパネルでは要求性能が大きく異なる。この場合は，均一な分布を持つ透明抵抗膜を作製して電流を流し，接触させた部分の電位から x，y 位置を知る必要がある。このためには，適度な電圧が得られるよう，シート抵抗が適度な値（一般に 400〜800Ω/□程度と言われる）であることが要求される。さらに，正確に位置を決めるためにはシート抵抗の面内均一性と経時安定性が非常に重要になる。このため，高抵抗 ITO が広く使われており，一部ではSnO_2が使われる。ZnO でも試された例があるが，おそらくは経時安定性が問題となっているのではないかと推測する。

以上は TCO としての用途であったが，半導体として使う場合はどうであろうか。第一に，半導体材料では電気伝導度は高くあってはならない，という要求性能が TCO と完全に異なる。正確な表現をすれば電気伝導度が問題ではなく，ドーピング密度，キャリア密度が高くなると半導体としての性能が落ちるため，光電子デバイスの能動層として使うのは低ドープ材料に限られるということである。例えば整流素子には pn 接合や Schottky 接合が使われるが，ドーピング密度が高いと空乏層が薄くなってトンネル電流が支配的になること，空乏層内のバンドギャップ内欠陥を通じて電流が流れること，などの理由によって整流特性が悪くなる。同様の問題は，同じく p(/i/)n 接合を使う太陽電池，発光ダイオード（Light-Emitting Diode：LED）でも起こる。このため，これら半導体の p,n 層のドープ量は通常 $10^{18}cm^{-3}$ より十分低い。TCO で使われる $10^{21}cm^{-3}$ と比較すると，両者はまったく整合しないことがわかる。また，ドープ量，つまりキャリア濃度の上限が制限されるため，デバイスの抵抗を下げるためには移動度が高い方が望ましい。pn 接合を作るだけであれば移動度は小さくても整流特性は得られるが，オン電流が取れない素子になる。

太陽電池ではさらに要求性能が厳しくなる。ドーピング密度が上がれば，太陽光で励起した電子・正孔が電極に収集する前に再結合する速度（再結合寿命）が速くなり，発電効率が悪くなる。

この要求は非常に厳しく，単結晶 Si の場合でも発電層のドーピング密度は 10^{17}cm^{-3} 以下である。アモルファスシリコン太陽電池の場合は，低ドープ量でまともな p,n 層が作れないため，非ドープの発電層（i 層）をはさんだ p/i/n 接合構造が必須になる。この場合，i 層にはなるべく欠陥がない半導体層が必要であり，その電気伝導度は 10^{-8}S/cm 以下と非常に低くなる。発電特性を決定するもっとも重要な因子は，光吸収スペクトル α(hν）と移動度・寿命($\mu\tau$）積である。前者は直接遷移型の半導体でバンドギャップが 1.6eV 程度が望ましいとされているが，これが，薄膜シリコン太陽電池では多結晶シリコンではなくアモルファスシリコンが使われている大きな理由である。もう一つの性能指標，$\mu\tau$ 積では，移動度よりもむしろ，光生成キャリアの寿命（一般に少数キャリア寿命と呼ばれる）の方が重要であることがわかる。普通のデバイス品質膜で移動度が2桁以上変わることはないが，寿命の方は欠陥密度などによって数桁変わることもあるためである。

発光ダイオードの要求性能は太陽電池に近い。ただし，少数キャリア寿命 τ が長すぎると，再結合して発光する前にキャリアが対向電極に収集されてしまう。そのため τ は短いほうが望ましいが，この τ の定義には注意が必要である。電子・正孔の再結合には，発光再結合過程と非発光再結合過程があり，後者を極力減らすことが，もっとも重要な性能指標となる。再結合する前に対向電極に収集されるという問題は，発光層の両側に電子・正孔の移動をブロックする障壁層を形成する二重ヘテロ構造で回避することもできるため，τ が短いという要求は絶対的なものとは限らない。高性能 LED/LD では二重ヘテロ構造や量子井戸構造など，積層構造が工夫されることも多い。

最後に薄膜トランジスタについて述べる。実は太陽電池や LED と比べると，TFT のチャネル層に要求される特性は高くない。ただし，普通の TFT 構造でゲート電極で制御できるキャリア濃度は高々10^{18}cm^{-3} 以下であり，チャネル内のドーピング密度と欠陥密度がこれを超えると，電流のオン・オフ比が下がったり，TFT 動作すらしなくなる。また，TFT の動作速度は，電極間や他回路間の静電容量や直列抵抗によって決まる時定数のほか，チャネルサイズと移動度も効いてくる。デバイスサイズが同じであれば，どれだけ電流が流せるかは移動度に比例するため，これらの意味で，必要な特性を十分満たすだけ，移動度は大きくなければならない。

いずれのデバイスについても，製品化されるためには製造プロセス整合性，コストと長期間安定性のすべてが満足されなければいけないのは言うまでもない。コスト面では，社会的な上限が決まっている太陽電池の制約がもっとも厳しい。長期間安定性については，人間の眼が優れた画像識別能力をもつため，テレビに使われる TFT への要求は高い。その中でも，電圧駆動である液晶ディスプレイ（Liquid-Crystal Display：LCD）よりも，電流駆動である有機 EL ディスプレイ（Organic Light-Emitting Diode Display：OLED）の方が圧倒的に高い安定性が要求される。これは TFT の微妙な特性変化が有機 EL 素子の発光強度に対しては大きな輝度変化になることと，画像を見る場合には近い画素との相対比較で認識するために，わずかな輝度ムラが問題になるためである。現在 LCD に使われているアモルファスシリコンも，研究が進められている有機TFTも，また，小面積OLEDに使われている多結晶シリコンのいずれもこの要求を満たせず，製品化されたOLEDでは補償回路等で複雑な対応をして回避している。このような中で，アモルファス酸化物半導体TFTがその解になるのではないかと期待されている。

1.2 高移動度酸化物の設計指針

そうは言っても，我々の研究は新材料を開発するという基礎研究である。最初から用途を限定して性能指標を考えるのは本末転倒であるし，我々の研究方針とも相容れない。そのため以後は，「可視域で吸収をもたず」，「電気伝導度（σ）が高い」材料を作ることを考えていきたい。ただし，バンドギャップが3eVを超える材料でも，それよりも低いエネルギーで微小な光吸収を示すものは多い。材料科学的には基礎吸収端（バンドギャップ）が～3eVを超えるということを基本的な要請としよう。また，上述のように，電気伝導度が高いというのはTCO用途にはふさわしいが，半導体用途とは整合しない。電気伝導度は$\sigma = en\mu$と表されるから，上記の要請は，キャリア密度nが高いか，移動度μが大きいか，のいずれかになる。このうちキャリア密度の大小はドーピングが可能であるかどうか，どの程度のドーピングができるかという問題になり，材料の原子配列や原子種だけから判断することは難しい。一方で移動度は$\mu = e\tau / m_e^*$と表され，有効質量m_e^*が小さいほど，また，運動量緩和時間τが長いほど大きくなる。この場合も緩和時間を結晶構造から推測するのは難しいが，有効質量はバンド分散が大きいほど，つまり，近い原子同士の波動関数の重なりが大きいほど小さくなるので，結晶構造と原子の種類からある程度推測できる。そこで以下では，いかにして移動度の高い材料を設計するかについて説明する。

まず，典型的な酸化物半導体の電子構造の特徴について整理しておく。

①伝導帯下端（Conduction Band Minimum：CBM）は金属イオンのs軌道で形成されている

②伝導帯上端（Valence Band Maximum：VBM）は酸素イオン（陰イオン）の2p軌道で形成されている

③バンドギャップは金属イオンのs軌道と酸素イオンの2p軌道のエネルギー差で主に決まる

④マーデルングポテンシャルが大きいため，バンドギャップが大きくなりやすい

そのため，n型TCOの設計では主に金属イオン，p型TCOでは陰イオンの種類と，電子構造を形成している原子の種類を別々に考えることになる。

n型導電体のキャリアは電子なので，この理由から，電子の伝導路はCBMであり，陽イオンの非占有s軌道で作られていることがわかる。そうすると，高い移動度の物質を設計するには，

①拡がりの大きい波動関数を使う（図1(a)）

②伝導路を作る原子同士が近くに位置する結晶構造を選ぶ（図1(b)）

③陽イオンと陰イオンの両方の軌道を伝導路として使う（図1(c)）

などのアプローチが考えられる。

実際，代表的なTCOであるIn_2O_3：SnやSnO_2では，CBMがInやSnの5sで構成されており，これらの軌道は主量子数が大きいことから空間的な拡がりも大きい。しかも，これらの結晶

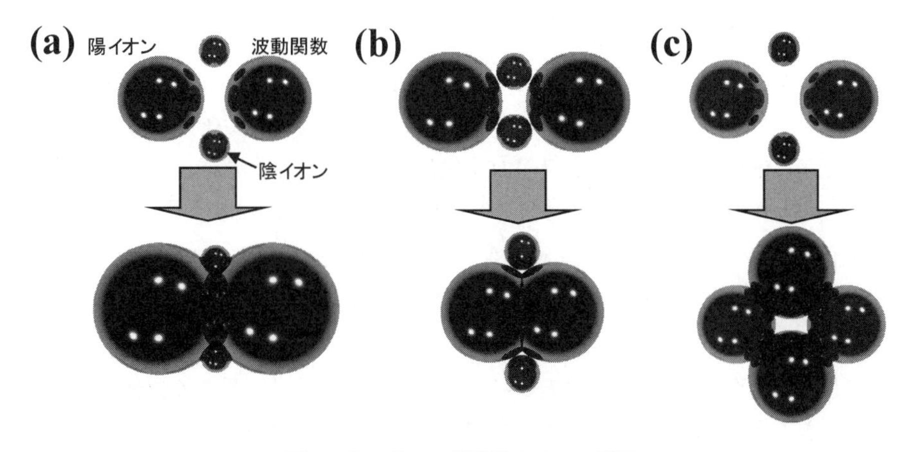

図1　キャリアの伝導路のイメージ図
有効質量を小さくするために，(a)波動関数の大きな陽イオンを使う，(b)陽イオン間距離を縮める，(c)陰イオンと陽イオンの混成軌道を使う，というアプローチが考えられる。水平に配置した球が陽イオンの電子軌道，垂直に配置した球が陰イオンの電子軌道を描いている。

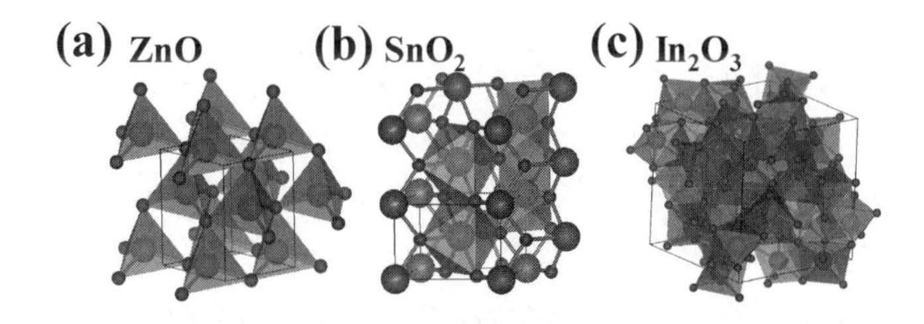

図2　代表的なTCOの結晶構造
SnO_2，In_2O_3は稜共有構造を持つ。

構造では，InO_6，SnO_6八面体構造が辺を共有する，いわゆる稜共有構造を持つ（図2)。稜共有構造では，幾何学的な理由から，多面体頂点だけを共有する頂点共有構造よりも金属イオン間距離が近くなる。この2つの理由により，In_2O_3：SnやSnO_2では金属イオンの5s軌道間の波動関数の重なりが大きく，分散の大きなCBMを形成することで移動度の高いTCOとなると考えられる。

1.3　ドーピング問題：バンドアライメント

次に，キャリア密度nについて考えてみる。TCOの場合には，もともとバンドギャップが大きくて透明な材料に電子や正孔を導入する必要があるため，如何に効率よく高濃度のキャリアを導入できるか，つまり「キャリアドーピング」が非常に大事になる。ところが，結晶構造や電子構造から直接キャリアドーピングのしやすさを知ることは簡単ではない。ここでは，物質の持つ電子構造パラメーター，イオン化ポテンシャルと電子親和力から，キャリアドーピングのしやすさを判断する方法について紹介する。

真空準位 E_{vac} を基準として，CBM と VBM の位置をいろいろな物質について並べたものをバンドアライメント図と呼び，図 3 に示す。この図では縦軸の上に行く方向が電子のエネルギーが高いため，電子は下に位置するほど，正孔は上に位置するほど安定である。CBM と VBM の値は物質によって大きく異なるが，以下の規則性があることが読み取れる。

① n 型酸化物半導体の VBM は − 7 eV 程度で，この値は多くの絶縁性の酸化物の値と同程度。

② n 型酸化物半導体の CBM は p 型のそれよりも 1 ～ 2 eV 深い。

③ p 型酸化物半導体の VBM は n 型のそれよりも 1 ～ 2 eV 浅い。

①については，酸化物の VBM は酸素の 2p 軌道でできているため，異なる物質でもそのエネルギー準位が大きくは変わらないということを反映している。バンドギャップが開いている物質に電子や正孔をドープすると，それらはそれぞれ CBM，VBM のエネルギーを持つことになるため，CBM が浅いほど電子ドーピングは，また，VBM が深いほど正孔ドーピングは不安定になる。そのため，電子ドーピング／正孔ドーピングが容易なエネルギー領域が図 3 の網目部分であり，3.8～5.8eV の範囲に CBM や VBM がある材料はドーピングしやすいということを示唆している。

この領域から外れた場合にはどのようなことがおこるか，電子ドーピングの場合を例に説明する。図 4 は酸化物の結晶構造と電子構造の模式図を示しているが，上述のように典型的な酸化物の VBM は酸素イオンの 2p 軌道でできており，電子で完全に占有されている。一方，CBM は金属イオンの s 軌道で，電子はいない（図 4 (a)）。酸化物に電子をドーピングする際に良く行われるのは，還元処理によって酸素不足の状態にすることである。図 4 (b)のように酸素欠陥ができる

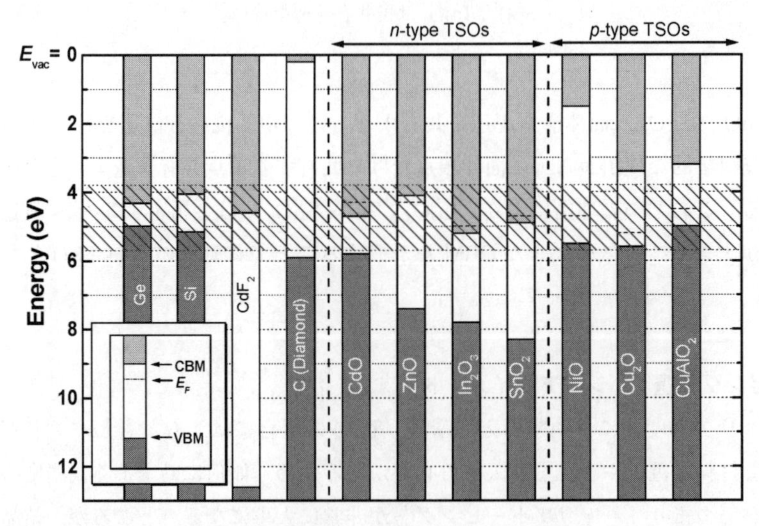

図 3　酸化物半導体のバンドアライメント図

無地の部分が禁制帯で，その上端が CBM，下端が VBM。網目のエネルギー領域で電子ドーピング／正孔ドーピングが容易であることが読み取れる。

と 2 つの電子が取り残されるが，これらは VBM には居られる準位がないので，陽イオンが作る伝導帯に入る。この電子が自由に動ければ電気伝導に寄与し，電子ドーピングされることになる（図 4(d)）。これが，一般的な TCO の説明で使われている「酸素欠損による電子ドーピングモデル」である。ところが，MgO，Al_2O_3，SiO_2 を含む多くのワイドギャップ物質ではこのような電気伝導は起こらない。これらの化合物でも酸素欠損を作るが，伝導帯に電子が入るよりも，酸素空孔に残された量子井戸的な準位の方が安定になるため，ここに捕獲されてしまう。このように安定化した準位が，熱エネルギー（室温で 0.026eV）よりもはるかに深いと，これらの電子は動けなくなり，電気伝導度に寄与できなくなる（図 4(c)）。一般的な TCO の酸素欠陥が図 4(c)，(d)のどちらであるかは現在でも議論になっているが，ZnO でさえ，第一原理計算からは(c)のケースであり，酸素欠損が非ドープ ZnO の残留伝導電子の起源ではないという報告がされている。ZnO に Al，Ga をドープするなど，ドーパントが適切な場合には，第一原理計算でも浅いドナー準位を形成することがわかっているため，この場合は，一般的な半導体における場合と同様に考えてもかまわないであろう。一方，ドーパントが不適切な場合は，例えば Si に Fe や O をドープすると深い欠陥準位を形成するのと同様，キャリアドーピングは起こらない。ドーパントが作る準位は，ドーパントイオンのエネルギー準位である程度決まるため，結局，母材料の CBM エネルギーが浅い（図 3 でエネルギーが高い）場合はドーパントがドナーになりにくく，また，VBM エネルギーが深い場合はアクセプターになりにくいことが理解できる。

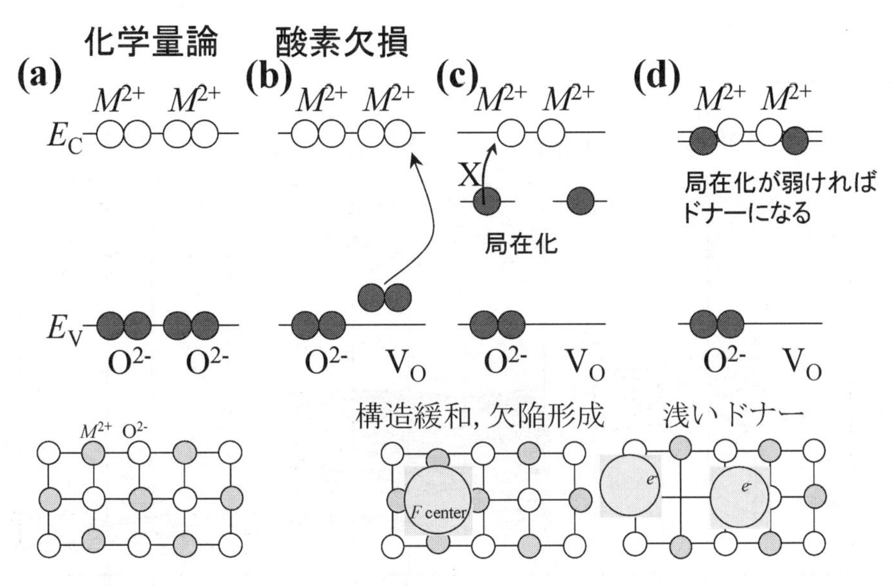

図 4　酸化物へのキャリアドーピング

(a)化学量論組成の絶縁体。(b)酸素欠損ができると，余った電子が CBM を構成する金属イオンの s 軌道に入る。(c) CBM に入った電子が不安定で，新たに深い準位を作って安定化すると，伝導キャリアにはならなくなる。(d) CBM に入った電子が浅い準位だけをつくるなら，これらは電子伝導に寄与する。

以上のことから,

①バンドギャップが大きい物質では,酸素欠損などによってドーピングしようとしても,欠損位置に電子が捕獲される準位がバンドギャップ内にできてしまうため,キャリアドーピングが難しい

② CBM が浅いと,浅いドナー準位を作る不純物を見つけるのが難しい

③ VBM が深いと,浅いアクセプター準位を作る不純物を見つけるのが難しい

という理由により,図3の網目領域でドーピングしやすくなることが理解できる。また,一般的なワイドギャップ半導体で説明されているように,

④ドーピングできたとしても,バンドギャップが大きいとバンドギャップ内に深い欠陥をつくり,そこにキャリアを捕獲することによるエネルギー利得が欠陥生成エネルギーよりも大きくなるため,欠陥を自発的に形成してキャリアを失活させる(自己補償効果)

ということも起こる。

1.4 価電子帯の局在性:透明酸化物で良いp型半導体ができないもう一つの理由

上記の説明から,単純酸化物で正孔ドーピングが難しいのは,O 2p が作る VBM のエネルギーが深いためであることは理解できるであろう。しかしながら,仮に良いアクセプタードーパントが見つかったとしても,高移動度のp型酸化物半導体を作るのは難しいことが,バンド構造から読み取れる。図5からわかるように,代表的な TCO である SnO_2 と In_2O_3 の価電子帯の分散は非常に小さい。これは,VBM が局在性の強い O 2p 軌道で主に構成されていることと,結晶

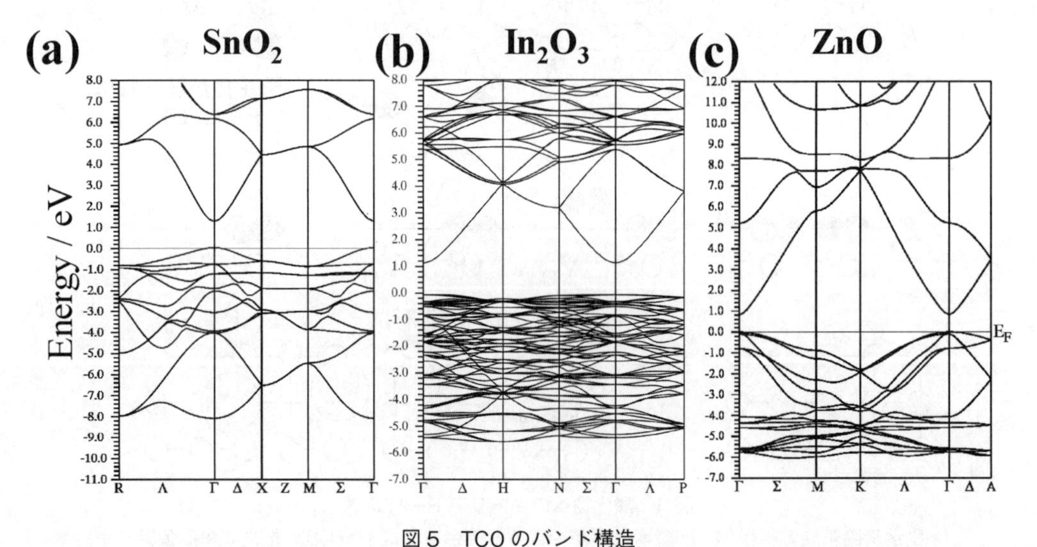

図5 TCO のバンド構造

フェルミ準位(E_F)をエネルギーの基準にとっているため,VBM は0 eV 直下のバンドになる。一つのバンド(実線)の曲率を「バンド分散」,変化するエネルギー範囲を「バンド幅」と呼び,これらが大きいと有効質量が小さい。

構造が複雑なため，O 2p 同士の波動関数が大きく重ならないようになっているためである。唯一 ZnO だけが比較的大きな分散を持っているが，これは四配位構造で共有結合的な性質が強いことと，Zn 3d 軌道が比較的 O 2p 軌道に近いため，VBM エネルギーを押し上げてバンドの分散を大きくしているためである[5,6]。つまり，ZnO 以外の単純酸化物では大きな正孔移動度を期待することは難しいということになる。

1.5　p 型透明酸化物の設計

以上のことは逆に，良い p 型透明酸化物をつくるには，VBM のバンド分散を大きくすることで移動度を高くすることと，VBM のエネルギーをあげて正孔ドーピングをしやすくすることが必要であることを示唆している。バンド分散が大きくなれば VBM はその分だけ浅くなるため，この 2 つの要請は結局，O 2p で作られる VBM のバンド分散を大きくすれば良いということになる。このためには，

①酸素間距離を縮める

② O 2p に近いエネルギー準位を持つ陽イオン M を導入して O 2p-M 混成軌道を作る

というアプローチが効果的であろうと考えられる。O 2p にエネルギーが近い金属イオンとしては，例えば遷移金属の 3d 軌道が挙げられる。ただし，透明導電体に必要な「可視域に吸収を持たない」という条件を同時に満たすためには，3d 軌道は完全に電子で占有されている必要があり，$3d^{10}$ 配位を持つ Cu^+ イオンを含む酸化物が p 型 TOS の候補となる（以上に述べた場合の電子構造の概略図を図 6 に示す）。

Cu^+ から構成されるもっとも単純な酸化物は Cu_2O だが，バンドギャップが 2.1eV と狭く，透明ではない。そこで，バンドギャップを大きくするため，VBM のバンド分散が小さくなる構造

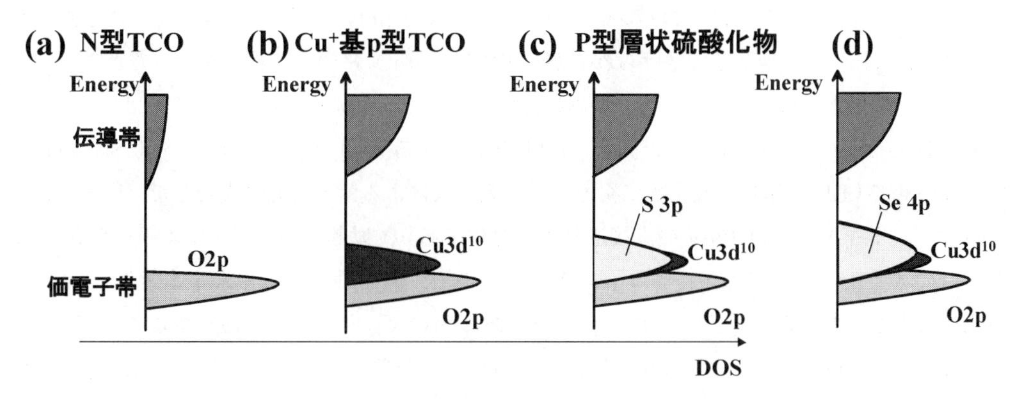

図6　n 型，p 型 TOS の電子構造の概略図
(a)典型的な n 型 TOS。CBM は金属の s 軌道，VBM は O 2p で構成されている。(b) Cu^+ ベース p 型 TOS。VBM に Cu 3d 軌道が混成している。(c)層状硫酸化物。VBM に O 2p よりも拡がりがありエネルギーの高い S 3p 軌道が混成している。(d)のように，もっと拡がりの大きい Se 4p を使うと，さらに VBM の分散（バンド幅）が大きくなる。

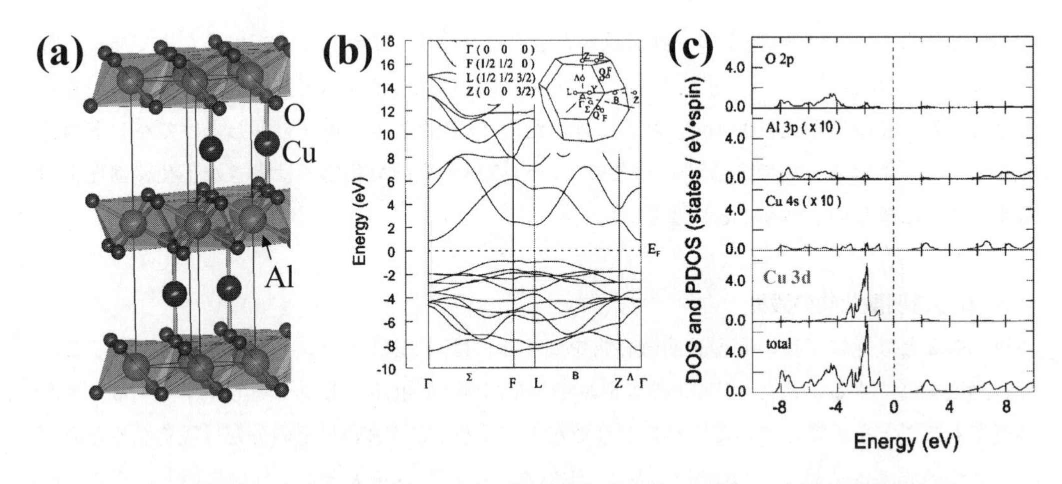

図7　初めてのp型TCO，$CuAlO_2$の(a)結晶構造，(b)バンド構造，と(c)部分状態密度

を選ぶ必要がある。バンド分散は，近いイオンの波動関数同士の重なりが大きくなるほど，また，数が多くなるほど大きくなる。つまり，波動関数の種類が同じでも，イオン間の距離が大きくなったり，配位数が小さくなったりするほどバンド分散が小さくなるので，例えば，二次元層状構造を使うと分散が小さく，バンドギャップが大きくなることが期待される[7]。そのような考察の結果，図7(a)に示すようなデラフォサイト型結晶構造を持つ$CuAlO_2$に着目して調べたところ，これが世界で初めての透明p型TCOであることがわかった[8]。電子構造（図7b，c）から，上記の目論見どおり，価電子帯はCu 3d軌道とO 2p軌道の混成軌道からできていることがわかる。このような指針のもと，$CuGaO_2$，$SrCu_2O_2$といった一連のp型TCOを見出してきた[9,10]。

さらに，これらのp型TCOに電子伝導性を付与するには，深いCBMを形成する元素を添加すればよいと考えられる。図3のバンドアライメント図でIn_2O_3が深いCBMをもつことからわかるように，In^{3+}が候補として挙げられるが，実際に$CuInO_2$について検討を行ったところ，この物質が，酸化物で初めての，n型/p型両極性にドープできる材料であることを見出した[11]。

p型TCOがいくつか発見された結果，n型TOSであるZnOとp型TOSである$SrCu_2O_2$を組み合わせてLEDを作り，酸化物で初めての電流注入による紫外発光に成功した（図8左）[12]。ZnOはバンドギャップ約3.3eVの直接遷移型半導体であり，励起子の束縛エネルギーが59meVと室温のエネルギー（26meV）よりも大きいことから，室温励起子に由来する紫外（380nm）発光材料として知られている。これにp型層である$SrCu_2O_2$から正孔を注入することで，図8左のように，ZnO内で電子と正孔が再結合し，382nmに発光ピークをもつ紫外光が観測された。

1.6　よりよいp型TCOを探す

しかしながら，上のLED構造では，$SrCu_2O_2$内の正孔の移動度が小さく，ほとんどの電流は電子が発光しない$SrCu_2O_2$に注入されることで消費され，発光効率が上がらない。また，高濃

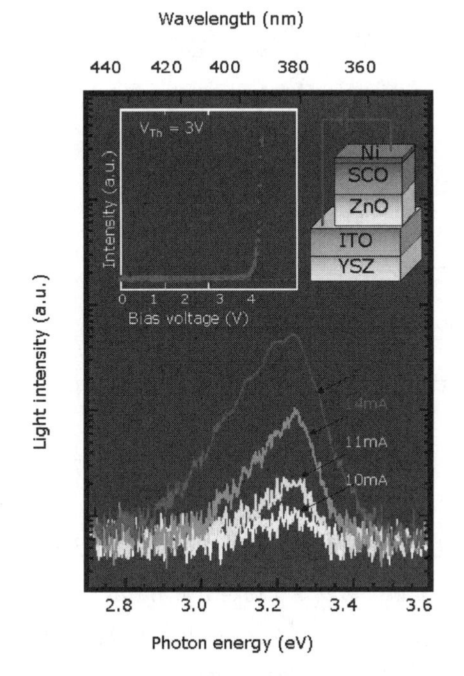

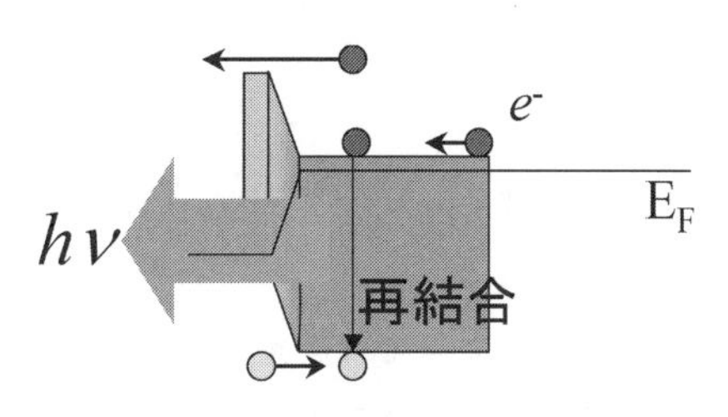

図8　(左) ZnO/$SrCu_2O_2$ p/n 接合紫外発光ダイオードからの発光スペクトル
(右) 発光ダイオードの動作原理

度正孔ドープもできていない。そのため，もっと正孔移動度が高く，高濃度ドープが可能な新しい，p型TOSを探すため，図6(b)の方法をさらに展開し，③価電子帯を形成する陰イオンの波動関数をO 2pより拡がったもので置き換えるというアプローチを採用して新しい材料探索を行った。ただし，単純な硫化物Cu_2S，Cu_2Seではバンドギャップが小さく透明という条件を満たさないため，Cu_2Oから$CuAlO_2$を思いついたのと同様に，層状構造をもつ結晶を探した。この両者の条件を満たす物質として，層状オキシカルコゲナイドLaCuOS，LaCuOSe（図9(a)）を調べた結果，LaCuOSeは8 cm^2/Vsの高い正孔移動度を示し，Mgドープにより縮退伝導も実現できることがわかった[13~16]。これらの物性は，青色LEDの発光層材料として実用化されているGaNでも実現されていないものである。このような優れた正孔輸送特性は，図9(b, c)に示す電子構造から理解できる。当初目論んだように，正孔の輸送路である価電子帯端はCu-*Ch*混成軌道で形成されており，Cu*Ch*層面内のバンド分散が大きく有効質量が小さくなっている。伝導帯端はCu 4s軌道で形成されているが，Cu*Ch*層が2次元構造を持つため，バンドギャップが大きく，透明半導体となっている。

このような構造はもう一点，興味深い電子構造的な特徴を持つ。バンドギャップを形成しているのがCu*Ch*層であり，交互に積層しているLaO層はこれよりも広いエネルギーギャップを有し，図9(b)に模式的に示しているような電子構造を持つと考えられる。このような構造により，図9(c)の価電子密度分布に見られるように，正孔がCu*Ch*層に閉じ込められている[17]。この低次

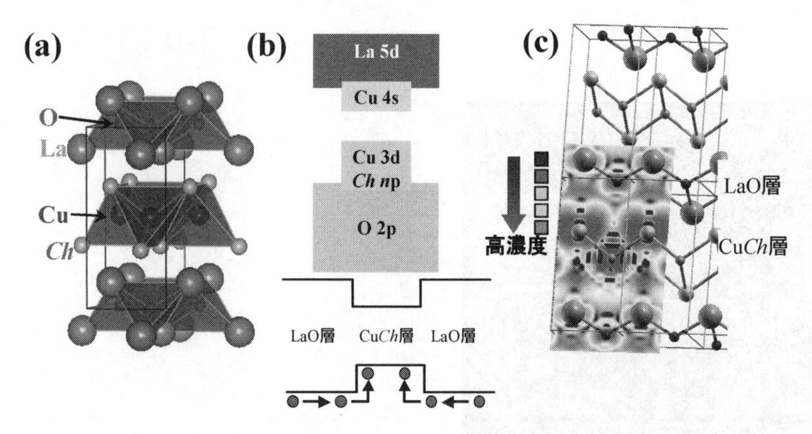

図９　LaCuO*Ch* の(a)結晶構造，(b)２次元電子構造の模式図，(c)正孔密度分布

元電子構造により，$10^{20}cm^{-3}$ 以上の高ドープ試料でも正孔移動度が 4 cm^2/Vs 程度にしか低下しないと考えられる。また，LaCuO*Ch* は ZnO と同様，室温でも安定な励起子発光を示す[18,19]。しかも，高ドープ試料でも発光強度の減少が小さいことから，ドーピング層（La^{3+}に Mg^{2+}をドーピング）が，励起子が存在する Cu*Ch* 層と分離されていることが有利に働いていると考えられる。また，励起子が室温で安定なのも，励起子結合エネルギーが 40meV と大きいことによるが，これも，正孔が部分的に Cu*Ch* 層に閉じ込められる効果によるものと考えられる。この特長を活かして，室温でも励起子による鋭い青色発光する LaCuOSe/a-$InGaZnO_4$LED ができている[20]。

1.7　鉄系高温超伝導体の発見へ[21,22]

このワイドギャップ p 型半導体 LaCuO*Ch* は，最近話題になっている鉄系高温超伝導体 LaFeOAs の発見の起源となったものである。LaCuOSe：Mg が縮退 p 型伝導を示すことがわかった 2003 年頃には，酸化物半導体から希薄磁性半導体を作るという研究が盛んに行われていた。これは，p 型の GaN，ダイヤモンドや ZnO に磁性元素をドープすると強磁性転移温度が室温以上になるという理論が出された[23]のを，「p 型ワイドギャップ半導体で希薄磁性半導体が作れる」と解釈したために起こったフィーバーだった。p 型 ZnO を作るのは難しいが，LaCuOSe：Mg もこの条件を満たしていた。そこで私たちは，3d 遷移金属として一番磁気モーメントの大きい Mn^{2+}をドープすることを試みたが，固溶限界が低くてうまくいかなかった[24]。

そこで，LaCuOSe の陽イオンを磁性イオンで完全に置換した結晶を作ることを思いつき，EuCuF*Ch*[25]や LaMnO*Pn*(*Pn*＝P，As，Sb)[26,27]を試したが，前者は Eu 4f 間のスピン相互作用が弱くて常磁性しか示さず，後者は反強磁性を示したため，いずれも磁性半導体としては機能しなかった。

それでも一通りの 3d 遷移金属 T_M の化合物 LaT_MO*Pn* の物性を調べた（T_M＝Zn[28,29]，Co[30]，Fe[31,32]，Ni[33,34]）ところ，LaFeOP と LaNiO*Pn* が～ 4 K で超伝導になることを見つけた。この

ときは転移温度が低いためにほとんど話題にならず，*Pn* を As に変えた LaFeOAs の物性を測ったりしていたが，この場合は超伝導転移すら観測されなかった。超伝導の BCS 理論では，重い原子が入ってフォノンエネルギーが下がると転移温度が下がるため，LaFeOAs では転移温度は 4 K よりはるかに低くなっているのではないかと考えていた。しかしながらその予想に反し，O^{2-}の一部をF^{-}で置換ドーピングすることで，LaFeOP よりも高い 26K で超伝導になることがわかり[35]，現在の鉄系高温超伝導体研究のフィーバーへとつながった。

1.8　n 型酸化物でシリコンを超える：アモルファス酸化物半導体[36～40]

TCO が特性の良い n 型半導体であるとは言っても，移動度の絶対値を比較すると，Si などの半導体よりも小さい。実際に，ZnO などの TCO は，純粋な結晶では 200cm^2/Vs 程度の移動度を持つが，高純度結晶の Si の移動度は，電子で 1,500cm^2/Vs，正孔でも 500cm^2/Vs もある。つまり，酸化物が得意であるはずの n 型半導体でも，移動度だけを見るとシリコンには勝てない。

ところが，移動度はそこそこでも良いが低温で製膜する必要がある用途では，酸化物の特長が活きる。現在薄膜太陽電池や薄型テレビの画素制御用 TFT に使われているのは水素化アモルファスシリコン（a-Si：H）である。大きなガラス基板上に欠陥の少ない半導体膜を作れるという要求が最優先であることと，太陽電池にも LCD 用 TFT にも大きな移動度が必要ない，という理由から a-Si：H が使われている。比較的廉価なアルカリフリーガラスが使える温度範囲（<400℃）で，最も欠陥密度が低くなる 250～300℃が a-Si：H の製膜に使われている。一方，将来的にはプラスチック基板上にフレキシブルディスプレイなどを作る技術が必要になると考えられているが，そのためには，最高作製温度を 200℃以下，できれば 150℃以下まで下げたいという要求がある。しかしながら a-Si：H の製膜温度を下げると，欠陥密度が高くなったり経時安定性が悪くなったりするという問題がおこる。

一方，酸化物半導体は，室温で製膜しても欠陥が少なく，特性の良い半導体デバイスを作れるということがわかってきた。このため，ZnO を a-Si：H に替わる TFT 材料にするという目的で ZnO TFT の研究が活発に行われるようになり，2003 年からたくさんの論文がでるようになった[37～39]。しかしながら，ZnO は室温で製膜しても多結晶膜になり，粒界のために TFT 特性や安定性が悪い。我々のグループでは，1995 年頃から透明アモルファス酸化物導電体の報告をしており[41～43]，その流れの中で，絶縁体から縮退伝導までドーピングを制御できるアモルファス酸化物半導体（Amorphous Oxide Semiconductor：AOS）$InGaZnO_4$（a-IGZO）を見つけていた[44]。そこで a-IGZO を使った TFT の研究を始め，2004 年 11 月に，PET 基板上にフレキシブルで透明な TFT を室温で作れるという報告をした[36,45]。しかも，a-Si：H の移動度が 1 cm^2/Vs と小さいのに対し，a-IGZO では 10cm^2/Vs 以上の大きな移動度が得られる。これは LCD では長所にはならないが，電流を流して発光させる有機 EL ディスプレイの場合は TFT の移動度は 4 cm^2/Vs 以上が必要であり，a-IGZO が最有力の TFT 材料と考えられるようになっている[37～39]。

AOS TFT 研究の詳細については別の項で触れるとして，電子構造の視点から AOS に特徴的な点をまとめておく。

①室温で作製したアモルファス薄膜でも半導体デバイスが動く

↔ アモルファスシリコンの最適な製膜温度は250℃程度で，温度が下がると急激に特性が劣化する。

②大きい電子移動度（≫$10cm^2(vs)^{-1}$）が得られる

↔ アモルファスシリコンの電子移動度は$1\ cm^2/Vs$程度。

③電子ドーピングにより縮退伝導を示す

↔ アモルファスシリコンで縮退伝導が実現されたことはない。

④アモルファス半導体でありながら，正常Hall電圧符号が得られる

↔ アモルファスシリコンのHall電圧符号は，n型，p型ともに，Hall効果理論で期待される符合と逆になる二重異常を示す。

⑤特別な欠陥不活性化処理を必要としない

↔ アモルファスシリコンを半導体として使うには，シリコンの非結合手が作る欠陥を水素で不活性化する必要がある[13)]。

以上のような特徴は，イオン性の強いAOSが典型的な半導体であるSiやGaAsなどの共有結合性の強い半導体とは大きく異なる電子構造を有していることに起因している。図11(a)に図示しているように，典型的な共有結合性半導体であるSiのバンドギャップはSiのsp^3混成軌道の結合および反結合軌道のエネルギー分裂によって形成されており，指向性の強いsp^3結合が伝導キャリアの伝導路を形成している（図10(a)）。そのため，歪んだアモルファス構造では比較的高密度で深い局在状態を形成してしまい，大幅に移動度は劣化する（図10(b)）。例えば，キャリア濃度$10^{19}cm^{-3}$において単結晶Siの電子移動が$>200cm^2(Vs)^{-1}$であるのに対して，a-Si：Hでは$1\ cm^2(Vs)^{-1}$まで大きく低減する。それに対して典型的な酸化物半導体では，電子の伝導路は空間的に拡がった球対称な金属のs軌道で構成されている（図10(c)）。そのため，アモルファス構造中の歪んだ化学結合によってもキャリア輸送は大きな影響を受けず，比較的大きい移動度が得られる（図10(d)）。これが，上の②，③，④の理由である。

⑤の欠陥の不活性化処理（パッシベーション）の必要性についても，電子構造から理解するこ

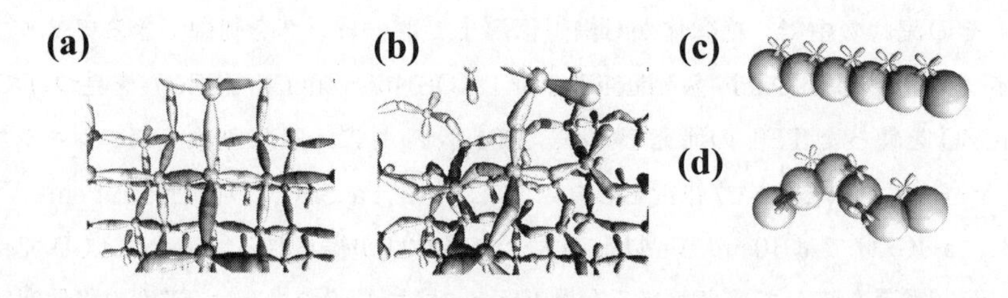

図10　キャリア輸送路のイメージ図

(a)結晶Si，(b)アモルファスSi，(c)結晶酸化物，(d)アモルファス酸化物。Siの結合は異方性の強いsp^3混成軌道で、酸化物の伝導帯は球形の金属イオンのs軌道で主に形成されている。

とができる。a-Siのほとんどの構造はSiの4配位網目構造で形成されているが，これだけでアモルファスの乱雑構造をつくることは困難である（数学的には可能なので，それをcontinuous random networkと呼ぶ)。そこで，ダングリングボンドを形成することで実効的な平均配位数を低くし，アモルファス構造を作りやすくしている。しかしながら，このようなダングリングボンドはバンドギャップの中央付近に電子が一つ占有している準位を形成し，電子に対しても正孔に対しても捕獲中心として働く（図11(b))。これがギャップ内準位と呼ばれ，フェルミ準位のピンニングを引き起こし，電界効果トランジスタなどのデバイスが動作しなくなる原因となる。そのため，Siのダングリングボンドに水素原子を結合させることによって，バンドギャップ内からダングリングボンド準位を消去する工夫がされており（パッシベーション)，実際に，a-Si：Hに含まれる水素はこの機能を担っている。

それに対して，酸化物の場合は金属イオンの非占有準位が主に伝導帯をつくるため（図11(d))，酸素欠損ができても，金属イオンの非結合準位は伝導帯内あるいはそれに近い準位となり，酸素欠損によって生成された電子が伝導帯内に導入されることが期待できる（図11(e))。このような場合には，フェルミ準位をピンニングする準位はバンドギャップ内には形成されないと考えられる。このような電子構造の違いにより，酸化物ではパッシベーションをしなくても半導体として機能すると考えられる。

ただし，図4(c)で述べたように，このモデルは単純化されすぎており，適用には注意が必要である。ワイドギャップ半導体中に導入されたキャリアは欠陥生成や局所的な構造緩和を引き起こして，より安定なエネルギー構造をとり，局在化する傾向にある（図11(f))。ただしこのような場合でも，(伝導に寄与できるキャリアは生成しないが）バンドギャップ内にフェルミ準位をピ

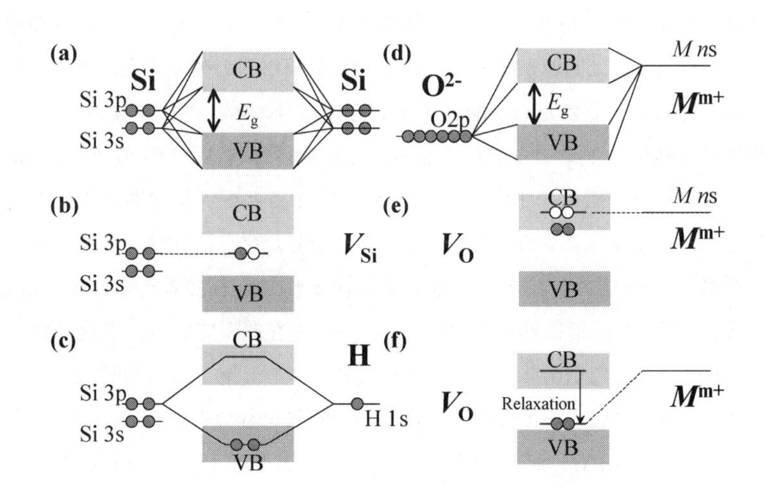

図11　シリコンと酸化物半導体の電子構造の模式図

(a) Si-Si結合が形成されている場合。(b) Siのダングリングボンドがある場合。(c) Siのダングリングボンドを水素で終端して不活性化している場合。(d) M-O結合が形成されている場合(M：金属イオン)。(e)酸素欠損がある場合。(f)酸素欠損が構造緩和を起こすと，最高被占有準位が深いエネルギーに緩和することがある。

ンニングする準位は形成しないため，パッシベーションは不要と考えられる。

①の「室温で作製したアモルファス薄膜でも半導体デバイスが動く」というのは⑤に関係している。a-Si の場合，水素を入れて薄膜成長をさせても，欠陥が少なく安定な構造をとるためには，適度な熱エネルギーを与えて構造緩和をさせる必要がある。一方でアモルファス酸化物の場合は，⑤の理由によってバンドギャップ内の欠陥ができにくいため，構造緩和が十分に起こらない低温で成長させても，n チャネル TFT などを動作させることのできる半導体膜が得られるのだと考えられる。

1.9 新しい n 型 TCO

TCO は基本的に n 型導電体であることは既に説明した。また，単一金属の酸化物材料についてはあらかた研究されており，TCO として電気伝導率が一番高いのは ITO であることが知られている。新材料開発では $MgIn_2O_3$，$ZnSn_2O_3$，$InMO_3(ZnO)_m$ などの複酸化物の探索が行われているが，結晶構造が複雑になるため電子移動度が下がり，ITO の性能を超えたものはない。

ただしこれらの新材料にも，別の特長から実用化されたり研究されたりしているものがある。上述の AOS もその一つである。純粋な ZnO や In_2O_3 は，室温で成長させても多結晶膜が成長するためアモルファス膜が得られない。一方で，2 種類以上の金属イオン，特にイオン半径や価数が異なるイオンを含む系で低温成長させると，安定なアモルファス TCO が作製できる。その中でも 10wt％程度の ZnO を In_2O_3 に添加したもの（a-IZO）が高い伝導率をもつ透明アモルファス酸化物導電体となり，多結晶で表面粗さが問題になる ITO にかわり，原子レベルの平坦性が重要な有機 EL の下部電極や室温で高伝導度の TCO が必要な用途などで検討されている。

結晶材料に関しては，ZnO などの TCO には残留キャリアが入りやすいという問題があり，半導体の能動層として使うには問題が残る。これは酸素欠損などの欠陥生成に絡んで伝導電子が生成するためと考えられる。そのため，酸素イオンとの結合エネルギーが強い元素，例えば Ga，を含む複酸化物では残留キャリアが少なくなることが期待できる[46,47]。我々は，$InGaO_3(ZnO)_m$ の単結晶薄膜ではキャリア濃度を $10^{15}cm^{-3}$ 以下に下げることが容易であることを見出し，この特性を利用して，ノーマリーオン型の透明 TFT を作製した[48]。これは，薄膜の単結晶化によって粒界が減って残存キャリアが減っている効果も含まれていると考えられる。最近では Zn，Ga，Cd，In，Sn といった元素に縛られない TCO の研究も進んでいる。最近薄膜で高伝導度が得られることがわかってきた Nb などをドープしたアナターゼ型 TiO_2 が報告されている。

我々も，キャリアドープによって 2.8eV 近傍に弱い吸収をもつものの，Ca と Al だけの酸化物である $12CaO \cdot 7Al_2O_3$(C12A7）に電子ドープをして，伝導度 1,500S/cm が得られる C12A7：e^-[49,50] を見つけている。この母材料である C12A7 は，7 eV と非常に大きなバンドギャップを持っている。同程度のバンドギャップをもつ MgO などでキャリアドープできた例がないように，このような大きなバンドギャップをもつ材料にドーピングするのは，通常の不純物ドーピングや酸素欠損生成ではうまくいかない。ところが C12A7 の場合は，結晶構造（図 12）がかご

(ケージ) 構造 (内径～0.4nm) とケージ内に包接される自由酸素イオン (O^{2-}) からなっていることをうまく利用することで $10^{21}cm^{-3}$ を超える高濃度電子のドープに成功している。この自由酸素イオンを化学的な還元処理をすることで取り除くことができ，そうすると，電気的中性条件を保つために電子をケージ内に導入することになり，この電子がケージ間を渡ることによって電子伝導性を発現する。

C12A7のバンドギャップが7 eVと大きいということは，C12A7：e^{-}ではドープされた電子のエネルギーも高い，つまり，仕事関数が小さいことを示唆している。実際に，C12A7：e^{-}が2.4eVと小さい仕事関数をもつことを見出している[51]。この値はアルカリ金属並みに小さいのだが，アルカリ金属は反応性が高いため，有機半導体と反応してしまうことや，空気中の酸素，水分とも強く反応するため，電子デバイスに使うのは適していない。C12A7：e^{-}の場合は，電子は高いエネルギーを持つものの，安定なCa-Al-Oの骨格の中に閉じ込められているため，化学的には安定である。有機ELテレビの実用化の課題の一つは，有機半導体発光層の電子親和力が小さいため，低電圧で効率的に電子を注入することが難しい点にあるということは既に説明した。C12A7：e^{-}のように仕事関数が小さく化学的に安定な導電体を電子注入電極に使うことにより，有機EL素子の動作電圧を下げることができる[52, 53] (図12)。また，小さい仕事関数が活きる他の応用として，電子線源としても機能することを確認している[54, 55]。

このように，バンドギャップが大きな材料に高濃度の電子や正孔をドープできると，今まではキャリア注入が難しかった有機材料や絶縁性材料にもキャリア注入が可能になり，新しい光・電

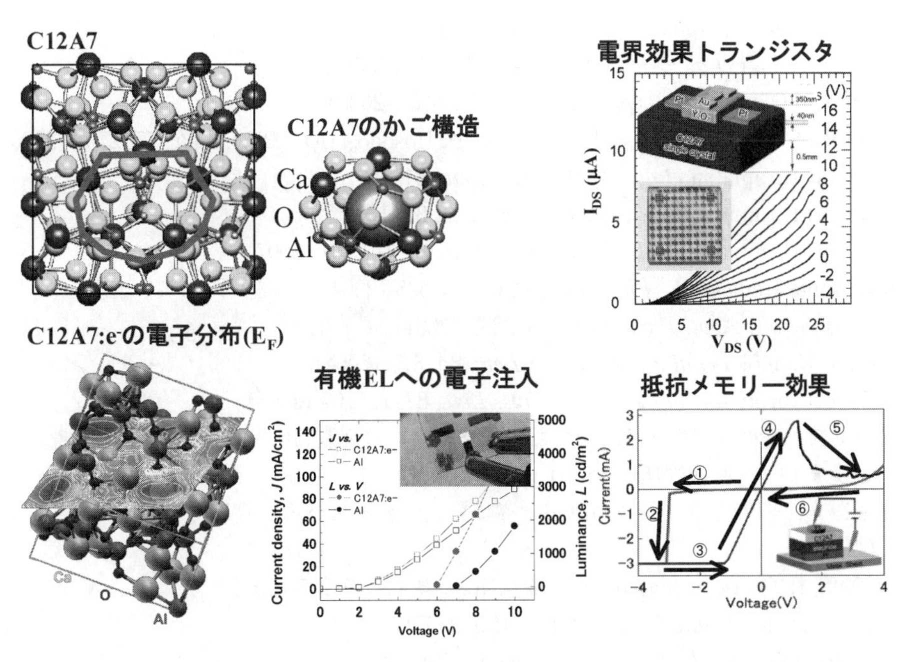

図12　C12A7の結晶構造とデバイス応用

子デバイスを作れる可能性が拡がると期待している。

＊本項では，紙面の都合上，基本的な電子構造や電子物性については省くことをお断りしておく。これらについては文献[1~3]を参照されたい。

文　　献

1) 細野秀雄，神谷利夫，透明金属が拓く脅威の世界　不可能に挑むナノテクノロジーの錬金術，ソフトバンク クリエイティブ㈱ (2006)
2) 細野秀雄，神谷利夫，セラミックスの電磁気的・光学的性質，セラミックス編集委員会基礎工学講座小委員会編，社団法人セラミックス協会 (2006)
3) 日本学術振興会，透明酸化物光・電子材料第 166 委員会編，透明導電膜の技術 第 2 版，オーム社 (2006)
4) G. Haacke, New figure of merit for transparent conductors, *J. Appl. Phys.*, **47**, 4086 (1976)
5) Toshio Kamiya and Masashi Kawasaki, *MRS Bulletin*, **33**, 1061 (2008)
6) C. Persson and A. Zunger, *Phys. Rev. B*, **68**, 073205 (2003)
7) Toshio Kamiya *et al.*, *J. Electroceram.*, **17**, 267 (2006)
8) Hiroshi Kawazoe *et al.*, *Nature*, **389**, 939 (1997)
9) Atsushi Kudo *et al.*, *Appl. Phys. Lett.*, **73**, 220 (1998)
10) K. Ueda *et al.*, *J. Appl. Phys.*, **89**, 1790 (2001)
11) Hiroshi Yanagi *et al.*, *Appl. Phys. Lett.*, **78**, 1583 (2001)
12) Hiromichi Ohta *et al.*, *Appl. Phys. Lett.*, **77**, 475 (2000)
13) K. Ueda, S. Inoue, S. Hirose, H. Kawazoe, H. Hosono, *Appl. Phys. Lett.*, **77**, 2701 (2000)
14) Hidenori Hiramatsu *et al.*, *Appl. Phys. Lett.*, **81**, 598 (2002)
15) Hidenori Hiramatsu *et al.*, *Appl. Phys. Lett.*, **82**, 1048 (2003)
16) Hidenori Hiramatsu *et al.*, *Appl. Phys. Lett.*, **91**, 012104 (2007)
17) Kazushige Ueda *et al.*, *Phys. Rev. B*, **69**, 155305 (2004)
18) K. Ueda *et al.*, *Appl. Phys. Lett.*, **78**, 2333 (2001)
19) Hayato Kamioka *et al.*, *Appl. Phys. Lett.*, **84**, 879 (2004)
20) Hidenori Hiramatsu *et al.*, *Appl. Phys. Lett.*, **87**, 211107 (2005)
21) 細野秀雄，新系統（鉄イオンを含む層状化合物）の高温超伝導物質の発見 — 背景から最近の進歩まで —，応用物理，**78**, 31 (2009)
22) 神原陽一，細野秀雄，鉄系高温超伝導体発見の経緯と概要，高圧力の科学と技術，**19**, 97 (2009)
23) T. Dietl, H. Ohno, F. Matsukura, *Phys. Rev. B*, **63**, 195205 (2001)
24) Hiroshi Yanagi *et al.*, *J. Appl. Phys.*, **100**, 033717 (2006)
25) Eiji Motomitsu *et al.*, *J. Sol. State Chem.*, **179**, 1668 (2006)

26) Hiroshi Yanagi *et al., J. Appl. Phys.*, **105**, 093936 (2009)
27) Kentaro Kayanuma *et al., J. Appl. Phys.*, **105**, 073903 (2009)
28) K. Kayanuma *et al., Phys. Rev. B*, **76**, 195325 (2007)
29) Kentaro Kayanuma *et al., Thin Solid Films*, **516**, 5800 (2008)
30) Hiroshi Yanagi *et al., Physical Review B*, **77**, 224431 (2008)
31) Yoichi Kamihara *et al., J. Am. Chem. Soc.*, **128**, 10012 (2006)
32) Yoichi Kamihara *et al., Phys. Rev. B*, **77**, 214515 (2008)
33) Takumi Watanabe *et al., Inorg. Chem.*, **46**, 7719 (2007)
34) Takumi Watanabe *et al., J. Sol. State Chem.*, **181**, 2117 (2008)
35) Yoichi Kamihara *et al., J. Am. Chem. Soc.*, **130**, 3296 (2008)
36) Kenji Nomura *et al., Nature*, **432**, 488 (2004)
37) 神谷利夫，野村研二，細野秀雄，アモルファス酸化物半導体の物性とデバイス開発の現状，固体物理，**44**, 621 (2009)
38) Toshio Kamiya and Hideo Hosono, *NPG Asia Mater.*, **2**, 1522 (2010)
39) 浦岡行治監修，低温ポリシリコン薄膜トランジスタの開発 — システムオンパネルをめざして —，シーエムシー出版 (2007)
40) *J. Display Technol.*, **5**, 12 (2009)
41) Hideo Hosono *et al., Appl. Phys. Lett.*, **67**, 2663 (1995)
42) Hideo Hosono *et al., Appl. Phys. Lett.*, **68**, 661 (1996)
43) Hideo Hosono *et al., J. Non-Cryst. Solids*, **198-200**, 165 (1996)
44) M. Orita, H. Ohta, M. Hirano, S. Narushima, H. Hosono, *Phil. Mag. B*, **81**, 501 (2001)
45) Kenji Nomura *et al., Jpn. J. Appl. Phys.*, **45**, 4303 (2006)
46) Toshio Kamiya, Kenji Nomura and Hideo Hosono, *J. Display Technol.*, **5**, 273 (2009)
47) Toshio Kamiya, Kenji Nomura and Hideo Hosono, phys. stat. solidi (a) (2010) in print.
48) Kenji Nomura *et al., Science*, **300**, 1269 (2003)
49) Katsuro Hayashi *et al., Nature* (London), **419**, 462 (2002)
50) Satoru Matsuishi *et al., Science*, **301**, 626 (2003)
51) Yoshitake Toda *et al., Adv. Mater.*, **19**, 3564-3569 (2007)
52) Ki-Beom Kim *et al., J. Phys. Chem. C*, **111**, 8403 (2007)
53) Hiroshi Yanagi *et al., J. Phys. Chem. C*, **113**, 18379 (2009)
54) Yoshitake Toda *et al., Adv. Mater.*, **16**, 685 (2004)
55) Yoshitake Toda *et al., Appl. Phys. Lett.*, **87**, 254103 (2005)

2　ワイドギャップｐ型半導体 LaCuOSe

平松秀典*

2.1　はじめに

ワイドギャップｐ型酸化物半導体の物質探索指針と，その実例として一価の銅イオンを含む酸化物 $CuAlO_2$ が 1997 年に報告された[1)]。その探索指針では，ワイドギャップ酸化物の価電子帯上端を主に構成する局在性の強い酸素 $2p^6$ 軌道と，エネルギー的に近い一価の銅イオンの閉殻 $3d$ 軌道（電子配置：[Ar] $(3d)^{10}$）との混成を利用する。すなわち，その混成によって正孔を非局在化させ，ｐ型伝導の実現が困難とされるワイドギャップ酸化物においてｐ型伝導を発現させようとするものである。その後，一価の銅を含有する類似酸化物の探索が精力的に行われたが，得られた正孔移動度はいずれも $0.5cm^2/(Vs)$ 以下で，しかもｎ型のワイドギャップ酸化物半導体では容易な $10^{20}cm^{-3}$ を超える高濃度キャリアドーピングもそのｐ型酸化物群では実現されていない。

そこで，酸素 $2p^6$ 軌道よりも軌道の拡がりが大きく，また銅 $3d$ 軌道のエネルギー準位に，酸素 $2p^6$ 軌道よりさらに近い準位をもつ硫黄（$3p^6$ 軌道）やセレン（$4p^6$ 軌道）を含むオキシカルコゲナイドに対象を拡張して物質探索が行われ，新しいワイドギャップｐ型半導体 *Ln*CuO*Ch*（*Ln*＝La，Pr，Nd などの希土類，*Ch*＝S，Se などのカルコゲン）が見いだされた[2～4)]。そのオキシカルコゲナイドの結晶構造は，酸化物層とカルコゲナイド層が c 軸方向に交互に積層した層状構造である（図１(a)）。この物質の構造上のユニークな特徴は，酸素は希土類と結合して酸化物層を形成し，カルコゲンは主として銅と結合してカルコゲナイド層を形成する。すなわち，酸化物層とカルコゲナイド層がほぼ完全に分離していることにある。それを考慮してこの構造を眺めると，ワイドギャップ酸化物層とナローギャップカルコゲナイド層が交互に積層しており，図１(b)のように多重量子井戸を連想させる電子構造が自然の結晶構造中に内包されているとみな

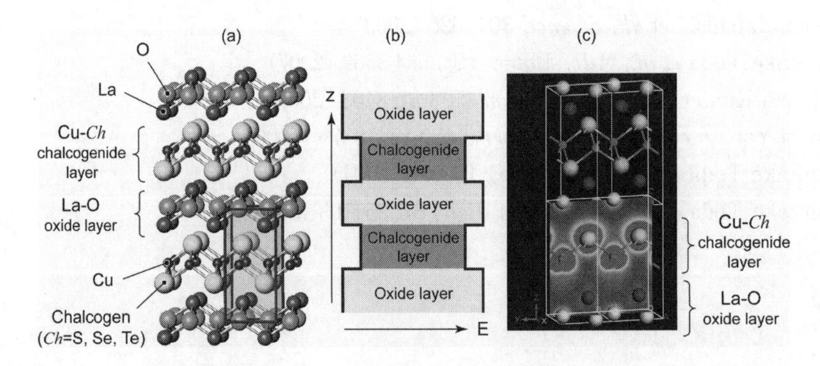

図１　(a)層状オキシカルコゲナイド LaCuO*Ch*（*Ch*＝カルコゲン）の結晶構造
(b)層状構造内に内包される多重量子井戸的な電子構造のイメージ
(c)第一原理計算で求めた価電子帯上端の電子密度分布図

＊　Hidenori Hiramatsu　東京工業大学　フロンティア研究機構　特任准教授

すことができる。実際，第一原理計算によって[5)]，その正孔はCu-*Ch*カルコゲナイド層に閉じこめられていることが実証されている（図1(c)）。この2次元的な結晶・電子構造に由来して，この物質群はワイドギャップp型伝導性だけでなく，室温で安定な励起子（電子・正孔対）が存在するというもう一つ興味深い光学的な物性を有する[6,7)]。その室温励起子に由来して，近紫外～青色の鋭いフォトルミネッセンス（PL）が室温で観察される。

このように，層状オキシカルコゲナイド*Ln*CuO*Ch*は，電子的だけでなく光学的にも大変興味深い新物質である。新物質の光・電子物性を評価し，その物質ならではのユニークな特徴を見いだし，さらにはその特長を生かしたデバイスまで作製するためには，高品質なエピタキシャル薄膜作製技術が鍵となることは言うまでもない。しかしながら，層状オキシカルコゲナイドの場合，相を構成する酸化物層とカルコゲナイド層の構成成分の蒸気圧差が非常に大きく（希土類酸化物成分に対して銅カルコゲナイド成分が圧倒的に蒸発しやすい），パルスレーザー堆積（PLD）法などの真空下での高温気相成長法ではエピタキシャル薄膜はおろか単一相の多結晶膜すら得ることができなかった。しかしながら，これまで反応性固相エピタキシャル成長（R-SPE）法[8)]を用いて，一連の*Ln*CuO*Ch*エピタキシャル薄膜の作製に成功してきた[9,10)]。図2にその作製手順をまとめた。この物質群の場合は，最初に成長させる極薄の銅層が鍵となる。この銅層を最初に形成することによって，熱処理の際に基板 ― 膜界面に薄くエピタキシャル成長した種結晶を本熱処理温度（1000℃）よりも低温（500℃）で生成させることができる。さらに処理温度の上昇に伴って，そのエピタキシャル種結晶を起点とした固相エピタキシャル成長が起こり，最終的に膜全体がエピタキシャル薄膜化する[11)]。

ここでは，層状オキシカルコゲナイド*Ln*CuO*Ch*の中でもLaCuOSeに焦点を絞りエピタキシャル薄膜の高品質化に取り組んだ結果，ワイドギャップp型半導体として初めての10^{21}cm^{-3}台の正孔濃度を達成し，そしてこの物質のもう一つの特徴である室温励起子を利用した発光デバイスの作製に成功した内容を概説する。

2.2　高濃度正孔ドーピング[12)]

GaN：Mgに代表されるワイドギャップp型半導体は，通常そのアクセプター準位が100～200meVと深いために10^{20}cm^{-3}を超えるような高濃度の正孔ドーピングが困難である（例えば，半導体としては大き目の有効状態密度$N_V = 10^{20}$cm^{-3}を用いたとしても，アクセプター準位が$E_A - E_V = 150$meVあると，室温における正孔濃度は3×10^{17}cm^{-3}にしかならない）。しかしながら，層状オキシカルコゲナイドLaCuOSeではMgをドープすることによって10^{20}cm^{-3}の正孔濃度を既に達成していた[13)]。そして，膜厚約40nm膜においてさらに一桁高い10^{21}cm^{-3}台の正孔濃度の実現に成功した。その薄膜表面にCMP（chemical-mechanical polishing）処理を施すことによって，原子平坦面を得ることもできたことから，有機発光デバイスの正孔注入層への応用が，他のワイドギャップp型酸化物半導体よりも一層期待できる。

図3にR-SPE法により作製したMgドープLaCuOSe（LaCuOSe：Mg）エピタキシャル薄膜

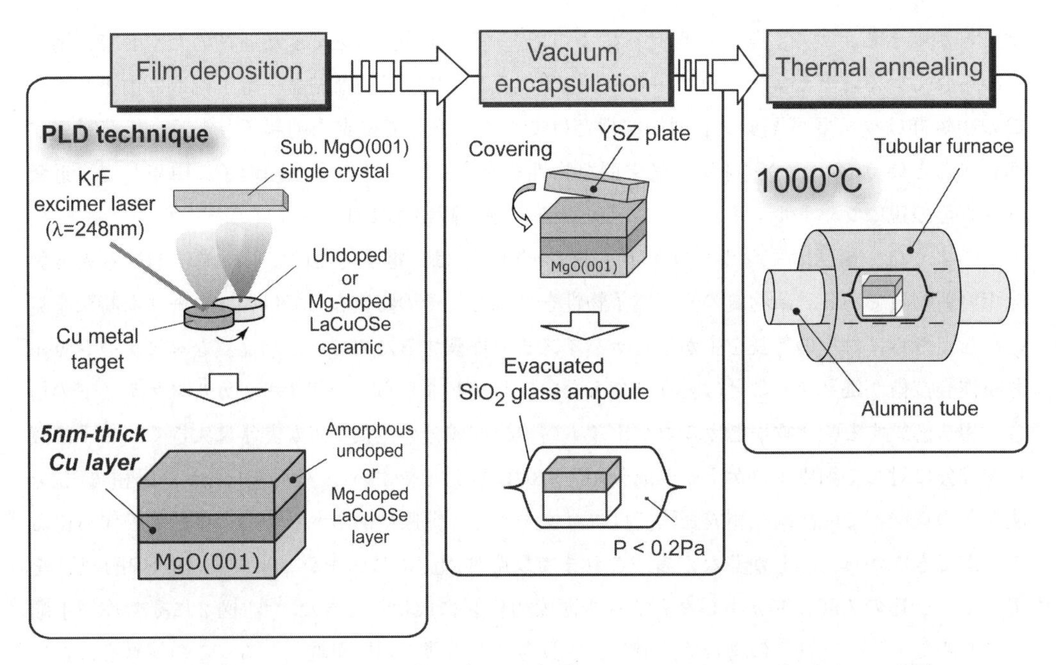

図２　反応性固相エピタキシャル成長（R-SPE）法による LaCuOSe エピタキシャル薄膜の作製方法

1. 積層膜の作製：基板温度 400℃の条件で金属銅膜を MgO(001) 単結晶基板上に約 5 nm 成長する。非ドープまたは Mg ドープ LaCuOSe ターゲットを所望の膜組成に応じて選択し（つまり非ドープ膜の場合は非ドープターゲットを，Mg ドープ膜の場合は Mg ドープターゲットをそれぞれ選択する），アモルファス LaCuOSe 層を銅層の上に堆積する。最終的に得られるエピタキシャル薄膜の膜厚は，このアモルファス層の厚さを調節して変化させることができる。2. 封管：作製した積層膜を石英ガラス管中に真空封入する。3. 熱処理：真空封入した石英ガラス管を 1000℃で熱処理することでエピタキシャル薄膜を得ることができる。

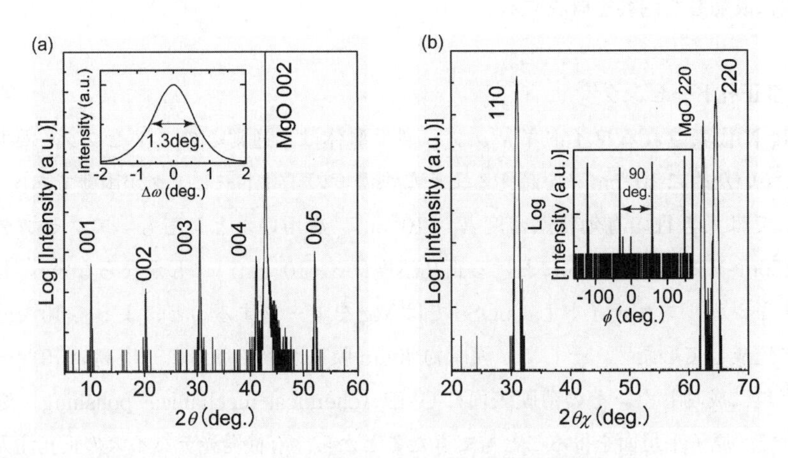

図３　LaCuOSe：Mg エピタキシャル薄膜の X 線回折パターン

(a) Out-of-plane 回折パターン（挿入図：003 回折のロッキングカーブ），(b) In-plane 回折パターン（挿入図：220 回折の ϕ スキャン）。

のX線回折パターンを示す。Out-of-plane回折パターン（図3(a)）から，得られた膜はc軸方向に強く配向していることがわかる。ロッキングカーブの半値幅（図3(a)挿入図）を見ると1.3度と大きい。非ドープのLaCuOSe膜は通常0.3度程度であることから，これはMgドープの影響と考えられる。In-plane回折のϕスキャン測定（図3(b)挿入図）では，LaCuOSeの正方晶に由来した90度間隔の回折ピークが観察されており，R-SPE法によって得られた膜は，回転ドメインなど無くMgO(001)単結晶基板上にヘテロエピタキシャル成長していることがわかる。Out-of-planeおよびIn-plane回折パターンから，MgO基板とのエピタキシャル関係は，(001)[100]LaCuOSe：Mg‖(001)[100]MgOであることがわかる。

得られた薄膜表面の原子間力顕微鏡（AFM）像をみると，R-SPE法でエピタキシャル化した後の膜（図4(a)）では正方晶由来のファセットに加え，ドロップレットのような粒状の構造が観察される比較的粗い表面であった（平均荒さ：3 nm）。この表面にコロイダルシリカを用いたCMP処理を施すことによって，図4(b)に示したようなステップとテラスから形成される原子平坦面を得ることに成功している（平均荒さ：1 nm）。

図5にLaCuOSe：Mgエピタキシャル薄膜の室温における輸送特性の膜厚依存性を示す。膜

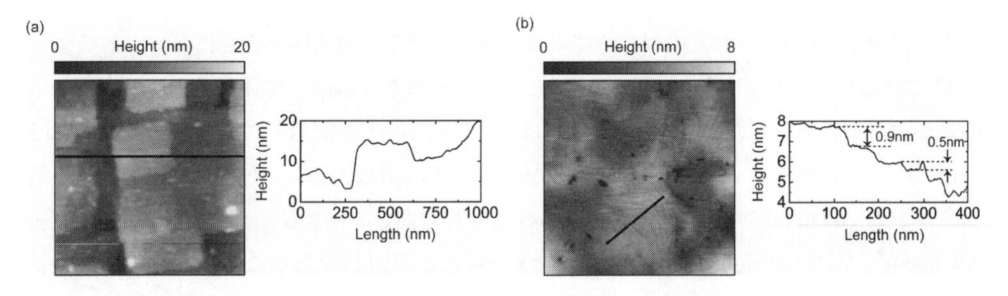

図4　LaCuOSe：Mgエピタキシャル薄膜表面のAFM像（観察範囲1×1 μm²）と像中の太線に沿った断面プロファイル

(a) R-SPE成長後，(b) CMP処理後。CMP処理後の表面は，LaCuOSeのc軸長（約9 Å）またはLaO/CuSe一層分（約5 Å）の高さのステップとテラスで構成されている。

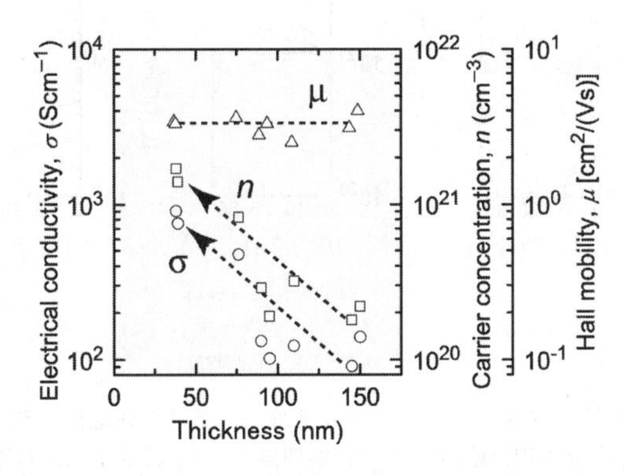

図5　LaCuOSe：Mgエピタキシャル薄膜の室温におけるキャリア輸送特性の膜厚依存性

厚の減少に伴って電気伝導度が飛躍的に増加する傾向が見られる一方，移動度はほぼ一定であることから，膜厚の減少に伴う電気伝導度の増加はキャリア濃度の増加に起因していることがわかる。最も薄い 40nm 厚の薄膜で，キャリア濃度は $1.7\times10^{21}cm^{-3}$ に達し，従来よりも一桁上昇させることに成功した。その電気伝導度は 910 Scm^{-1}（抵抗率：$1.1\times10^{-3}\Omega cm$）とワイドギャップ p 型半導体としては非常に高い。この $10^{21}cm^{-3}$ 台の高い正孔濃度に由来して，その輸送特性は温度に寄らず一定の値を示す縮退伝導をしていることがわかる（図6）。また，R-SPE 成長後に行ったCMP 処理によって，輸送特性が変わっていないことも確認している。この膜厚依存性の詳細はいまだ明らかとなっていないが，$10^{21}cm^{-3}$ 台の正孔濃度はワイドギャップ p 型半導体としては初めて成し遂げられた高濃度キャリアドーピングである。

ワイドギャップ p 型半導体における $10^{21}cm^{-3}$ 台の正孔濃度の達成は，光物性においても興味深い特徴を有する。図 7 に光吸収スペクトルを示す。吸収バンド A，B は室温励起子に由来しており，その分裂は価電子帯上端でスピン縮退した Se 4*p* 軌道がスピン — 軌道相互作用によって分裂しているためである[5]。バンド C は何らかの欠陥由来の吸収と推測される。興味深いのは，近赤外領域に吸収（図 7 中 D）が観察されることである。この吸収は $10^{21}cm^{-3}$ の高濃度正孔に由来した自由キャリア吸収（FCA）である。ワイドギャップ p 型半導体においてこの近赤外の波長領域で FCA が観察されたのは初めての例である。図 7 の挿入図と表 1 に，バンド C および吸収 D に対してローレンツおよびドルーデモデルをそれぞれ適用して透過・正反射スペクトルへの最小自乗解析を行った結果を示す。得られたプラズマ周波数（ω_p）とキャリア濃度（$1.7\times10^{21}cm^{-3}$）から有効質量（m^*）を知ることができ，その値は $1.6m_e$ であった。透過・正反射スペクトルをよく再現していること，また得られた緩和時間と有効質量から算出した FCA 移動度（$4.6\pm1.0cm^2/(Vs)$）が Hall 移動度（$3.4cm^2/(Vs)$）とほぼ同じであることから，本解析の信頼性が高いことが認められる。得られた緩和時間 4 fs という値は，より大きな移動度（>$20cm^2/$

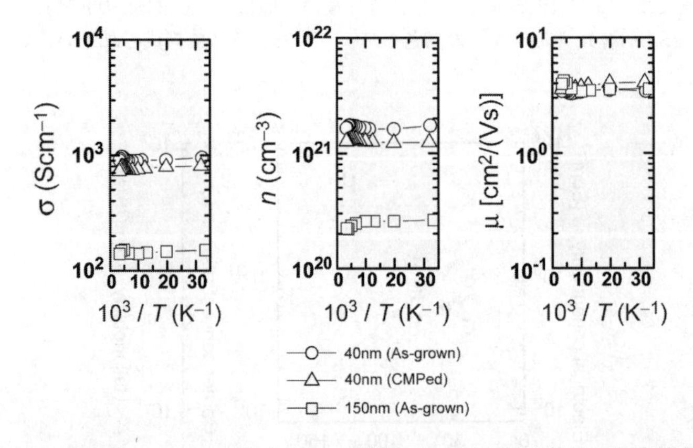

図6　LaCuOSe：Mg エピタキシャル薄膜のキャリア輸送特性の温度依存性
○：膜厚 40nm（R-SPE 成長後，CMP 処理無），△：膜厚 40nm（CMP 処理有），
□：膜厚 150nm（CMP 処理無）

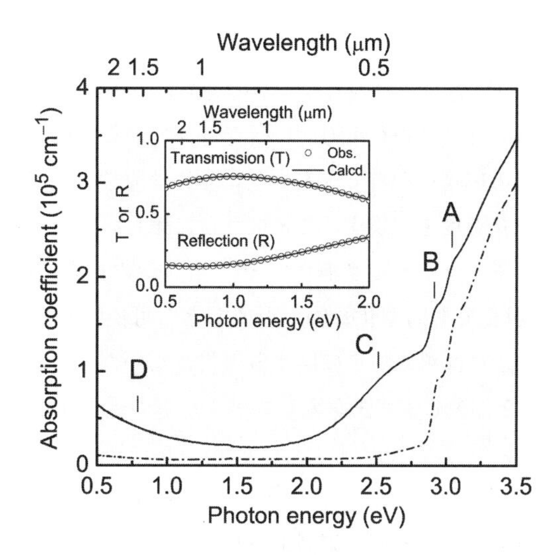

図7　LaCuOSe エピタキシャル薄膜の室温における光吸収スペクトル
実線：Mg ドープ膜（1.7×10^{21} cm^{-3}），点線：非ドープ膜（2.0×10^{19} cm^{-3}）。挿入図は Mg ドープ膜の透過・正反射スペクトルの FCA 解析結果を示している。

表1　1.7×10^{21} cm^{-3} の高濃度正孔がドープされた LaCuOSe：Mg エピタキシャル薄膜の FCA 解析結果

FCA 解析結果			
プラズマ周波数 (s^{-1})	緩和時間 (s)	有効質量 m^*	FCA 移動度 [cm^2/(Vs)]
$(1.83\pm0.08)\times10^{15}$	$(4.23\pm0.50)\times10^{-15}$	$(1.6\pm0.2)m_e$	4.6 ± 1.0

(Vs)）を有する錫ドープ酸化インジウム（ITO）や酸化亜鉛といった n 型のワイドギャップ酸化物と同等であることから，これらの n 型酸化物よりも LaCuOSe：Mg の移動度が低いのは，$1.6m_e$ というその大きな有効質量が要因であることがわかる。

以上のように，LaCuOSe：Mg において 10^{21} cm^{-3} 台の高い正孔濃度を達成することに成功したが，この FCA 解析の結果は，現在有機発光デバイスの正孔注入層として応用されている n 型酸化物半導体である ITO の移動度を LaCuOSe：Mg では超えることができないという結果ととれる。しかしながら，デバイス構造にもよるが，半導体／電極層の性能は，キャリア濃度や移動度だけで決まっているわけではない。たとえば，代表的な有機正孔輸送材料 NPB に対する LaCuOSe：Mg の正孔注入障壁が，ITO を用いた場合に比べて半分程度の高さまで下がり，注入電流密度を二桁向上させられることが最近報告された[14]。従って，更なる研究を進めることによって，高濃度正孔ドープされ，かつ原子平坦面を有する LaCuOSe：Mg 膜の有機発光デバイスの正孔注入層への応用展開も期待される。

2.3 発光ダイオード[15]

層状オキシカルコゲナイドLaCuOSeのもう一つの特徴は，室温で安定な励起子由来の青色発光が観察されることである。そこで現在精力的に研究されている酸化亜鉛と同じく短波長発光デバイス／励起子デバイスへの応用も期待できる。酸化亜鉛は通常n型半導体であり，p型化することは容易でなく，高い正孔濃度を実現することはさらに難しい[16]。一方，層状オキシカルコゲナイドLaCuOSeはワイドギャップp型半導体で10^{21}cm^{-3}台の正孔濃度も実現可能なため，発光層だけでなく正孔注入層までを同型化合物で形成できる可能性がある。ただし，これまでn型伝導を示すLaCuOSeもしくは類似物質に関する報告がないため，ホモpn接合は作製できない。そこでヘテロpn接合を作製し，オキシカルコゲナイドの電子注入発光層としての可能性を検討した。

発光ダイオード（LED）作製のため，まず非ドープLaCuOSeエピタキシャル薄膜をR-SPE法で作製した（図2：この場合は，最初の銅層形成後に，非ドープLaCuOSeターゲットを用いて積層膜を作製する）。続いて，ヘテロpn接合作製のためのn型半導体には，室温成長が可能なアモルファス酸化物半導体$InGaZn_5O_8$を選択し，最後に金電極を形成した。電流-電圧特性を測定しながら，MgO基板の裏面からエレクトロルミネッセンス（EL）スペクトルを室温で観察した。

図8にそのデバイス構造と，作製したLEDデバイスの室温におけるELスペクトルを示している。順バイアス印加時（V=8V, J=1.4A/cm^2）に，波長430nmの青色発光が観察されはじめ，

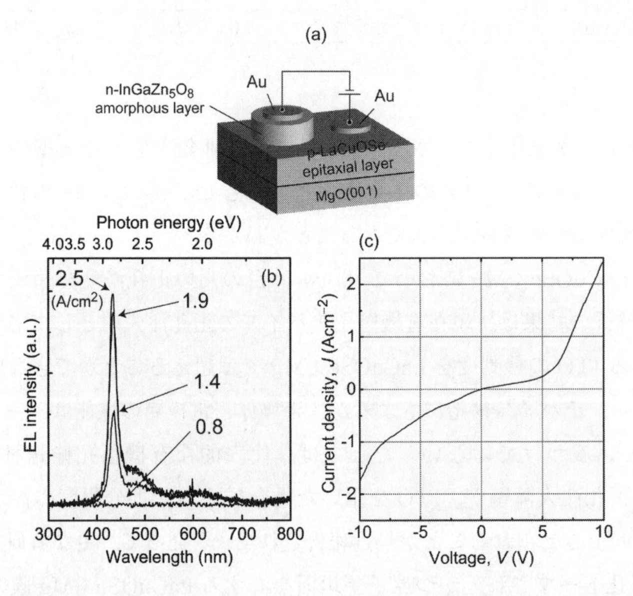

図8 (a)p-LaCuOSe/n-$InGaZn_5O_8$ヘテロ接合LEDのデバイス構造。(b)室温におけるELスペクトル。図内数値は各発光スペクトル測定時の電流密度（順バイアス時）。(c)電流—電圧特性。

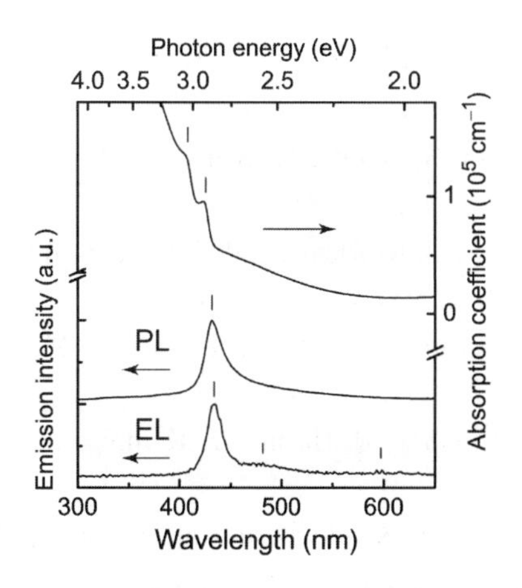

図9　LaCuOSe エピタキシャル薄膜の室温における光吸収および PL スペクトルと，LED デバイスの EL スペクトルの比較

電流密度の増加に伴ってスペクトルはよりシャープになり，発光強度は増加している。この EL 波長とバンド幅は，LaCuOSe の PL と一致しており，電子注入によって LaCuOSe 内で励起子が形成され，それらが再結合することによる EL と考えられる（図9）。現在のところ，発光効率はまだまだ低いが，この新物質の発光材料への応用を期待させる結果である。

2.4　おわりに

酸化物層とカルコゲナイド層が交互に積層した層状構造を有する LaCuOSe のエピタキシャル薄膜を R-SPE 法によって作製し，ワイドギャップ p 型半導体において 10^{21}cm^{-3} 台の高濃度の正孔ドーピングと，青色発光デバイスの室温動作に成功した。高性能な正孔注入層，発光デバイスの発光層への応用が今後期待される。また，LnCuOCh [Ln=La，Ce，Pr，Nd；Ch=$S_{1-x}Se_x$，$Se_{1-y}Te_y$ (x=0－1，y=0－0.4)][10] または $La_2CdO_2Se_2$[17] といった一連の層状オキシカルコゲナイド群は，この R-SPE 法を用いることですべてエピタキシャル成長させることが可能である。そのエピタキシャル薄膜の実現が，この新物質群における p 型伝導性だけでなく，励起子発光[7,17]，大きな光学非線形性[18] などのこの物質群に特徴的な光物性の発見にもつながっている。

この物質群は，新物質探索という面でも最近注目を集めている。この層状オキシカルコゲナイドと同じ結晶構造を有するオキシニクタイド（銅の位置を 3d 遷移金属で，カルコゲンの位置をニクトゲンでそれぞれ置換した構造）にも物質系を拡張したところ，後述の新規高温超伝導体 LaT_MOPn（T_M=Fe，Ni；Pn=P，As）の発見につながっている[19~22]。今後，このような自然に形成されかつ特徴的な2次元層状構造を活用した物質探索が，新たな新機能･高機能化合物開拓につながると期待したい。

文　献

1) H. Kawazoe, M. Yasukawa, H. Hyodo, M. Kurita, H. Yanagi, and H. Hosono, *Nature* **389**, 939 (1997)
2) K. Ueda, S. Inoue, S. Hirose, H. Kawazoe, and H. Hosono, *Appl. Phys. Lett.* **77**, 2701 (2000)
3) K. Ueda and H. Hosono, *J. Appl. Phys.* **91**, 4768 (2002)
4) K. Ueda, K. Takafuji, H. Hiramatsu, H. Ohta, T. Kamiya, M. Hirano, and H. Hosono, *Chem. Mater.* **15**, 3692 (2003)
5) K. Ueda, H. Hiramatsu, H. Ohta, M. Hirano, T. Kamiya, and H. Hosono, *Phys. Rev. B* **69**, 155305 (2004)
6) K. Ueda, S. Inoue, H. Hosono, N. Sarukura, and M. Hirano, *Appl. Phys. Lett.* **78**, 2333 (2001)
7) H. Hiramatsu, K. Ueda, K. Takafuji, H. Ohta, M. Hirano, T. Kamiya, and H. Hosono, *J. Appl. Phys.* **94**, 5805 (2003)
8) H. Ohta, K. Nomura, M. Orita, M. Hirano, K. Ueda, T. Suzuki, Y. Ikuhara, and H. Hosono, *Adv. Funct. Mater.* **13**, 139 (2003)
9) H. Hiramatsu, K. Ueda, H. Ohta, M. Orita, M. Hirano, and H. Hosono, *Appl. Phys. Lett.* **81**, 598 (2002)
10) H. Hiramatsu, K. Ueda, K. Takafuji, H. Ohta, M. Hirano, T. Kamiya, and H. Hosono, *J. Mater. Res.* **19**, 2137 (2004)
11) H. Hiramatsu, H. Ohta, T. Suzuki, C. Honjo, Y. Ikuhara, K. Ueda, T. Kamiya, M. Hirano, and H. Hosono, *Cryst. Growth Des.* **4**, 301 (2004)
12) H. Hiramatsu, K. Ueda, H. Ohta, M. Hirano, M. Kikuchi, H. Yanagi, T. Kamiya, and H. Hosono, *Appl. Phys. Lett.* **91**, 012104 (2007)
13) H. Hiramatsu, K. Ueda, H. Ohta, M. Hirano, T. Kamiya, and H. Hosono, *Appl. Phys. Lett.* **82**, 1048 (2003)
14) H. Yanagi, M. Kikuchi, K. -B. Kim, H. Hiramatsu, T. Kamiya, M. Hirano, and H. Hosono, *Org. Electron.* **9**, 890 (2008)
15) H. Hiramatsu, K. Ueda, H. Ohta, T. Kamiya, M. Hirano, and H. Hosono, *Appl. Phys. Lett.* **87**, 211107 (2005)
16) A. Tsukazaki, A. Ohtomo, T. Onuma, M. Ohtani, T. Makino, M. Sumiya, K. Ohtani, S. F. Chichibu, S. Fuke, Y. Segawa, H. Ohno, H. Koinuma, and M. Kawasaki, *Nat. Mater.* **4**, 42 (2005)
17) H. Hiramatsu, K. Ueda, T. Kamiya, H. Ohta, M. Hirano, and H. Hosono, *J. Phys. Chem. B* **108**, 17344 (2004)
18) H. Kamioka, H. Hiramatsu, H. Ohta, M. Hirano, K. Ueda, T. Kamiya, and H. Hosono, *Appl. Phys. Lett.* **84**, 879 (2004)
19) Y. Kamihara, H. Hiramatsu, M. Hirano, R. Kawamura, H. Yanagi, T. Kamiya and H. Hosono, *J. Am. Chem. Soc.* **128**, 10012 (2006)
20) T. Watanabe, H. Yanagi, T. Kamiya. Y. Kamihara, H. Hiramatsu, M. Hirano, and H. Hosono, *Inorg. Chem.* **46**, 7719 (2007)

21） Y. Kamihara, T. Watanabe, M. Hirano, and H. Hosono, *J. Am. Chem. Soc.* **130**, 3296 (2008)
22） T. Watanabe, H. Yanagi, Y. Kamihara, T. Kamiya. M. Hirano, and H. Hosono, *J. Solid State Chem.* **181**, 2117 (2008)

3 p型伝導酸化物半導体 SnO ─ 価電帯が s 軌道から構成される p 型半導体 SnO ─

小郷洋一*

3.1 はじめに

2000年以降，酸化物半導体をチャネルとする薄膜トランジスタ（TFT）は活発に研究されているが，そのすべてはnチャネルTFTであり，pチャネルで動作する酸化物TFTは実現していない[1〜7]。その理由は金属酸化物の価電子帯は，主として，酸素の2p軌道で構成されており，強く局在しているために，p型伝導が実現しにくい。また，たとえp型伝導が実現しても，ホールキャリヤーの電界効果移動度が小さく，トランジスタ動作しないためである。p型TFTが存在しないため，これまで，酸化物TFTでは，CMOS回路を作成することができなかった。また，陽極に直接TFTを接続させる単純なAM-OLEDの駆動回路を構成できなかった。CMOS回路用には，電界効果移動度は$0.1cm^2(Vs)^{-1}$以上であることが必要で，そのためには，Hall移動度が$0.1cm^2(Vs)^{-1}$以上である薄膜を育成することが必要である。

酸化スズには，Sn^{2+}とSn^{4+}の化合物があるが，スズの安定な価数は4価であり，SnO_2の状態が一般的である。Sn^{4+}の電子配置は$(Kr)5s^0 5p^0$である。5s軌道を価電子帯として利用するためには，5s軌道を電子で満たす必要があり，5s軌道を全部電子で満たすとSn^{2+}となる。すなわち，価電子帯がs軌道から構成される良質なp型伝導体を実現するためには，SnO化合物薄膜を作成することが必要である。一般的には，酸素分圧が高いような強い酸化雰囲気でも，また，真空中で高温のような強い還元雰囲気でも，価数を2価に保つことが困難であると考えられる。しかし，NaCl基板またはサファイヤ基板を用いたエピタキシャル薄膜成長がV. KrasevecらやX. Q. Panらによって報告されている[8,9]。X. Q. Panらは，セラミックSnOをターゲットとして用いた電子線蒸着法で，SnO薄膜の成長を行い，低温成長した場合はアモルファスであるが，約350℃の基板温度ではPbO構造のα-SnO相が得られ，600℃では，エピタキシャルα-SnO薄膜が得られることを報告している。

本研究では，雰囲気の酸素分圧が制御可能な，すなわち，酸化度合いの制御が可能なパルスレーザー堆積法（PLD法）を用いることにより，SnO薄膜の作製を行った。

3.2 p型SnO薄膜を活性層としたp-チャネルTFT

PLD法で，予め大気中にて1380℃で加熱処理を行った(001)YSZ単結晶基板上にSnO薄膜を堆積した。ターゲットにはSnO焼結体（高純度化学研究所社製の粉末原料を焼結して作成）を用い，KrFエキシマレーザー（波長248nm，パルス幅8ns）を照射してアブレーションを行った。基板温度575℃，酸素分圧4×10^{-2}Pa，繰り返し周波数2Hz，強度約$1.5Jcm^{-2}pulse^{-1}$の条件で成膜を行い，成膜速度は5.6nm/minで，膜厚は，19〜150nmであった。

---

* Yoichi Ogoh　東京工業大学　応用セラミックス研究所（現・HOYA㈱）

X線回折の結果から成膜時の酸素分圧が1×10^{-2}Pa以下ではSnO相は存在するものの，膜内に金属Snが含まれることが分かった（図1(a)）。また，酸素分圧が4×10^{-2}PaではSnOが配向成長し，1×10^{-1}Pa以上の酸素分圧では無配向SnO層が成長した。

酸素分圧4×10^{-2}Paで成膜した配向成長SnO薄膜について，4軸X線回折計により成長方位の確認を行った。図1(d)に示すように，YSZ(100)面上にSnO(001)面が成長しており，YSZ(1−10)面とSnO(100)面が同じ方向を向いていることを示している。002SnO回折（図1(b)），200SnO回折（図1(c)）のロッキングカーブの半値幅はそれぞれ0.46°，0.7°であった。また，SnO(100)面はYSZ(1−10)面と同様の4回対称性を示しており，SnO膜がYSZ単結晶基板上にヘテロエピタキシャル成長し，エピタキシャル関係は，(001)SnO//(001)YSZ，(100)SnO//(1−10)YSZであった（図1(d)）。

(001)MgO，(001)STO，(1−102)Al_2O_3単結晶基板上にSnO薄膜成長を行った場合は，いずれの場合もYSZ基板上に比べて，X線回折強度で2桁程度低下しておりYSZ基板上に作製した場合のような高配向膜は得られなかった。

図2に，SnO薄膜の価電子帯硬X線光電子分光スペクトルを示す。SnOのスペクトルは，SnO_2のスペクトルと比較して，フェルミ順位が高エネルギー側にシフトし，さらに，O2p軌道の高エネルギー側に新しい準位が形成された。すなわち，硬X線光電子分光の測定結果から，SnOにおいてO2p軌道の高エネルギー側にSn5s準位が存在し，価電子帯を形成していることがわかる。

SnO薄膜表面の原子間力顕微鏡像を図3に示す。SnOのc軸長約0.5nmに相当する高さのステップが薄膜表面に見られる。10μm四方の像では一様の表面が観察され，最大高低差は3.3nmであった。1μm四方で観察した像では細かい島状の構造が観察され，さらに拡大して断面高低

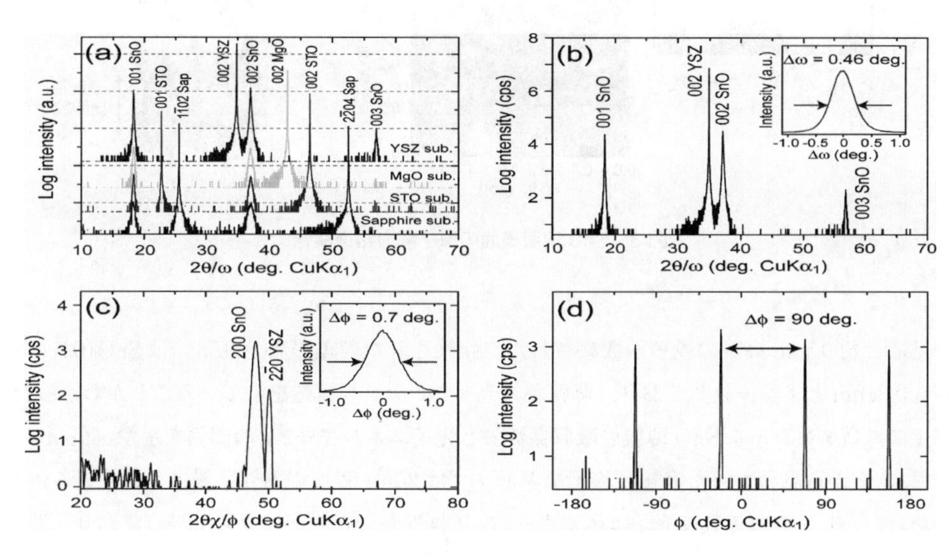

図1　薄膜のXRDパターン

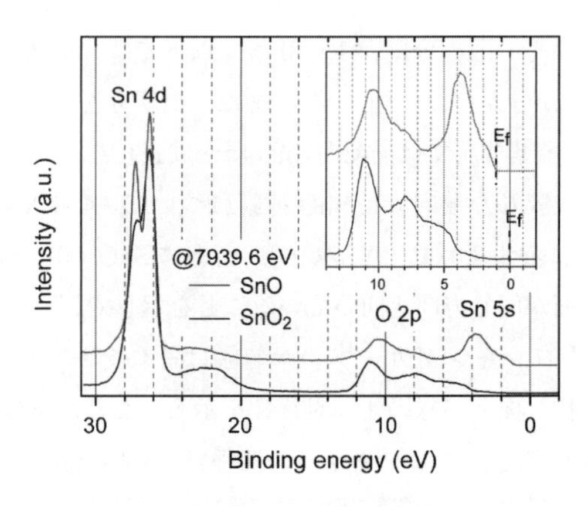

図２　SnO エピタキシャル膜の光電子スペクトル

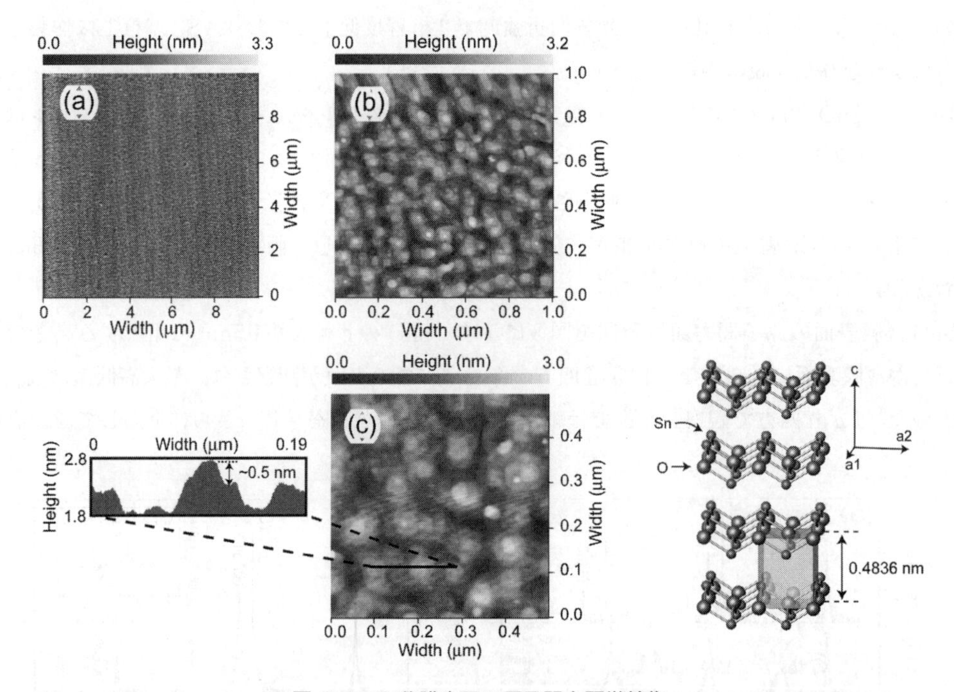

図３　SnO 薄膜表面の原子間力顕微鏡像

差を見ると約 0.5nm 高さの段差が観察された。観察された段差の高さ 0.5nm は SnO(001) 面の間隔 0.4836nm とよく一致しており，薄膜がステップ・テラス構造をしていることがわかった。

図４にエピタキシャル SnO 薄膜の吸収係数 α と光子エネルギー $h\nu$ の関係を示す。$(\alpha h\nu)^2-h\nu$ プロットから見積もった直接遷移光学ギャップは 2.7eV 程度であり，報告されている値と一致した。しかし，吸収係数は光子エネルギー 1.6eV 付近から緩やかに立ち上がっており，遷移確率の低い間接遷移があることが考えられる。第一原理計算の結果も，間接ギャップの存在を示し

ており，間接ギャップは約0.3eV，直接ギャップは約2.2eVと求められている。

作製したSnOエピタキシャル薄膜のSeebeck効果，Hall効果の測定結果を図5に示す。室温でのSeebeck係数はS＝＋1024mV K^{-1}であり，SnO薄膜がp型伝導体であることが示された。また，室温でのHall移動度，Hall濃度は，それぞれ2.4$cm^2(Vs)^{-1}$，$2.5\times10^{17}cm^{-3}$であり，Hall濃度は温度とともに増加する熱活性型を示し，Hall濃度の活性化エネルギーは45.6mV K^{-1}であった。また，Hall移動度も温度とともに増加した。

エピタキシャルSnO薄膜をチャネルとした構造のトップゲート型TFTを作製した（図6）。まず，(001)YSZ単結晶基板上に，厚さ19nmのSnO層を成膜した。次に，フォトリソグラフィーと電子線蒸着法によりAu(20nmt)/Ni(8nmt) 層から成るソース電極，ドレイン電極を作

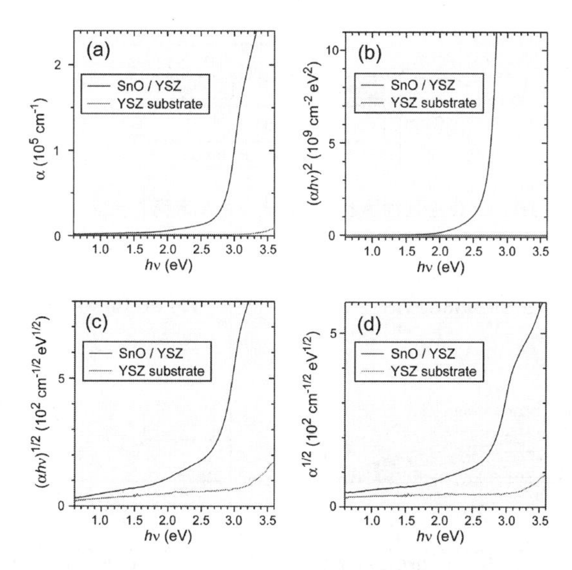

図4　SnOエピタキシャル膜の光吸収スペクトル

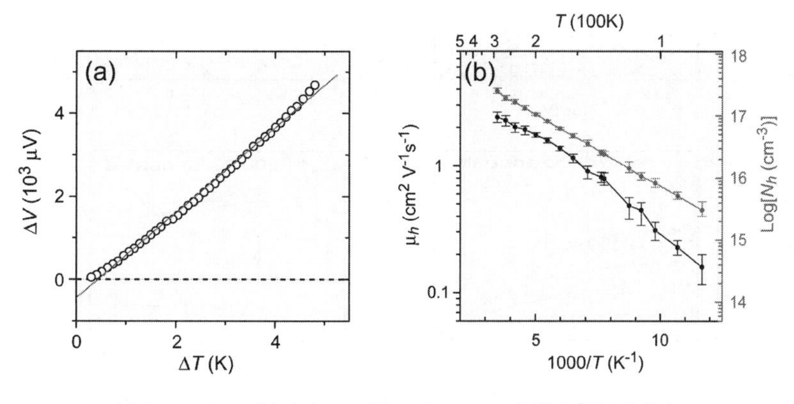

図5　SnOエピタキシャル膜のゼーベック係数と電子移動度

製した。その後，ソース電極，ドレイン電極及びチャネル上にPLD法によりアモルファスアルミナ（a-Al_2O_3）絶縁層を成膜した。

ソース電極，ドレイン電極及びゲート電極を形成した後に，真空中で，150℃，5分間の条件と200℃，5分間の条件で，赤外線ランプ加熱による高速熱処理を行った。図7に示すように，200℃で熱処理することにより，10nAであったリーク電流を0.1nA未満に低下することが出来た。200℃で熱処理したTFTに関して，大気中，暗所にて，出力特性，伝達特性の解析を行った。ゲート-ソース間-10V，ドレイン-ソース間-10Vのバイアス条件下で14μAの電流変調が得られた。$(I_{DS})^{1/2}-V_G$ プロットから求めた閾値電圧は+4.8V程度であり，該TFTはpチャネル

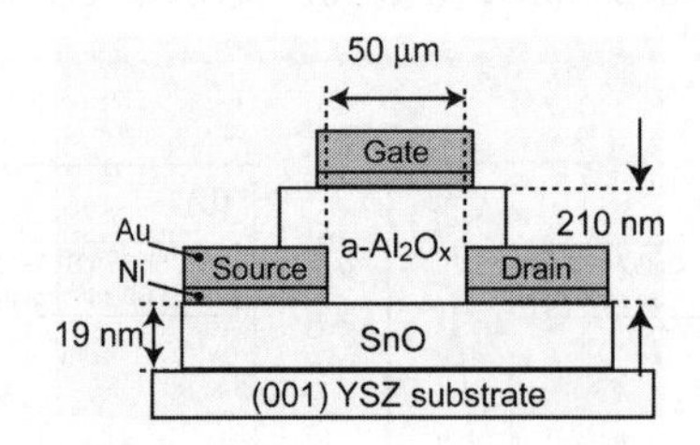

図6　SnOを活性層としたpチャネル薄膜トランジスタ

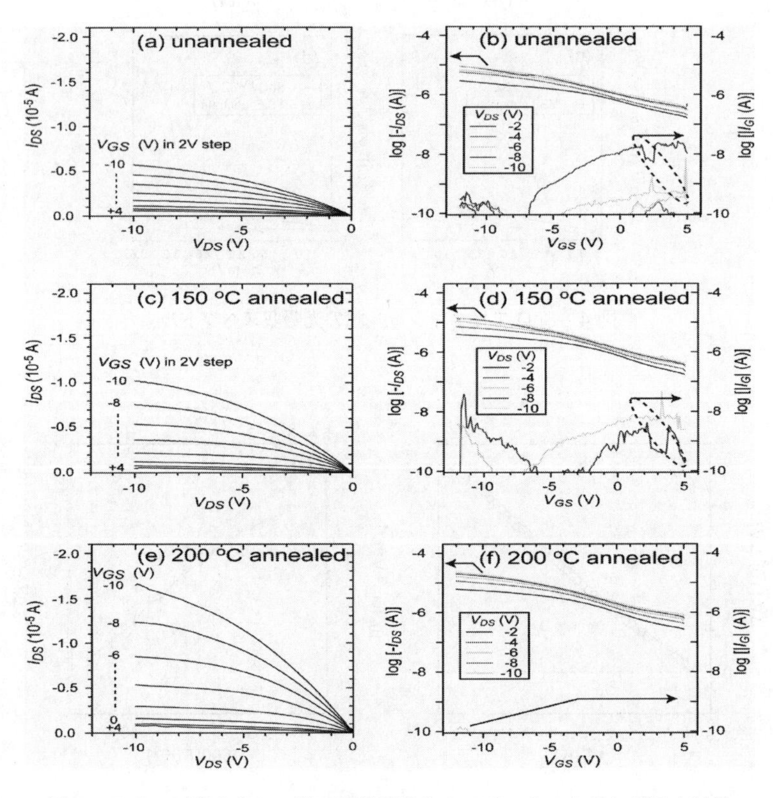

図7　SnOエピタキシャル膜を活性層としたpチャネルトランジスタ特性

ディプレッション型であることがわかる。TFTの電界効果移動度は，線形領域で$1.2cm^2(Vs)^{-1}$，飽和領域で$0.7cm^2(Vs)^{-1}$，on/off比は約10^2であった。ここで，線形領域，飽和領域での電界効果移動度$\mu_{lin.}$及び$\mu_{sat.}$は，それぞれ$g_m=(W/L)\mu_{lin.}C_0V_{GS}$，$I_{DS}=(W\mu_{sat.}C_0/2L)(V_{GS}-V_T)^2$で定義される。また，$g_m$，$C_0$，$V_T$は，それぞれ伝達コンダクタンス，単位面積あたりのゲート容量，閾値電圧であり，伝達コンダクタンスg_mは，$g_m=\partial I_{DS}/\partial V_{GS}$で与えられる。

3.3　SnOホモpn接合

pn接合を作製できる酸化物半導体として，ZnO，$CuInO_2$が報告されているが，これらは3eVを超えるワイドバンドギャップ半導体材料であるため，積層型太陽電池の高効率化には，2eV以上3eV未満のバンドギャップをもつ両性伝導を示す半導体材料が必要である。SnOは，バンドギャップ0.7eVの間接遷移型半導体で，直接遷移は2.7eVで，2.7eV以上のエネルギーを持つ光を効率良く吸収する。よって，SnOのpn制御ができ，ホモ接合ができれば，太陽電池への応用が期待できる。こうした目的で，SnOにn型キャリヤーをドープし，ホモpn接合を作製することを試みた。

PLD法により，SnO粉末にSb_2O_3粉末を添加混合して作製したターゲットを用いて，酸素分圧4×10^{-2}Paで，550℃に加熱した（001）YSZ単結晶基板上に，SnO薄膜を成膜した。Sb濃度0％，1％，5％，8％，10％の薄膜のX線回折（XRD）パターンにはSnOの00l（l＝自然数）面に由来するピークのみが観測され，成長した薄膜がc軸配向していることがわかる。これらの薄膜についてのHall測定結果と室温での電気特性から，550℃で成膜した薄膜の場合，ターゲット中のSbの添加量の増加とともに正孔濃度が減少し，Sb濃度8％以上のターゲットを使った場合，熱活性n型電子伝導を示すことがわかった。すなわち，SnO薄膜ではSbを不純物として含有させることにより，伝導型を制御できることが分かった。

次に，SnO薄膜のホモpn接合の作製を行った。まず，背面透明電極用のSn添加In_2O_3(ITO)層(5)を成膜し，その後，100nmのp-SnO層(1)，150nmのp^--SnO層(2)，100nmのn-SnO：Sb層(3)の順に積層した。さらに，積層膜上にエッチング保護膜を作製した。その後，Arイオンによる反応性イオンエッチングにより，不要な部分のSnO膜を削り取り，ITOを露出させた。最後に電子線加熱蒸着法をもちいて，最上部のn型SnOとITOの上にそれぞれAu/Ni電極(6, 7)を形成した（図8）。

図9にSnOによるホモ接合ダイオードの電流電圧特性を示す。－2Vの逆バイアス時には1mA以下の電流しか流れていないのに対して，＋2Vの順方向バイアス時には10mA以上の電流が得られることからダイオードとして動作していることが分かる。すなわち，SnO膜をもちいてホモ接合ダイオードが作製できた。

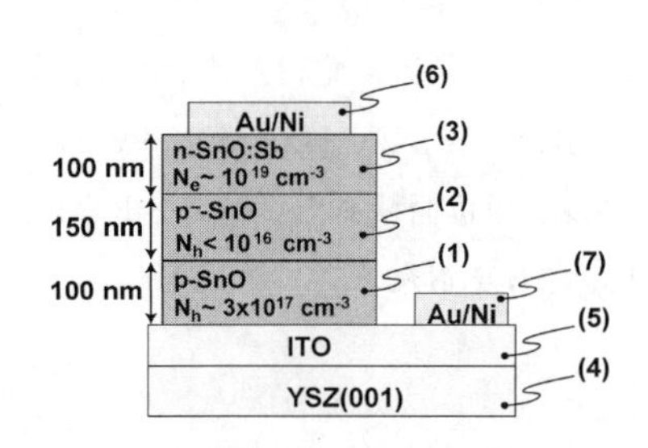

図８　SnO 薄膜のホモ pn 接合ダイオード

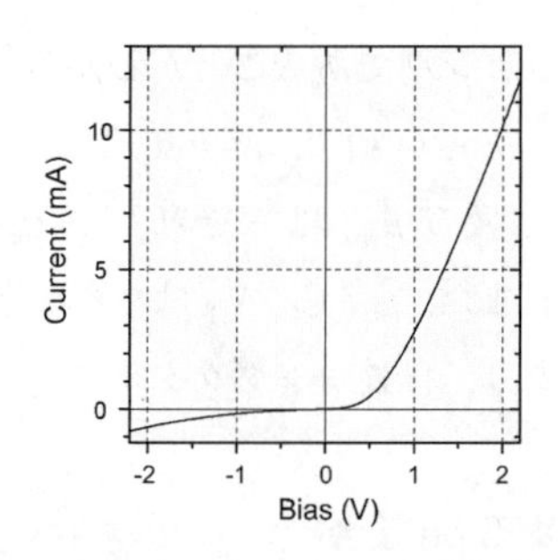

図９　SnO ホモ接合ダイオードの電流-電圧特性

文　　献

1) Y. Ohya *et al, Jpn. J. Appl. Phys.* **40**, 297 (2001)
2) R. L. Hoffman *et al, Appl. Phys. Lett.* **82**, 733 (2003)
3) E. M. C. Fortunato *et al, Appl. Phys. Lett.* **85**, 2541 (2004)
4) A. Tsukazaki *et al, Appl. Phys. Lett.* **83**, 2784-2786 (2003)
5) A. Ohtomo *et al, Appl. Phys. Lett.* **75**, 2635-2637 (1999)
6) K. Nomura *et al, Nature (London)* **432**, 488 (2004)
7) K. Nomura *et al, Jpn. J. Appl. Phys.* **45**, 4303 (2006)
8) V. Krasevec *et al, Thin solid films* **129**, L61 (1985)
9) X. Q. Pan, and L. Fu, *J. Electroceram.* **7**, 35 (2001)

4　p 型伝導酸化物半導体 Cu_2O

松崎功佑*

4.1　はじめに

透明酸化物半導体の多くは n 型半導体であり，高い移動度や優れたキャリア濃度制御性を有する。その中で近年着目されているアモルファス酸化物半導体は，室温で作製しても 10cm^2/Vs 以上の高移動度を示す[1]。これらをチャネル層に用いた薄膜トランジスタ（TFT）は既存のアモルファスシリコンを凌駕する高性能なデバイス特性が得られており，有機 EL ディスプレイの駆動用回路などへの応用が進んでいる。一方で p 型酸化物半導体に関してはトランジスタの動作報告はほとんどなかった。透明 p 型酸化物半導体の多くは Cu^+ を含む元素で構成され，価電子帯上端を中心に閉殻 Cu3d 軌道を形成し正孔伝導を担う。その中で最大の移動度 8 cm^2/Vs を有する LaCuOSe は，キャリア濃度を 10^{18}cm^{-3} 以下に抑制できないため，トランジスタの活性層には適さない[2]。

我々は酸化物半導体を p チャネルとした高性能な TFT を実現するために，p 型酸化物半導体の中で最も正孔移動度が高い古典的な半導体である Cu_2O に着目した。共有結合性の強い Cu3d-3d 結合が 3 次元に拡がっているため高い正孔移動度を示すと考えられている[3]。高品質な単結晶では正孔移動度が室温で～100cm^2/Vs 以上と高く，またキャリア濃度は 10^{10}～10^{13}cm^{-3} と十分低いため，トランジスタの活性層として有望な材料といえる[4]。しかしながら Cu_2O は最も古くから知られている半導体の 1 つであるにもかかわらず，トランジスタが動作したという報告はない。実際にショックレーらはトランジスタの開発段階で Cu_2O についても検討しているが，思っていたような結果は得られなかったことを述べている[5]。その原因の 1 つとして価数制御が困難な点が挙げられる。室温大気下では Cu は 0 ～ 2 価すべてが準安定に存在し，高温では温度と酸素分圧に対して安定相が変わるため，作製プロセスが非常に重要である。多結晶薄膜試料については最大で 60cm^2/Vs[6] と高いにもかかわらず，高品質化に不可欠なエピタキシャル薄膜では十分な正孔移動度は得られておらず～26cm^2/Vs[7] と低い。本項目では Cu_2O エピタキシャル薄膜成長および Cu_2O を p チャネルとした TFT の動作特性について述べる。

4.2　エピタキシャル薄膜成長

Cu_2O はクリストバライト構造に似た立方晶系結晶であり，Cu は 2 配位，O は 4 配位の特殊な構造をとる。ヘテロエピタキシャル成長の基板には格子不整合が比較的小さい立方晶の MgO（格子不整合 2.2%）や $SrTiO_3$（格子不整合 8.4%）を用いる。Cu_2O はその特殊な結晶構造をとるため，必ずしもすべての方位に対して配向しない。既に MgO 基板では Cu_2O(100)[8] 及び (110)[9]，$SrTiO_3$ 基板では Cu_2O(100)[10] のエピタキシャル薄膜のみ報告されている。エピタキシャル薄膜のキャリア輸送特性についてはほとんど報告例がなく，正孔移動度は最大で 26cm^2/Vs

*　Kosuke Matsuzaki　東京工業大学　フロンティア研究機構　産学官連携研究員

（キャリア濃度～10^{15}cm^{-3}）であり，多結晶薄膜の値（30～60cm^2/Vs）より低いのが現状であった。その原因としては化学量論比を十分に制御できていないためと考えられ，TFT 活性層に用いるためにはより高移動度が期待できる高品質なエピタキシャル薄膜を作製する必要がある。

パルスレーザー堆積（PLD）法によりターゲットは高純度の Cu(4N) を用い酸素を導入することで，Cu_2O 薄膜を MgO(100) および（110）単結晶基板上に成長させた。図 1 (a)に示す Cu/Cu_2O/CuO 相図[11]をもとに，Cu_2O が安定相となる酸素分圧：10^{-2}～10^0Pa，成長温度：650～800℃の条件下で高品質薄膜の作製を試みた。図 1 (b)，(c)に MgO(100) および（110）基板上に作製した厚さ約 100nm の薄膜の生成相と正孔移動度についてまとめた相図を示す。MgO(100) 基板を用いる場合のみ，Cu_2O のエピタキシャル成長には熱リン酸などによる基板のエッチングが必要となる[8]。そのため MgO(110) 基板を用いた場合と比べ，基板表面形状が異なるため必ずしも生成相は一致せず，MgO(100) 上では微量の Cu や CuO の異相を含み Cu_2O 単相はできない。異相が少ない薄膜では正孔移動度は大きくなる傾向があり，最大で 53cm^2/Vs（正孔密度 N_h～10^{15}cm^{-3}）である。しかしながら異相を完全に除去しきれないため，単純に製膜だけではさらなる高品質化は難しいと考えられる。一方で MgO(110) 基板を用いると，Cu_2O 単相のままエピタキシャル成長が可能である。Cu_2O が単相となる領域においてキャリア輸送特性は基板温度，酸素分圧に対して大きく変化しており，単純に価数を制御しただけでは高移動度の薄膜は得られない。図 1 (c)の斜線部に囲まれた最適条件下（700℃，0.50～0.65Pa）では，正孔移動度は厚さ約 100nm では 50～70cm^2/Vs であった。また膜厚が増えるとドメインサイズが大きくなり粒界散乱が減るため移動度が大きくなる傾向があり，650nm では 90cm^2/Vs と高品質な単結晶バルクと同等の値を示す。またキャリア濃度は 10^{13}～10^{14}cm^{-3} であり，異相を含む（100）Cu_2O 薄膜と比べ 1 桁低く単結晶と同等か 1 桁以上大きい。これらの値は今まで報告されている薄膜試料の中で最も移動度が高く最もキャリア濃度が低い。図 2 に基板温度を変化させたときの AFM 像を示す。最適条件下付近ではファセット構造が観察でき 2 次元成長していることがわかる。一方で移動度が低い試料では表面構造が乱れ，また 730℃以上では薄膜が島状に分離してしまうため

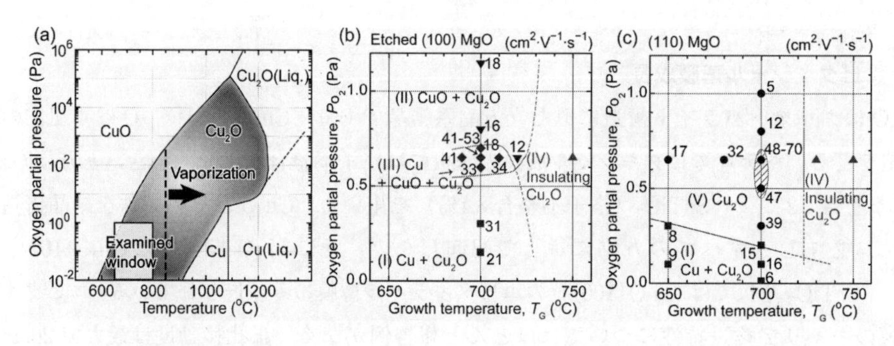

図 1　(a) Cu–Cu_2O–CuO 相図
(b)(c) Cu_2O(100) と（110）のエピタキシャル薄膜（厚さ 100nm）の生成相と正孔移動度

に見かけ上絶縁体となる。さらに高温の850℃以上では再蒸発し薄膜は形成されない。

高移動度を示すCu_2O(100) および (110) 薄膜と高品質な単結晶[4]のキャリア輸送特性を図３に示す。Cu_2O(110) の移動度は室温から170Kまで増加し最大で363cm^2/Vsに達し，さらに低温では試料が高抵抗であるため測定できない。その温度変化は単結晶と同様にT^{-3}～$T^{-3/2}$に依存する。Cu_2O自体のキャリア輸送の散乱機構は200～300Kの領域では明らかではないが，$T^{-3/2}$に従うイオン化不純物散乱成分が含まれていることから粒界散乱による影響は少なく単結晶と同等の高品質な薄膜だと考えられる。またキャリア濃度の温度特性はCu_2O(100) および (110) ともに熱活性型を示し，アレニウスプロットより活性化エネルギーはそれぞれ0.25eV，0.31eVと見積もられ，単結晶の一般的な値である0.4eV[4]より大きい（図３)。

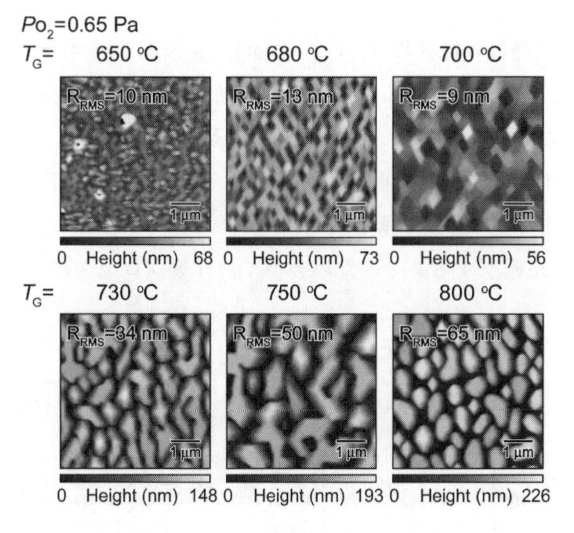

図２　Cu_2O(110) エピタキシャル薄膜のAFM像

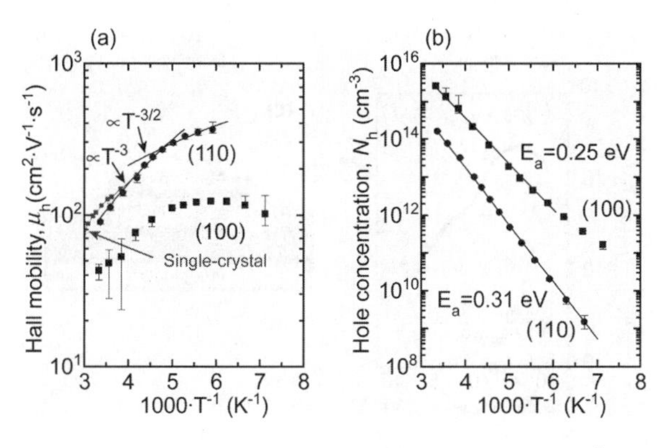

図３　Cu_2O(100) および (110) エピタキシャル薄膜，バルク単結晶[4]のキャリア輸送特性
(a)正孔移動度　(b)キャリア濃度の温度依存性

4. 3　TFT 特性

Cu_2O エピタキシャル薄膜を p チャネルに用いたトップゲート型 MISTFT 構造をリソグラフィーとリフトオフにより作製した（図 4(d)）。ソースドレイン電極にはオーミック性の Au，ゲート絶縁体にはアモルファスアルミナを用いた。図 4(a)，(b)に Cu_2O(100) をチャネルに用いたデバイス特性を示す。伝達特性より負のゲート電圧に対してドレイン電流は増大し，閾値電圧は～－6.7V でありデプレションモード型である。またドレイン電流 On/Off 比は～6 であった。出力特性より負のゲート電圧に対して負のドレイン電流が増大しピンチオフする傾向がみられた。このことから Cu_2O は p チャネル TFT として動作していることがわかった。線形領域における電界効果移動度を算出し最大で 0.26cm^2/Vs と見積もられ，Cu_2O(100) 薄膜の正孔移動度より 2 桁以上低い。また正孔移動度が大きい Cu_2O(110) を用いた場合でも電界効果移動度は 0.01～0.1cm^2/Vs と低かった。

ゲート絶縁材料は他に無機絶縁材料（HfO_2，a-SiO_2，a-Si_3N_4）や有機絶縁材料（ポリイミド，フッ素樹脂）についても検討したが，いずれも電界効果移動度は 0.1cm^2/Vs 以下であった。電界効果移動度低下の要因として，デバイス作製プロセス時に生じる化学量論比からのずれや Cu_2O チャネルや絶縁体との界面の捕獲準位などが考えられる。実際にゲート絶縁材料を Cu_2O 上に PLD やスパッタリングにより堆積させると，ボンバードメントにより膜全体にダメージを受けるため正孔移動度が低下する。そのためデバイス作製プロセスによる Cu_2O/絶縁体界面へ

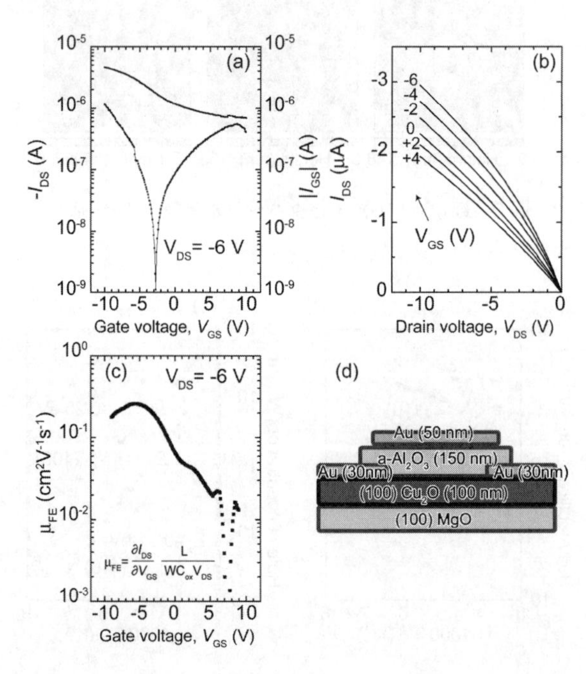

図 4　Cu_2O(100) をチャネルに用いたトップゲート型 MISTFT
(a)伝達特性と(b)出力特性　(c)電界効果移動度　(d)デバイス構造

の影響を無視できるボトムゲート型MISTFT構造（$Cu_2O/SrTiO_3/Nb:SrTiO_3$）について検討した。トップゲート型と同様に電流変調は確認できたが電界効果移動度は～0.01cm²/Vsと低かった。したがって電界効果移動度の低下は，Cu_2Oチャネル内または界面の捕獲準位によるものと推測される。その捕獲準位密度はドリフト移動度と電界効果移動度より見積もることができ，チャネル厚さを10nm，ドリフト移動度を正孔移動度と仮定したとき10^{18}～$10^{19}cm^{-3}$であった[12]。

4.4　熱処理とギャップ内準位

フェルミ準位をピニングする捕獲準位の起源の1つとして，絶縁体界面あるいはCu_2Oチャネル内の化学量論比からのずれによるものと推測される。酸化還元雰囲気下の熱処理により化学量論比の制御を試み捕獲準位の低減化を図った。薄膜成長温度より高温の750℃，所定の酸素分圧でCu_2O(110) 薄膜の熱処理を30分間行った。異相が検出されない熱処理条件下で各酸素分圧における室温の正孔移動度とその温度依存性を図5(a)，(b)に示す。室温の正孔移動度は製膜時の最適酸素分圧0.65Pa付近で50～80cm²/Vsと最も高く，1Pa以上では50～60cm²/Vs，0.1Pa以

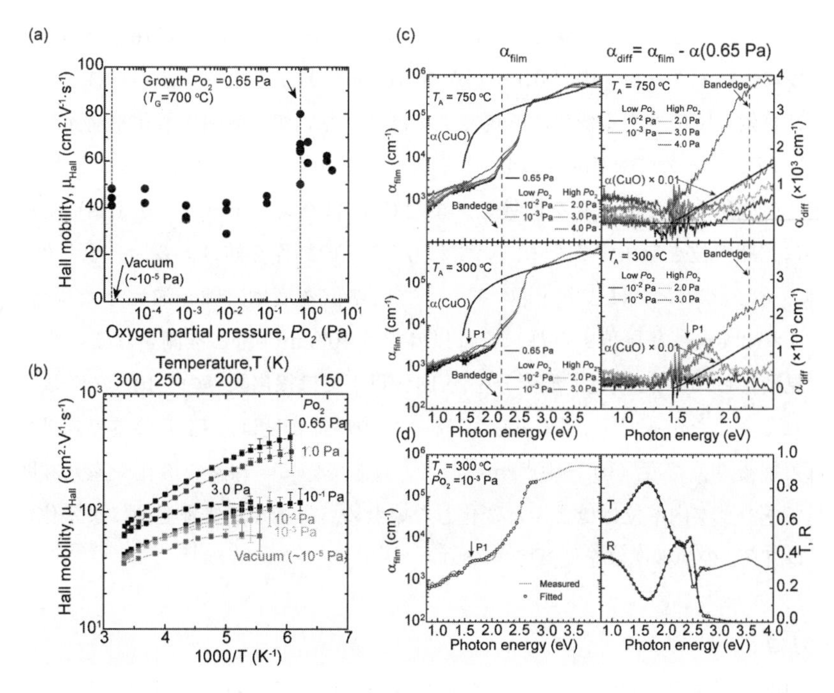

図5　熱処理によるCu_2O正孔移動度と光吸収スペクトルの変化
750℃で熱処理したCu_2O(110) 薄膜の(a)室温における正孔移動度と(b)その温度依存性。(c)300℃，750℃で熱処理したCu_2O(110) 薄膜の光吸収係数と製膜最適酸素分圧0.65Paの吸収係数を引いた差分スペクトル。(d)300℃，10^{-3}Paで熱処理したCu_2O(110) 薄膜の透過反射スペクトルの光学モデルフィッティング（厚さ130nm）。差分スペクトルのP1はVoに由来したピークである[13]。α(CuO) の傾きと一致する1.5～2eVの余分な吸収はCuOによる。

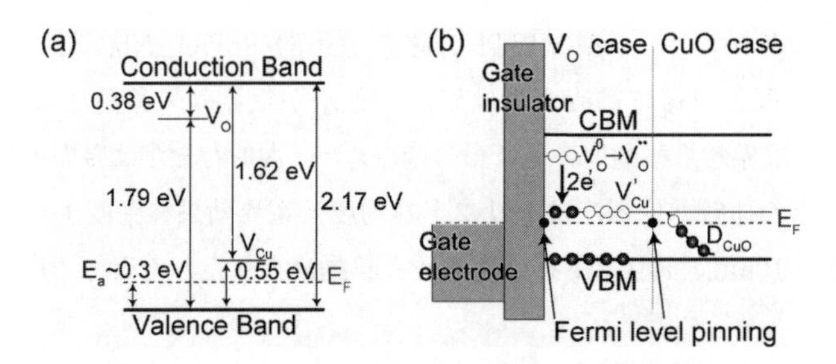

図6　Cu_2O のギャップ内準位モデル[13]と TFT の捕獲準位モデル

V_O は電子を V_{Cu} に放出するため正孔を捕獲する。また CuO はバンドギャップが 1.4eV であるため価電子帯上部に裾状準位（D_{CuO}）を形成し，フェルミ準位がピニングする。

下では 30～50cm^2/Vs まで低下する。キャリア濃度は 0.5～2×10^{15}cm^{-3}，またその温度特性から活性化エネルギーは 0.28～0.34eV であり，化学量論比を変えてもフェルミ準位の位置は大きく変化していない。

熱処理によるギャップ内準位への影響を光吸収スペクトルにより評価した。図 5(c)は熱処理温度 300℃，750℃の Cu_2O(110) 薄膜の吸収係数および各酸素分圧から製膜最適酸素分圧 0.65Pa の吸収係数を引いた差分スペクトルである。Cu_2O のバンドギャップは 2.17eV であり，酸素分圧や熱処理温度によらずギャップ内の 0.5～ 2 eV に 10^{3}cm^{-3} 以上の吸収が認められた。また差分スペクトルより酸素分圧に対する変化は無視できるほど小さいが，極端に酸化や還元した場合のみ V_O（1.7eV[13] の P1 ピーク）や CuO に起因するスペクトルが顕著に増加することがわかる。V_O は電子を V_{Cu} に放出するため正孔を捕獲し，また CuO はバンドギャップが 1.4eV であるため価電子帯上部に裾状準位を形成するため，いずれも TFT の動作を妨げる要因と成り得る（図 6)。光学モデルフィッティングにより V_O のギャップ内準位密度は，強く還元した場合（300℃，10^{-3}Pa）で 1×10^{19}cm^{-3} と見積もられ，それ以外では 10^{18}cm^{-3} 台と推測される。また差分スペクトルから見積もられる CuO は，酸素分圧が 1 Pa 以下では検出限界の～10^{20}cm^{-3} より小さいことが示唆される。したがって V_O や CuO のギャップ内準位密度は，TFT の電界効果移動度より見積もられる捕獲準位密度（10^{18}～10^{19}cm^{-3}）と一致している。様々な酸化や還元雰囲気下の熱処理に対してギャップ内準位はほとんど変化しないため，単純な熱処理温度による化学量論比の制御だけでは TFT の捕獲準位を低減できない。

4.5　おわりに

Cu_2O の（100）および（110）エピタキシャル成長について検討し，（110）成長では Cu の価数と成長方位が制御しやすいこと，室温で単結晶に匹敵する正孔移動度 60～90cm^2/Vs の高品質薄膜が得られること，また MIS TFT 構造で電界による電流変調を確認した。しかしながら Cu_2O エピタキシャル薄膜を p チャネルとした TFT の電界効果移動度は最大で 0.26cm^2/Vs であり正孔移動度より 2 ～ 3 桁低かった。熱処理による化学量論比の制御だけでは，TFT の動作を妨げている捕獲準位は低減できない。酸化物半導体を用いたpチャネルTFTはSnOの電界効果移動度1.3cm^2/Vsが最大であるが，デバイス特性は正孔移動度（2.4cm^2/Vs）に制限される[14)]。一方でCu_2O薄膜は正孔移動度が90cm^2/Vsと高くキャリア濃度は10^{15}cm^{-3}以下に抑えられておりpチャネルとしてのポテンシャルは依然として高い。捕獲準位の起源を解明することで，高性能なpチャネルTFTの実現，さらにはCMOSへの応用が期待される。

文　献

1) K. Nomura *et al., Nature,* **432**, 488 (2004)
2) H. Hiramatsu *et al., Appl. Phys. Lett.,* **82**, 1048 (2003)
3) J. M. Zuo *et al., Nature,* **401**, 49 (1999)
4) E. Fortin *et al., Can. J. Phys.,* **44**, 1551 (1966)
5) W. Shockley, *IEEE Trans. Electron Devices,* **23**, 597 (1976)
6) S. Ishizuka *et al., Jpn. J. Appl. Phys., Part 2* **39**, L786 (2000)
7) M. Ivill *et al., Solid-State Electron,* **47**, 2215 (2003)
8) S. B. Ogale *et al., J. Appl. Phys.,* **72**, 3765 (1992)
9) P. R. Markworth *et al., J. Mater. Res.,* **16**, 914 (2001)
10) Z. Q. Yu *et al., Nanotechnology,* **18**, 115601 (2007)
11) W. S. Brower *et al., J. Cryst. Growth,* **8**, 227 (1971)
12) K. Matsuzaki *et al., Phys. Status Solidi A,* **206**, 2192 (2009)
13) M. Zouaghi *et al., Phys. Status Solidi A,* **11**, 449 (1972)
14) Y. Ogo *et al., Appl. Phys. Lett.,* **93**, 032113 (2008)

5　透明アモルファス酸化物半導体 a-In-Ga-Zn-O とその TFT 応用

野村研二*

5.1　はじめに

近年，酸化物半導体を活性層にした光・電子デバイスが注目されている[1,2)]。特に透明薄膜トランジスタ（Transparnet thin-film transistor, TTFT）や紫外発光ダイオード（Ultar violet-light emitting diode, UV-LED）などは，酸化物半導体の特徴の一つであるワイドバンドギャップを活用したデバイスとして活発に開発されている[3,4)]。また，昨今の著しい酸化物半導体薄膜成長技術の進展により，高品質薄膜の成長が可能になり，高いキャリア移動度を有する薄膜を容易に作製できるようになってきた。我々は今までに，高品質酸化物単結晶薄膜作製技術を開発し，その単結晶薄膜を用いることで多結晶 Si に匹敵する性能を有した TTFT を作製することに成功し，酸化物半導体の電子デバイス応用における高い潜在能力を明らかにした[5,6)]。しかしながら，このデバイスでは高価な単結晶基板が必要であることに加えて，1400℃以上の高いプロセス温度が必要であるなど，実用的応用に関しては乏しいのが現状である。よって，酸化物半導体材料の特徴を巧みに利用しつつ，実用的応用を視野に入れた材料開発が必須である。

特に，今日の高度情報化社会におけるフラットパネルディスプレイ（FPD）などの画像情報表示機器への要求はさらに高度化・多様化してきており，例えば，アクティブマトリックス駆動液晶ディスプレイ（AM-LCD）ではより大画面，より高フレーム・レート化が進行し，また究極の薄型化・高品質画像を実現する有機 EL ディスプレイ（AM-OLED）への期待は非常に大きい。このような FPD の高性能化に伴い，表示画素を制御する TFT の性能への要求も高くなってきている。例えば，80インチ，フレームレート120Hz で駆動させる AM-LCD においては移動度 $3\,cm^2(Vs)^{-1}$ 以上，また AM-OLED では移動度 $5\,cm^2(Vs)^{-1}$ 以上の性能を有する TFT が必要と考えられており，従来まで幅広く画素制御用 TFT として用いられてきた水素化アモルファスシリコン（a-Si：H）TFT では，これら高性能ディスプレイの要求に十分に対応できなくなってきている[7)]。さらに，電子ペーパーやウェアラブルな情報表示機器などのフレキシブルエレクトロニクスへの期待もますます高くなっており，低温・大面積・低コストで作製することができ，高い移動度を示す高性能半導体材料の開発が強く望まれている[8)]。我々はこれら要求に対して新しい半導体材料“透明アモルファス酸化物半導体（Transparent amorphous oxide semiconductor, TAOS）”を提案している[9,10)]。本稿では，初めに TAOS における高移動度の起源について，a-Si と比較しながら説明した後，TFT 応用に関して a-In-Ga-Zn-O（a-IGZO）三元系組成が優れている理由について説明する。その後，a-IGZO（In：Ga：Zn＝1：1：1）のキャリア輸送特性・局所構造・ギャップ内電子構造などの基礎的物性について記述する。最後に，a-IGZO をチャネル層に用いた TFT の特性，熱処理効果および TFT 特性安定性等について最近の研究成果を中心に説明したい。

＊　Kenji Nomura　東京工業大学　フロンティア研究機構　特任准教授

5.2 透明アモルファス酸化物半導体（TAOS）

TAOSはバンドギャップ3.0eV以上を有するワイドバンドギャップに加えて電子移動度$10cm^2(Vs)^{-1}$以上を示す高移動度薄膜を室温スパッタなどにより容易に作製できる新しいアモルファス半導体である。このワイドバンドギャップおよび高電子移動度は，イオン結合性に起因した特徴的な電子構造によるものであり，よく知られた共有結合性の強い半導体SiやGaAsなどとは大きく異なっている[11,12]。バンドギャップ約1.1eVを有するSiにおいて，そのバンドギャップはSiのsp^3混成軌道の結合，反結合軌道間のエネルギー分裂によって形成されている。よって，この空間的指向性の強いsp^3混成軌道が伝導帯下端および価電子帯上端を形成し，伝導キャリアの伝導路を担う。しかしながら，この指向性の強いsp^3軌道において，a-Siのようなアモルファス化に伴う結合の乱れが電子構造に大きな影響を与え，伝導帯直下と価電子帯直上に高密度の裾状態を形成し，キャリアを局在化させる。これらの結果，単結晶Siでは～$1000cm^2(Vs)^{-1}$（キャリア密度～$10^{15}cm^{-3}$）であった移動度はa-Siでは$1\ cm^2(Vs)^{-1}$以下まで大幅に劣化する。一方，酸化物半導体では，各イオンが結晶中に作る静電ポテンシャルが，陽イオンのエネルギー準位を上げ，酸素イオンの準位を下げることでワイドバンドギャップが形成される。その結果，酸素イオンの$2p$軌道が価電子帯上端を，陽イオンの非占有s軌道が伝導帯下端を形成することになる。このように空間的に拡がった球対称な金属のns軌道（nは主量子数）が伝導帯端（電子のキャリア伝導路）を担っていることから，アモルファス構造中の歪んだ化学結合によっても軌道の重なりは大きく変化せず，そのキャリア輸送は大きく影響されない。このことがアモルファス状態でも高い移動度を維持させることができる理由である。表１にTAOS アモルファスa-IGZOとa-Si：Hとの比較を示す。a-Si：Hと比較して，a-IGZOでは10倍以上の電子移動度を容易に実現でき，次世代FPDの画素制御用TFTとして有望であることがわかる。

表１　透明アモルファス酸化物半導体a-IGZOとa-Si：Hの比較

	a-IGZO	a-Si：H
バンドギャップ（eV）	～3.05	～1.7
電子移動度（$cm^2(Vs)^{-1}$）	＞15	＜1
薄膜成長温度（℃）	室温	＞250
化学結合様式	イオン性	共有結合性

5.3 TFT応用へ向けたアモルファス酸化物半導体の材料探索指針

TAOSにおいて大きな電子移動度を得るためには，空間的に拡がったns（n≧4）軌道を最低非占有準位として持つ重金属イオンZn^{2+}，In^{3+}やSn^{4+}を含む材料系を用いれば良い。しかしながら，TFTなどの電子デバイス応用を考えた場合，同時に再現性よくドナー濃度を制御できることなどの条件も満たす必要がある。しかしながら，よく知られているように，多くの酸化物半導体材料では酸素欠損が非常に生成しやすく，制御できない高濃度のキャリアが容易に導入されてしまう。よって，過剰酸素欠損の生成を抑制し，キャリア濃度の高制御性を有する材料組成の選択が重要となる。また，実用的応用の観点から，均一で安定なアモルファス相を低温で形成できることも非常に重要である。

そこで，我々は大きな移動度を達成させるために *ns* 軌道を有する In^{3+} および Zn^{2+} を含み，過剰酸素欠損を抑制する目的で酸素と強い結合エネルギーをもつイオン種である Ga^{3+} を導入した In_2O_3-Ga_2O_3-ZnO の3元系に着目した[13]。図1(a)に室温で作製した In_2O_3-Ga_2O_3-ZnO 3元系薄膜における Hall 移動度（μ_{Hall}）とキャリア濃度（*Ne*）を示す。ZnO，In_2O_3，またはその近傍組成を有する薄膜では，室温製膜でも $20cm^2(Vs)^{-1}$ 以上の高い電子移動度が得られることがわかったが，これら薄膜は結晶粒界を含んだ多結晶であり均一で安定なアモルファス膜を得ることは困難であった（図1(b)）。また，Ga_2O_3 近傍組成を有する薄膜では容易にアモルファス膜が得られるものの，高濃度のキャリアドーピングは極めて困難であった。よって，これらエンドメンバー（ZnO，In_2O_3，Ga_2O_3）およびその近傍組成についてはTFT応用には適していないことがわかる。一方，In_2O_3-ZnO(a-IZO）や In_2O_3-Ga_2O_3(a-IGO）の2元系，IGZOの3元系材料においては幅広い組成範囲において安定なアモルファス膜が形成され，特に a-IZO 系では $40cm^2(Vs)^{-1}$ 程度，a-IGZO 系および a-IGO 系では $20cm^2(Vs)^{-1}$ 程度の高い移動度を有する薄膜が室温で実現できることがわかる。

図2(a) に a-IZO および a-IGZO 系における薄膜のキャリア濃度の酸素分圧依存性（0.1～10Pa）を示す。まず，a-IGZO 系においては酸素分圧を変化させることにより残留キャリア濃度を$<10^{15}$～$10^{20}cm^{-3}$まで広い範囲にわたり制御できることがわかった。一方，a-IZO 薄膜では，～10Pa と高い酸素分圧下で堆積させても～$10^{17}cm^{-3}$ 程度までしか残留キャリア濃度を低減することができず，低キャリア濃度薄膜を作製することが極めて困難であった。ただし，さらに高い酸素分圧条件にて（多少の組成変動を起こすものの）強引に低キャリア濃度薄膜を作製すること

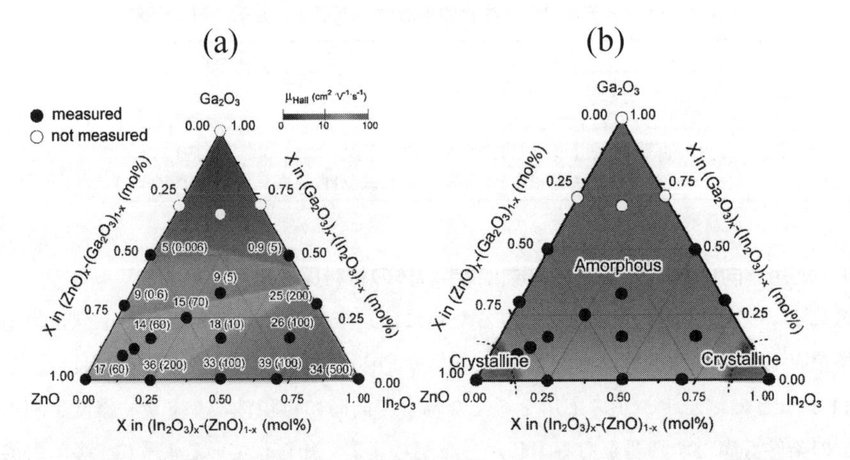

図1　In_2O_3-Ga_2O_3-ZnO 3元系において室温で堆積させた薄膜の(a)室温 Hall 移動度とキャリア濃度と(b)構造

Hall 移動度（$cm^2(Vs)^{-1}$）と，カッコ内にキャリア濃度（$\times10^{18}cm^{-3}$）を示している。

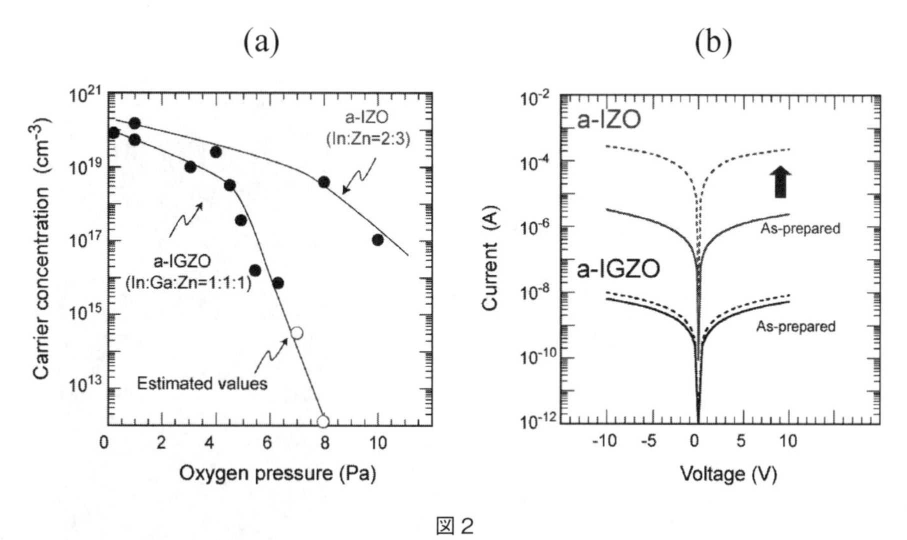

図2
(a) a-IZO と a-IGZO 薄膜のキャリア濃度の製膜時の酸素分圧依存性。(b) a-IGZO と a-IZO 薄膜の電気伝導特性の経時変化。

は可能である。しかし，そのようにして作製した薄膜ではリソグラフィプロセスや空気中に静置するだけでも容易にキャリアが発生してしまい非常に不安定であることがわかる（図2(b)）。このような傾向は a-IGO 系でも観察された。以上のことから，適度に大きな移動度と安定に低キャリア濃度薄膜を実現できる，a-IGZO が TFT 応用に最も適していることがわかる。

5. 4　a-In-Ga-Zn-O 薄膜成長と基礎物性

本稿における薄膜は全て，KrF エキシマレーザ（レーザー波長：$\lambda=248$nm，パルス幅：20nsec）を用いたパルスレーザー堆積（Pulsed Laser Deposition，PLD）法により作製した。PLD 法は，励起レーザーを集光してターゲット材料を蒸発させて薄膜を成長させるため，大面積均一膜を作製する目的には向かないが，ターゲット組成をほぼそのまま薄膜に転写することが容易であるという特長を有する。そのため，組成を合わせるための条件出しに要する時間を大幅に短縮でき，材料探索の時間を短くすることができる。原料ターゲットは湿式固相反応法により焼結温度 1550℃で作製した $InGaZnO_4$ 焼結体ターゲットを使用した[14]。基板温度は室温にて，薄膜のキャリア濃度の制御は製膜中の酸素分圧を制御することにより行った。ただし，今回報告する薄膜・デバイスの特性はスパッタリング法でも同様に得られることを確認しており，PLD 法特有の特性ではないことを付記しておく[15]。

図3(a)に，石英基板上に作製した a-IGZO 薄膜の X 線回折（XRD）パターンを示す。As-deposited 膜では結晶子由来の回折線は観察されず，基板に由来する 22°付近のハローと，a-IGZO 薄膜の構造に帰属される 34，58°近傍の2つのハローだけを認めることができる。断面透過電子顕微鏡（TEM）観察（図3(b)）においても結晶格子による周期構造や結晶粒界等が全

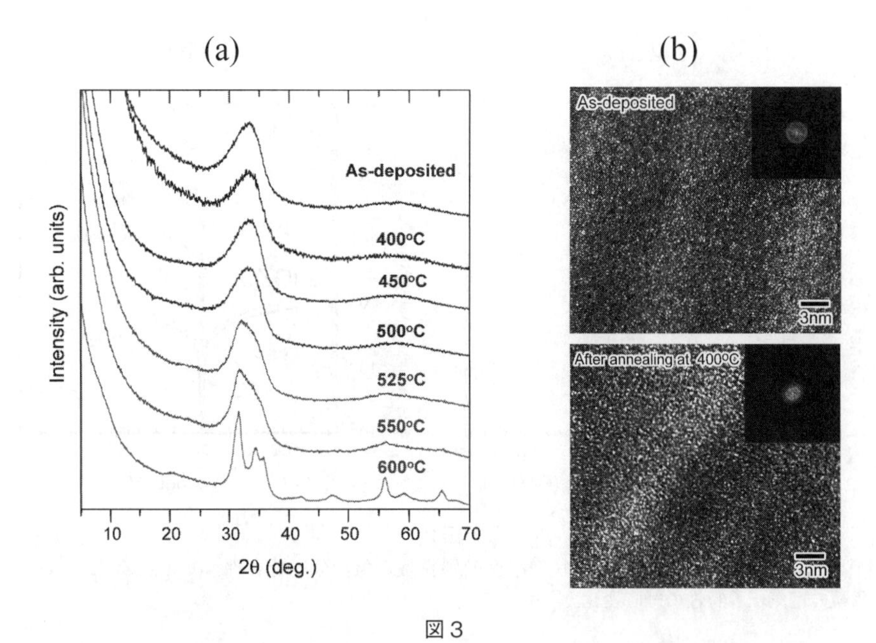

図３
(a)基板温度室温で作製した a-IGZO 膜の XRD 図形。各温度でアニール処理後の構造変化も合わせて示す。(b)未処理および 400℃熱処理後の a-IGZO 膜の高分解能 TEM 像。

く見られず，作製した a-IGZO 薄膜がアモルファスであることがわかる。a-IGZO は空気中 525℃（アニール時間は１時間）熱処理によりかすかに結晶化が観察されるものの，それ以下の温度では安定なアモルファス構造を維持していることも確認できる。また，薄膜最表面の原子間力顕微鏡（AFM）観察および X 線反射率（XRR）測定より，表面粗さ（R_{RMS}）～0.3nm と原子レベルで平坦な表面を有していることがわかる（図 4）。蛍光 X 線（XRF）分析により，a-IGZO 薄膜の組成は In：Ga：Zn＝1.1：1.1：0.9 であり，若干の Zn の組成変動が観察されたものの，ほぼターゲット組成が転写されていることがわかった。

図 5 に a-IGZO 薄膜における μ_{Hall} と N_e の関係について示す[16~18]。比較のために反応性固相エピタキシャル成長法（R-SPE）により作製した $InGaZnO_4$（sc-IGZO，a-IGZO の結晶相に相当）単結晶薄膜のものについても示す。a-IGZO において N_e～10^{18}cm^{-3} 以上で＞10cm^2(Vs)$^{-1}$ の大きな移動度が得られ，アモルファス化に伴う大幅な移動度の劣化がないことがわかる。また，室温移動度が 10cm^2(Vs)$^{-1}$ を超えるキャリア濃度付近を境に，移動度の温度依存性が熱活性化型から縮退伝導に変化していることがわかる（図 6)。これらの挙動は，アモルファス構造特有の構造乱雑性に由来して形成された伝導帯近傍のポテンシャル障壁によって説明できる。また，電気伝導度 σ の対数が温度と $T^{-1/4}$ の相関を持つことが確認され，これは広範囲ホッピング（variable-range hopping：VRH）伝導として解釈される。よく知られているように a-Si：H などのアモルファス半導体における構造乱雑性は伝導帯直下および価電子帯直上に裾状態と呼ばれる局在状態（Anderson 局在）を形成するため，多くのキャリアは動けず，高いエネルギーを持

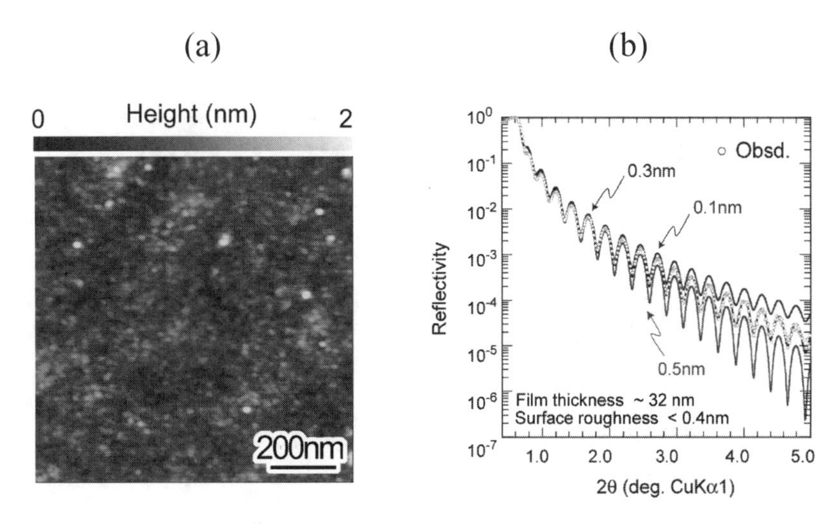

図4　(a) a-IGZO 膜の表面 AFM 像と(b) a-IGZO 膜の XRR 図形スペクトル
各実線は各表面粗さにおける計算値を示す。

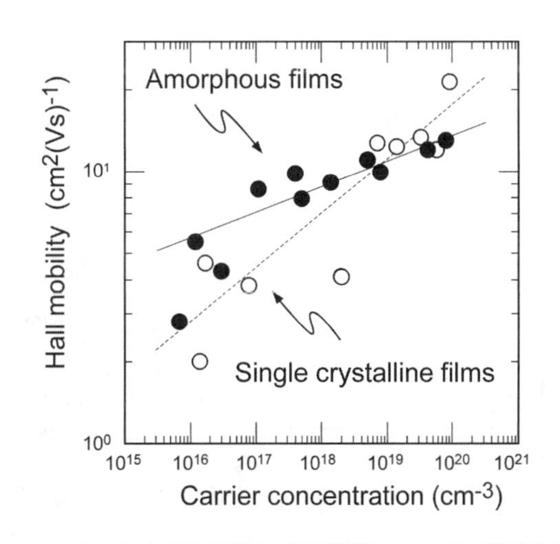

図5　a-IGZO における室温 Hall 移動度のキャリア濃度依存性
比較のために a-IGZO の結晶相に相当する sc-IGZO 薄膜についても示す。

つキャリアだけが伝導に寄与するホッピング伝導になる[19, 20]。これが，a-Si：H の電子移動度がSi 単結晶に比べて3桁以上も大幅に低下する理由である。しかしながら，a-IGZO では，電子の平均自由行程は最近接原子間距離よりも十分に長く，VRH における局在準位間のキャリアのトンネリング移動というモデルとは整合せず，a-Si：H などで見られる Anderson 局在と完全に異なっている。よって，a-IGZO では，同様の温度依存性を示すパーコレーション伝導が支配的であると結論付けられる。以上の結果から，a-IGZO における電子キャリアの伝導路には図7に示したような，指数関数的に減少するポテンシャル障壁（全状態密度～ $4 \times 10^{18}cm^{-3}$ 程度）が形成

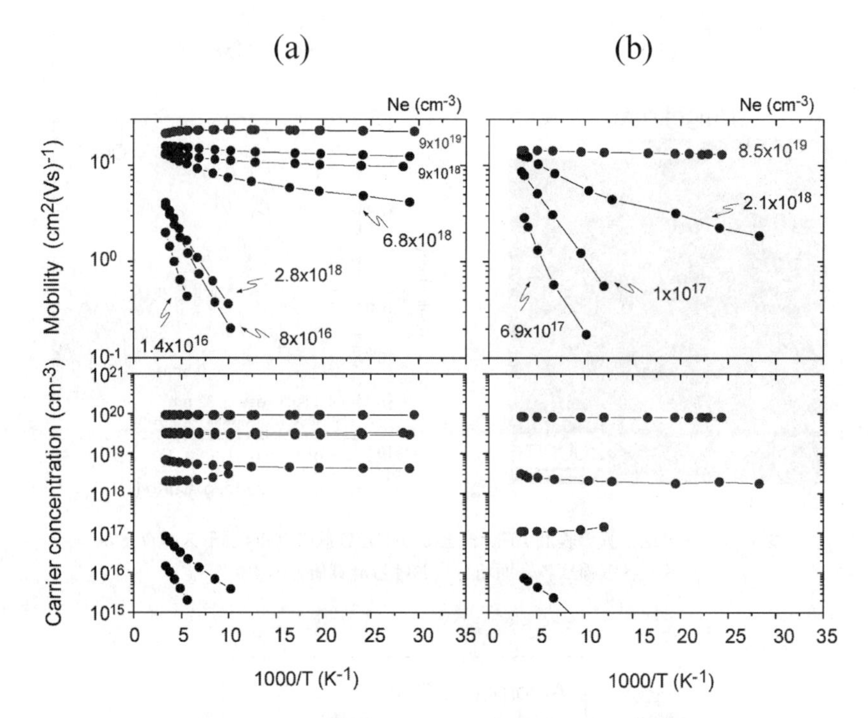

図６　(a) sc-IGZO 薄膜と(b) a-IGZO 薄膜のキャリア輸送特性
（上）移動度の温度依存性。（下）キャリア濃度の温度依存性。

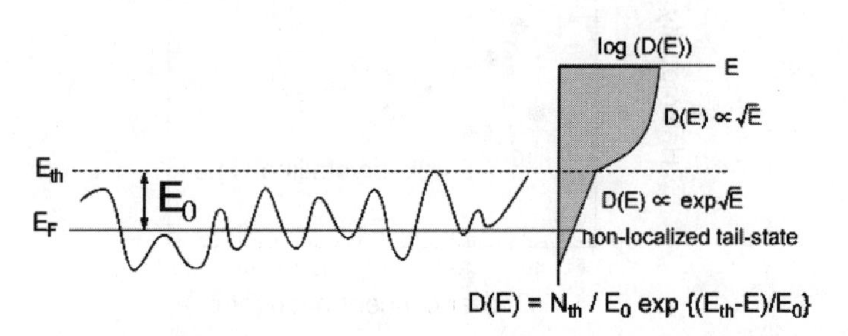

図７　sc-IGZO 薄膜と a-IGZO 薄膜における，伝導帯下端近傍の電子構造の模式図
ポテンシャル分布の高さ分布を示す。右図は状態密度 D(E) の模式図。縦軸はエネルギーを表す。E_{th} はポテンシャル障壁を感じなくなるエネルギー閾値，E_{F} はフェルミ準位。

されていることがわかる。つまり，低キャリア濃度の場合，フェルミレベルはまだそのポテンシャル障壁を超えていないため，伝導キャリアは散乱等の影響を受け移動度は～ 2 $\mathrm{cm^2(Vs)^{-1}}$ と小さく，その温度依存性は熱活性化挙動を示す。しかし，キャリア濃度が増加（a-IGZO では N_e～ $4\times10^{18}\mathrm{cm^{-3}}$ 以上）し，フェルミ準位が完全にそのポテンシャル障壁を超えると，移動度は上昇し縮退伝導を示すようになるのである。

高キャリア濃度薄膜（$N_e > 10^{19}\mathrm{cm^{-3}}$）においては，赤外領域に自由電子に由来する吸収が現れ，これをドルーデ型の自由電子モデルと Hall 効果測定の結果を使って解析することにより，有効質量と散乱時間を見積もることができる。a-IGZO においては，電子の有効質量～$0.34m_e$（m_e は自由電子の質量）が得られ，sc-IGZO の $0.32m_e$ とほとんど同じであることがわかった（表2）。この結果は，酸化物半導体のキャリア伝導路がアモルファス構造の影響を受けにくいという特徴をよく表している。

次に，拡張 X 線吸収微細構造（EXAFS）および局所密度汎関数（LDA）法による構造緩和計算により a-IGZO における局所構造・配位構造解析を行った[21]。図8に EXAFS 解析から得られた各原子における動径分布関数（RDF）((a)-(c)) および LDA 緩和構造から計算された積分配位数の結合距離依存性 ((d)-(e)) を示す。なお，a-IGZO における平均配位数および原子間距離は，$InGaZnO_4$ 単結晶薄膜の EXAFS データから算出している。Ga および Zn では，最近接酸素原子に帰属される第一ピークのみが観察され，それら原子周囲の中間秩序構造は完全に失われていることがわかる（図8(b)-(c)）。一方，In では最近接酸素原子（In-O）および第二近接金属原子（In-In）に帰属されるピークが観察された（図8(a)）。この In-O，In-In 結合の積分配位数の結合距離依存性（図8(d)）より，アモルファス構造中（実線）における In-O 結合間距離は $InGaZnO_4$ 結晶（点線）とでほぼ同等であるのに対し，In-In 結合間距離では，0.32～0.38nm とある程度の分布を有していることがわかる。この結果は，アモルファス構造中においても InO_6 多面体の稜共有構造は保持しているものの，頂点共有構造も多く存在していることを示唆している。

図9に LDA で構造緩和させた a-IGZO 構造モデルの InO 多面体図を示す。また比較のために $InGaZnO_4$ の結晶構造も合わせて示す。アモルファス構造では低配位構造（5配位）とともに InO_6 および GaO_6 八面体構造，ZnO_4 四面体構造が観察され，a-IGZO の局所構造および配位構造は結晶とほぼ同様であることが確認できる。一方，InO_5 および GaO_5 の低配位構造は，酸素欠損を持たず，原子間距離が少し離れたところに酸素を有していることがわかる。この結果は，結晶に比べてアモルファス膜の密度が約5％程度下がっていることと矛盾しない（a-IGZO：～$5.9gcm^{-3}$，sc-IGZO：～$6.1gcm^{-3}$。膜密度は XRR 測定により決定された）。また，結晶中で見られるような二次元的な InO_6 八面体構造の稜共有ネットワーク構造は完全に消失しているものの，アモルファス構造中でも，InO_6 八面体構造の稜共有ネットワーク構造は維持されていることが確認できる。このような稜共有ネットワーク構造では，頂点共有構造に比べて In 原子間距離が短く，隣接し合う In 5*s* 軌道同士の重なりが可能となり，電子伝導路を形成できる。また，電子構造解析からも，In 5*s* 軌道間の波動関数の重なりが伝導帯端（電子伝導路）を形成してい

表2　赤外域の自由電子吸収と Hall 効果測定結果から求めた有効質量と緩和時間

	電子の有効質量	緩和時間（10^{-15}sec）
a-IGZO	$0.34m_e$	～3.4
sc-IGZO	$0.32m_e$	～3.0

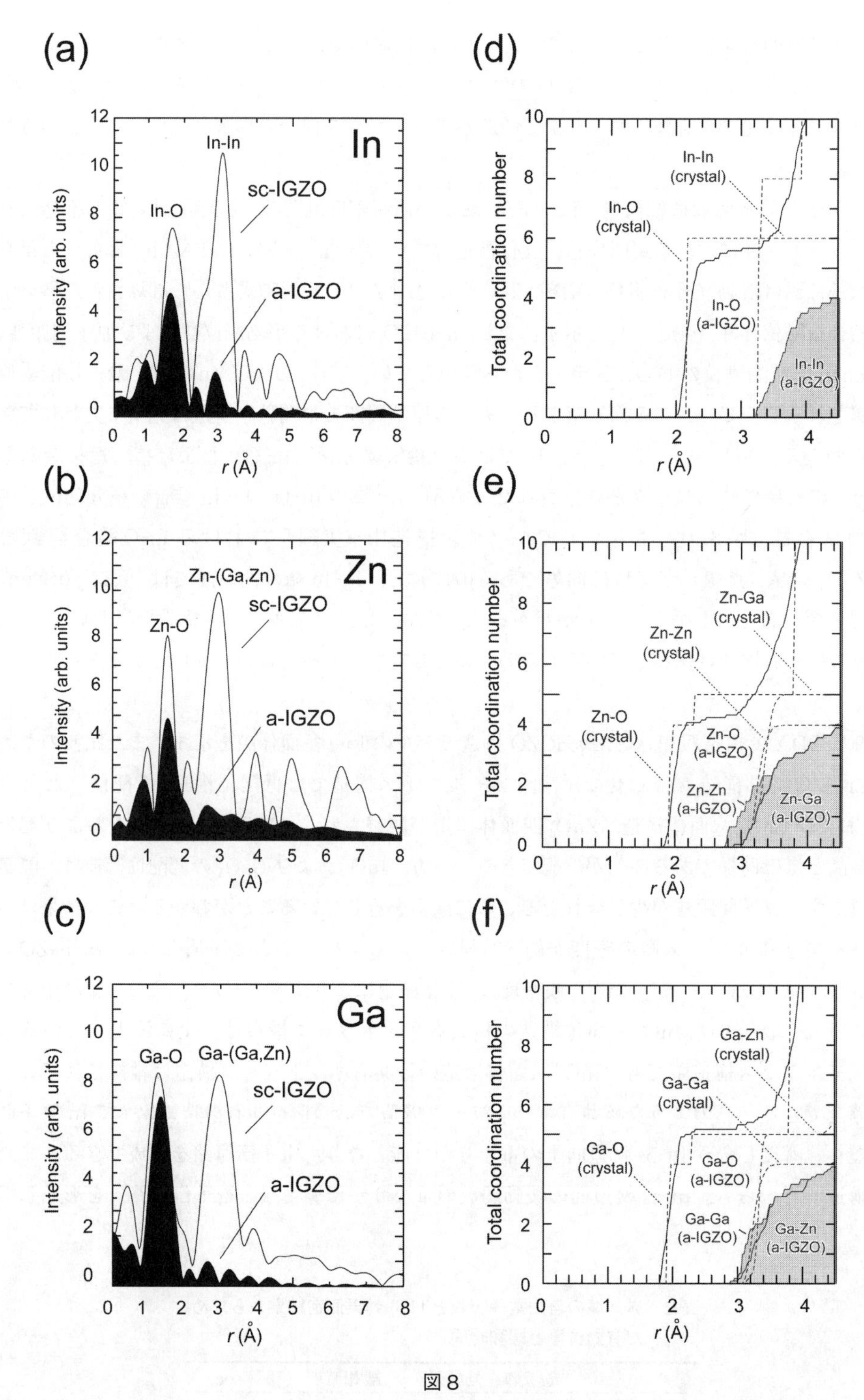

図８
(a)-(c) a-IGZO と sc-IGZO の各原子における動径分布関数および(d)-(f) LDA 緩和構造から計算された積分配位数の結合距離依存性。破線は sc-IGZO の積分配位数を示す。

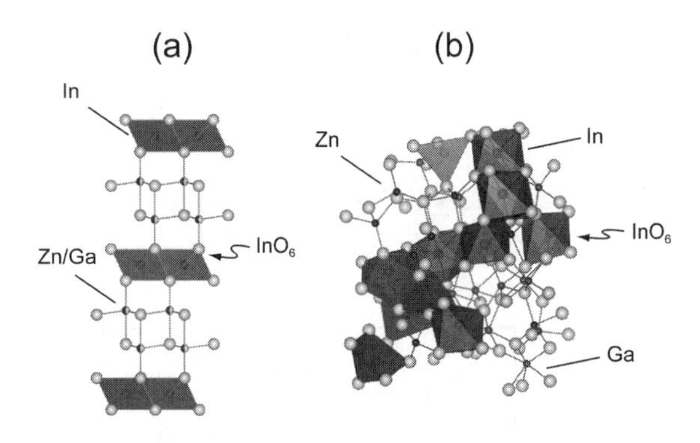

図9　(a) $InGaZnO_4$ 結晶構造および(b) LDA より得られた $(InGaZnO_4)_{12}$ 安定構造
グレー部は In-O 多面体を示す。

ることも確認できた。

以上，a-IGZO では In 5*s* 軌道が伝導帯端を形成し，その直下に構造乱雑性に起因した“非局在”裾状態を形成していることを明らかにした。次に移動度の異なる薄膜を作製し，その裾準位を含むギャップ内電子構造を調べた[22]。レーザー密度を制御することにより移動度の異なる a-IGZO 薄膜を作製することができる。高レーザー密度（$9\,\mathrm{J\cdot cm^{-2}}$）条件で作製した膜は $N_e<10^{19}\mathrm{cm^{-3}}$ で $\mu_{\mathrm{Hall}}\sim 10\mathrm{cm^2(Vs)^{-1}}$ を示すのに対して，極端な低レーザー密度（$\sim 2\,\mathrm{J\cdot cm^{-2}}$）で作製した膜では同キャリア濃度で $\sim 1\,\mathrm{cm^2(Vs)^{-1}}$ 程度と非常に低い。以後，この高移動度膜を高品質膜，低移動度膜を低品質膜とする。両者におけるホール移動度の温度依存性は，明確に異なっており，高品質膜ではほぼ温度依存性を持たないのに対して，低品質膜では熱活性化型挙動を示していた。これは，高品質膜では，既にフェルミ準位はほぼ移動度端を越えており，キャリア輸送はポテンシャル障壁によってほとんど影響を受けていないのに対して，低品質膜ではより高密度の浅い捕獲準位が存在しているために移動度はキャリア濃度 $\sim 10^{19}\mathrm{cm^{-3}}$ においても捕獲準位間のパーコレーション伝導で制限されていることを意味している。

次に熱処理により低品質薄膜の移動度の変化を調べた。図10に低品質膜における熱処理温度に対するホール移動度の変化を示す。ホール移動度は結晶化温度～520℃よりも約200℃程度低い～300℃から急峻に増加し始めることがわかる。また，400℃熱処理薄膜の移動度の温度依存性は，熱活性化型から温度依存性を示さなくなるまで変化し，その E_0 は～20meV から～7 meV まで減少していた。よって，高密度欠陥準位を有する低品質膜においても300℃程度の熱処理により容易にキャリア輸送特性を改善できることがわかった。

次に高・低品質膜におけるギャップ内電子構造を光学特性解析および硬 X 線光電子分光（HX-PES）により評価した[23]。ここで評価した薄膜のキャリア濃度は $3\sim 5\times 10^{19}\mathrm{cm^{-3}}$ であり，ホール移動度は高品質膜で μ_{Hall} $15\mathrm{cm^2(Vs)^{-1}}$，低品質膜で $2.5\mathrm{cm^2(Vs)^{-1}}$ である。また，400℃熱処理後の移動度は高品質膜では $19\mathrm{cm^2(Vs)^{-1}}$，低品質膜で $10\mathrm{cm^2(Vs)^{-1}}$ と低品質膜で大きく改善されている。

図 11 に光学特性解析により得られた光学吸収スペクトルを示す。α_{model} および α_{PbP} はそれぞれ Caucy-Lorentz 光学モデルおよび非線形最小二乗法により得られたスペクトルを示している[24]。また $\exp(-\alpha_{aprx}\cdot d) = T/(1-R)$（$d$：膜厚）より得られた近似吸収スペクトル（$\alpha_{aprx}$）も比較のために示す。高品質膜において，近赤外領域の自由電子吸収と 3 eV 以上で Tauc' 式，（$\alpha h\nu = \sqrt{B}\sqrt{h\nu - E_g}$，$h\nu$：光子エネルギー，$E_g$：Tauc ギャップ，$\sqrt{B}$：定数）に従う強い吸

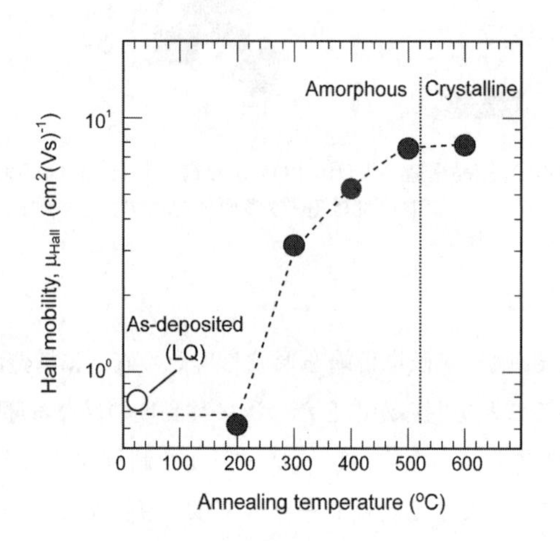

図 10　低品質 a-IGZO 膜における熱処理温度に対するホール移動度の変化

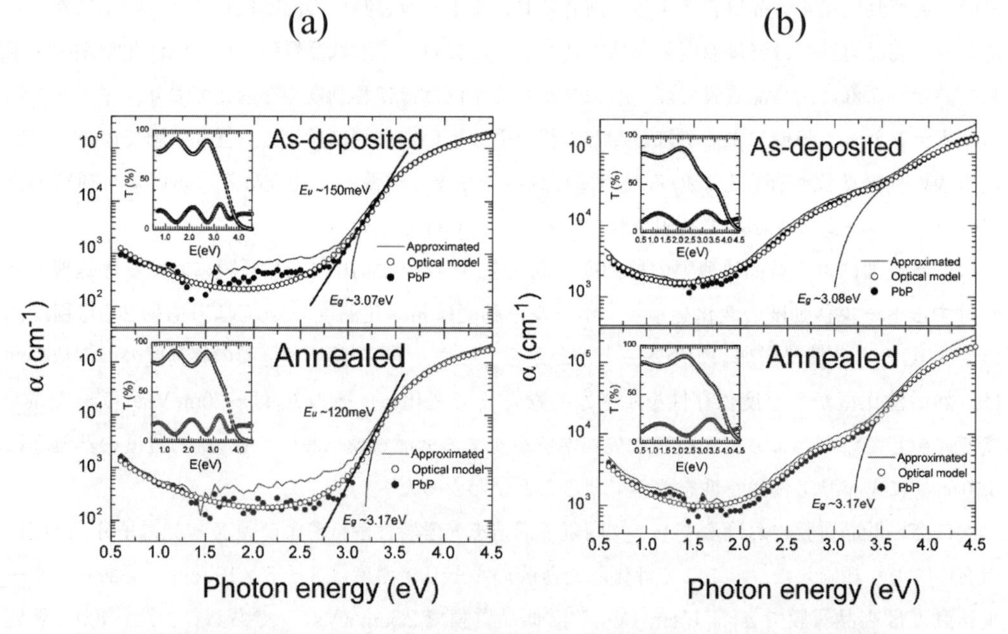

図 11　光学特性解析により得られた(a)高品質膜および(b)低品質 a-IGZO 膜の光学吸収スペクトル

（上）未処理膜。（下）400℃熱処理膜。

収を観察することができる。また，Urbach 式（$\alpha = A\exp(h\nu/E_u)$，A：定数）に従う弱い吸収も観察され，Urbach エネルギーE_uは約120meVと見積もられた。またDrudeモデルを用いた自由電子吸収解析の結果，有効質量は$0.33m_0$，緩和時間3.2fsecが得られた。一方，低品質膜ではUrbach式に従わない吸収端近傍に強いギャップ内裾吸収が観察された。このギャップ内裾吸収は熱処理により低減しているものの，そのエネルギー位置およびエネルギー幅はほとんど変化していないことがわかる。

このように光学吸収解析によるギャップ内欠陥準位評価は簡便であり非常に有用であるが，吸収スペクトルが価電子帯と伝導帯の結合状態密度を反映していることから，観測された状態が価電子帯側か伝導帯側か判断するのが困難である。よって低品質膜で観察された大きな裾吸収の起源を明らかにするためにHX-PESにより評価した。図12(a)に高・低品質膜の価電子帯スペクトルを示す。熱処理後においても価電子帯スペクトルは大きく変化しておらず，価電子帯構造はrigidであることが示唆された。図12(b)にギャップ内を拡大したHX-PESスペクトルを示す。全ての試料において価電子帯直上に欠陥準位が観察された。特に低品質膜では高密度の欠陥準位が価電子帯直上に存在していることがわかる。このサブギャップ欠陥準位は熱処理により低減するものの，そのエネルギー幅はほとんど変化しておらず，光学吸収解析より観察された裾吸収とほぼ対応していることがわかる。よって，低品質膜の光学吸収スペクトルで観察されたギャップ内裾吸収は価電子帯直上に存在する欠陥準位に起因していると結論付けられた。また，この欠陥準位密度は，高品質膜で$>10^{20}\mathrm{cm}^{-3}$，低品質膜で$>10^{21}\mathrm{cm}^{-3}$と見積られた。図13にデバイス品質（電子濃度：$\sim10^{16}\mathrm{cm}^{-3}$）a-IGZO膜と単結晶sc-IGZO薄膜（電子濃度：$<10^{16}\mathrm{cm}^{-3}$）の価電

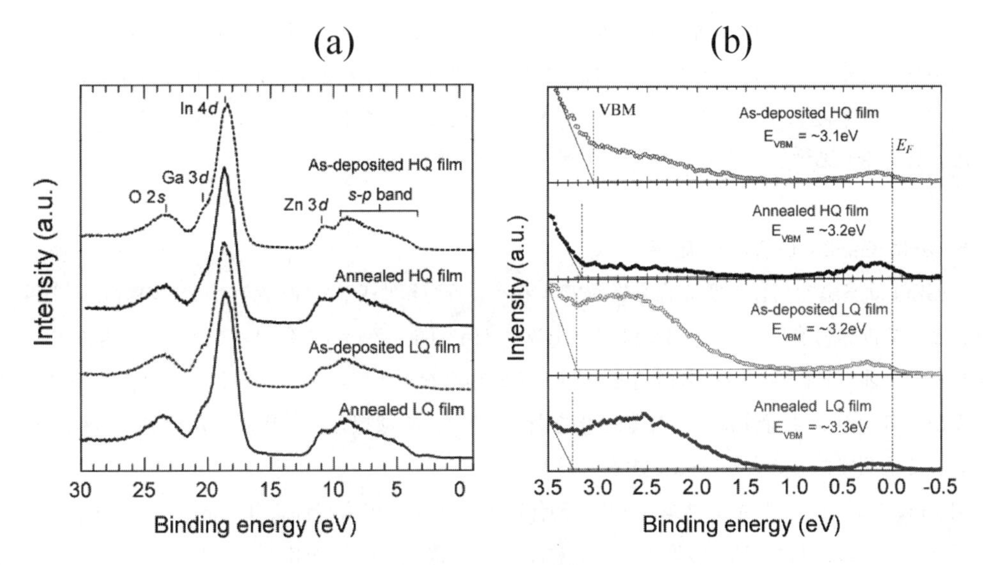

図12　高品質および低品質 a-IGZO 薄膜のHX-PESスペクトル
未処理に合わせて400℃熱処理膜も示す。(a)価電子帯スペクトル，(b)バンドギャップ領域の拡大図。

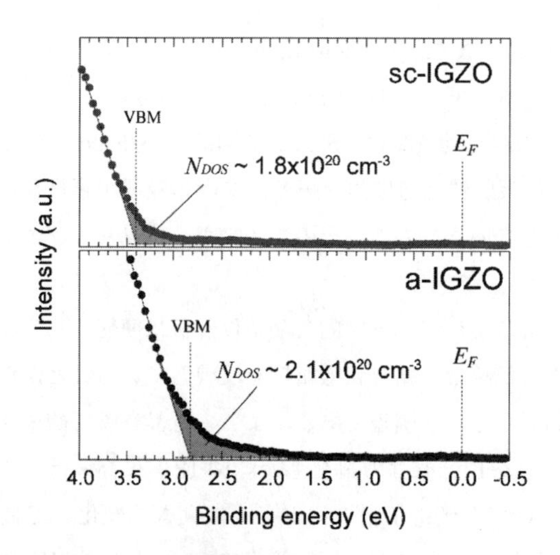

図 13 (上) デバイス品質 a-IGZO 薄膜 (Ne～10^{16}cm^{-3}) および (下) sc-IGZO 単結晶薄膜におけるバンドギャップ領域の HX-PES スペクトル

子帯スペクトルを示す。これら薄膜においても～10^{20}cm^{-3} 程度の高密度ギャップ内欠陥準位が価電子帯直上に存在していることがわかった。

以上のことから，a-IGZO 膜において価電子帯直上に高密度欠陥準位が存在していることがわかった。この欠陥準位は価電子帯側に存在していることから，電子輸送に直接は関与しないものの，電界による反転動作や p 型化を極めて困難にすると考えられる。例えば 100nm の熱酸化 SiO（非誘電率 3.9）においてゲート電圧 50V を印加した場合の電荷量はせいぜい～10^{18}cm^{-3} 程度であることから，この高密度状態密度が存在している限り p 型動作は極めて困難であることがわかる。また，この高密度状態密度はサブギャップ光（$h\nu$ ～2.4eV）に対しても十分に光応答を示すことが容易に予測できることから，FPD 応用においてはその低減が極めて重要になってくると考えられる[25]。

5. 5 a-In-Ga-Zn-O の TFT 応用

a-IGZO は室温で高移動度薄膜を作製できるという特徴から，大面積デバイスの新しい半導体材料として非常に有望である。図 14 に a-IGZO（In：Ga：Zn＝1：1：1）をチャネル層に用いたフレキシブル TFT のデバイス構造とデバイスの写真を示す[10]。ゲート酸化膜には，リーク電流およびヒステリシス特性によって最適化を行い，Y_2O_3 を選択した。作製したデバイスは可視光に対して透明であることが確認できる（図 14(b)）。

図 15 に作製したフレキシブル TFT の動作特性を示す。出力特性より，低ソース — ドレイン電圧（V_{DS}）領域では，V_{DS} の増大とともにドレイン電流（I_{DS}）が比例して増加し，高 V_{DS} 領域で電流が飽和する典型的なピンチオフ特性を示している。また，正のゲート電圧（V_{GS}）を印加することにより I_{DS} が増大し n 型チャネルであることが確認できる。このデバイスの電界効果移

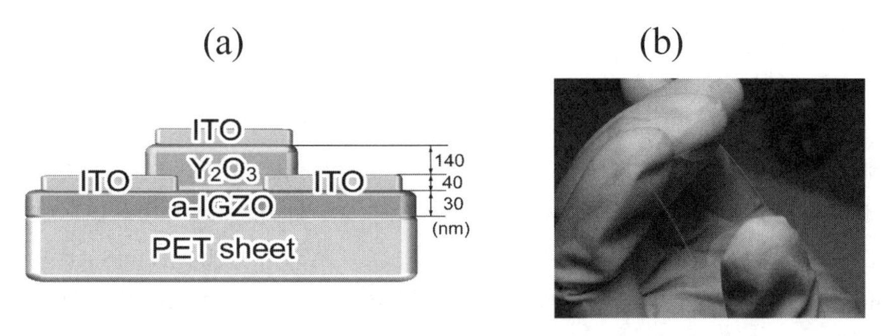

図14　フレキシブル a-IGZO-TFT の(a)デバイス構造と(b)デバイス写真

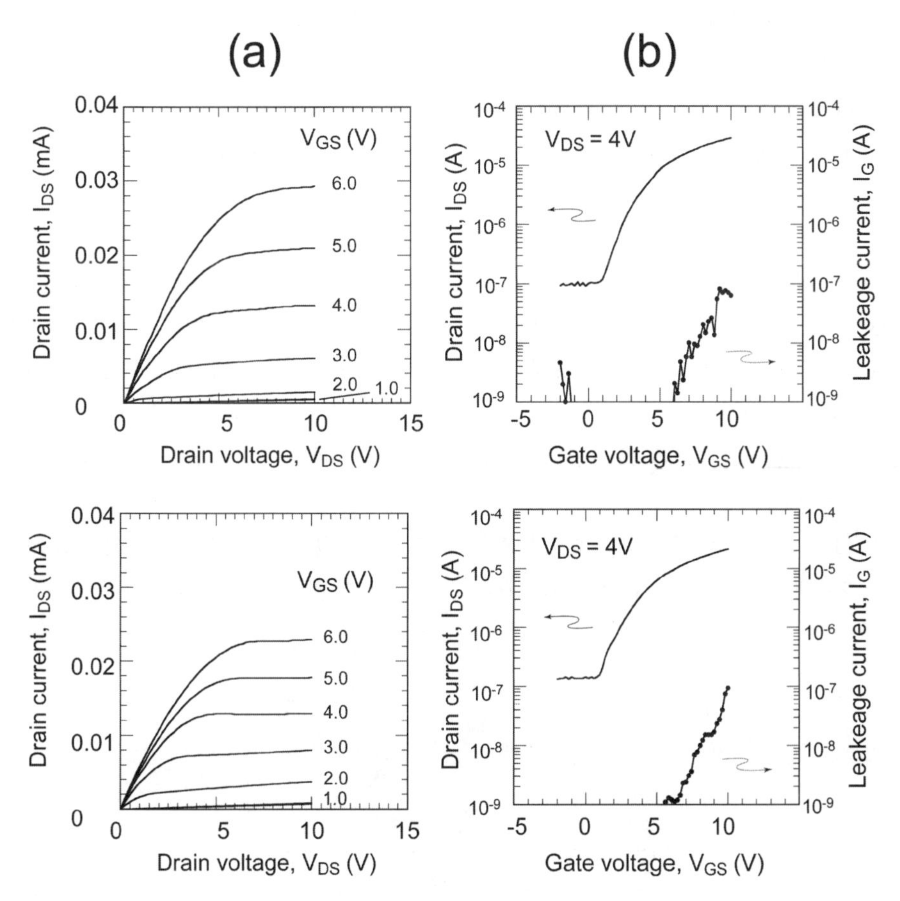

図15　a-IGZO をチャネルに用いた透明フレキシブル TFT の動作特性
(a)曲げ試験前および(b)曲げ試験後の特性。

動度（線形領域・飽和領域）は～8 $cm^2(Vs)^{-1}$ 程度であり，a-Si：H-TFT や多結晶有機半導体－TFT と比べて1桁以上大きな値である。また，伝達特性より，閾値電圧（V_{th}）は～+1.6V 程度であり，エンハンスメント（ノーマリー・オフ）型で駆動していることがわかる。また，曲げ試験（R＝30mm）後に，電界効果移動度は〜7 $cm^2(Vs)^{-1}$ とわずかに低下したものの，大幅なトランジスタ特性の劣化は起こらないことがわかる（図15(b)）。

次にTFT特性に影響を及ぼすa-IGZO/金属電極間の接触抵抗や半導体ギャップ内欠陥準位などを評価した。TFTは熱酸化 SiO_2/n^+-Si基板を，ゲート絶縁体／ゲート電極として用いたボトムゲート構造を用いた。図16にTLM（Transmission Line Method）により評価した固有接触抵抗 ρC と仕事関数 ϕ の関係を示す[26]。金属電極としてAg，Au，In，ITO(SnO_2 10wt％)，IZO(ZnO 10wt％)，Mo，Pt，Tiを検討した。仕事関数の低下とともに，固有接触抵抗が低下する傾向が見られ，固有接触抵抗の小さい（$<10^{-4}\Omega cm^{-2}$)，Ag，Ti，ITO電極が，a-IGZOに適した電極材料と考えられる。また，ρCの大きなAu電極に代わって，Ti電極を用いることによりTFT特性が改善することも確認した。これらの結果から，ρCはTFTにおいてシリーズ抵抗として働き，ドレイン電流を減少させ，移動度を低下させることがわかった。よって，a-IGZO-TFTでは ρC の小さな電極材料，すなわちTiやITOを使う必要があることがわかる。

次に容量 — 電圧（CV）測定[27]およびTFTシミュレーション[28]による半導体ギャップ内欠陥準位評価について述べる。図17にa-IGZO-TFTにおいてC-V特性から抽出したギャップ内トラップ準位を示す。ここでは400℃熱処理（アニール時間は1時間）により特性を改善させたTFTのものも合わせて示す。TFT特性は，未処理TFTで移動度9 $cm^2(Vs)^{-1}$，S 値0.26mV/dec，熱処理TFTでは12$cm^2(Vs)^{-1}$，S 値0.15mV/decである。未処理TFTにおいては E_C-0.2eV近傍に高密度のトラップ準位が存在しており，このフェルミレベル近傍の欠陥準位はTFT特性を著しく低下させていることがわかった。また，この欠陥準位は熱処理により大幅に低減しており，熱処理によるTFT特性改善がa-IGZOチャネルの欠陥準位低減によるものであることがわかる。

次に，TFTシミュレーションによりデプレション型およびエンハンスメント型a-IGZO-TFTのギャップ内準位を調べた。TFTシミュレーションでは，実デバイスの電気特性そのもので評

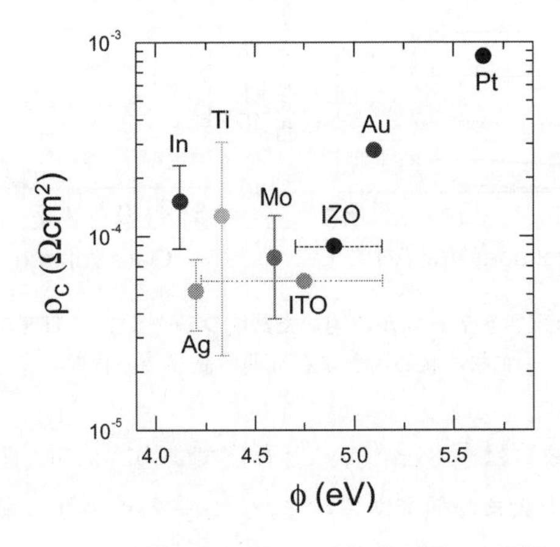

図16　固有接触抵抗 ρC と仕事関数 ϕ の関係

価することが可能であることから，欠陥構造とTFT特性の整合性が高いなどの特徴を有するものの，状態密度をパラメータ化した関数モデルが必要となる[29]。本研究では，ギャップ内準位モデルとしてアクセプター型指数関数 $g\mathrm{Exp}(E)=N_{\mathrm{TA}}\cdot\exp[-(E_C-E)/W_{\mathrm{TA}}]$，と深いアクセプター型Gauss関数，$gG(E)=N_{\mathrm{GA}}\cdot\exp\{-[(E_0-E)/W_{\mathrm{GA}}]^2\}$（$E$：準位エネルギー，$E_C$：伝導帯端エネルギー，$E_0$：$gG(E)$ の中心エネルギー，W_{TA} および W_{GA}：減衰パラメータ，N_{TA} および N_{GA}：E_C および E_0 における準位密度）からなる欠陥モデルを用いた。図18にTFTシミュレーションより抽出したa-IGZOのギャップ内状態密度を示す。a-IGZOのギャップ内準位としてバンド端直下に比較的高い裾状態が存在し，その下に濃度は低いが幅の広い状態密度が存在することがわかる。これらの状態密度の値は2～$4\times10^{17}\mathrm{cm}^{-3}$ 程度と見積もられ，これはa-Si：Hよりも2～3

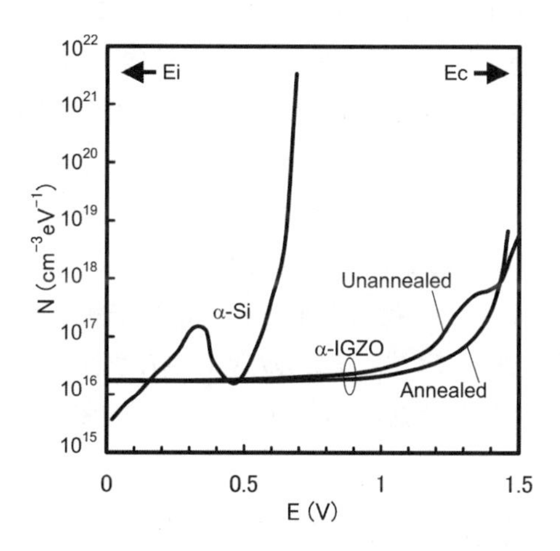

図17　低周波CV法より抽出したa-IGZO-TFTにおける熱処理前後のギャップ内トラップ準位

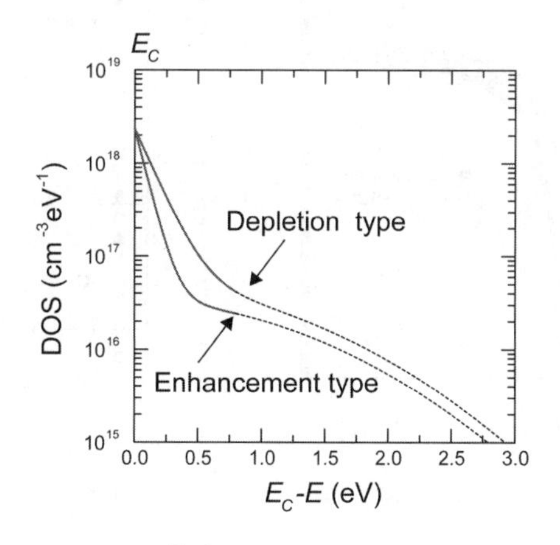

図18　TFTシミュレーションより抽出したエンハンスメント型およびデプレッション型a-IGZO-TFTのギャップ内欠陥状態密度

E_C-0.8eVの範囲が物理的に有効である。

桁低い値である。これがa-IGZO-TFTにおけるS値が小さい最大の理由である。また，エンハンスメント型TFTではデプレション型TFTに比べ欠陥密度が高い。これがエンハンスメント型TFTでS値が低い理由であると考えられる（デプレション型デバイス：S値～0.224V/decade，エンハンスメント型：～0.104V/decade）。

以上のことから，a-IGZOチャネルのギャップ内欠陥準位は，TFT特性，特にFPDの画素制御用TFTとして重要な電流の立ち上がり特性，S値に大きく影響を及ぼすことがわかる。よってTFT特性を改善するためには，このギャップ内欠陥準位を低減することが必須である。既にa-IGZO-TFTのデバイス特性・安定性の改善において熱処理（>300℃）が有効であることが分かっている[30]。最適条件下で作製したTFTでは，室温プロセスにおいても電界効果移動度10cm^2(Vs)$^{-1}$，S値～0.2V/decadeの高性能TFTを作製することが可能であるが，最適条件でない場合，極めて性能が低い。しかしながら，これら低性能TFTにおいても300℃程度の熱処理をすることにより，再現性よく容易に移動およびS値を改善させることが可能である。このように熱処理はTFT特性を改善させるために極めて有効であるが，a-IGZOのような酸化物半導体では，アニール処理中に発生・消滅する酸素欠損のような欠陥がそのギャップ内準位の形成に関与することから，熱処理雰囲気は極めて重要である[31]。

図19に乾燥（Dry）・湿潤（Wet）酸素雰囲気下，400℃で熱処理（アニール時間は1時間）したa-IGZO TFTの動作特性を示す[32]。比較のために処理を行っていない未処理TFT特性も合わせて示す。なお，Wet雰囲気は露点温度40，60および80℃（水蒸気分圧率（P_{H_2O}）：7.3,

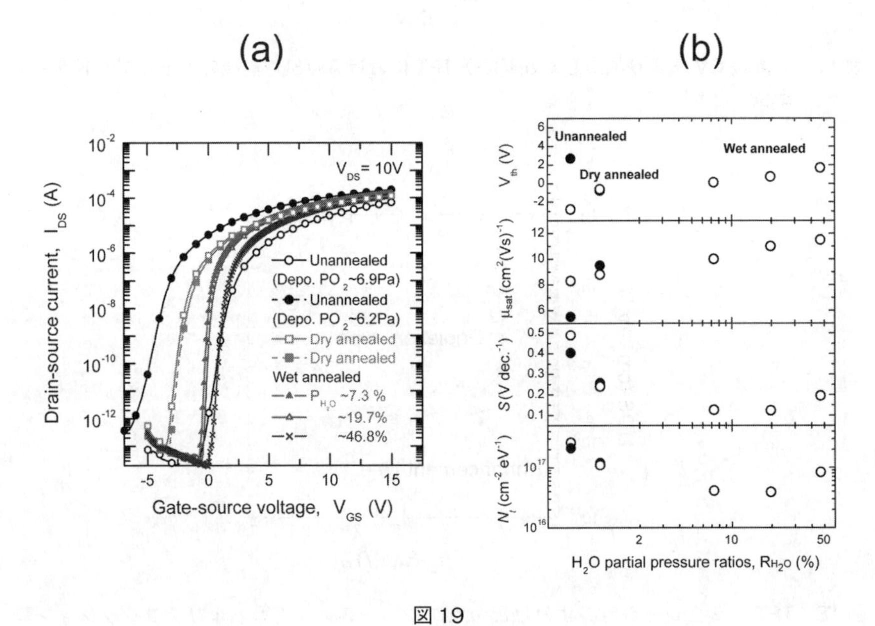

図19
(a)乾燥（Dry）・湿潤（Wet）酸素雰囲気下で400℃熱処理したa-IGZO TFTの電流-電圧特性，(b) TFTパラメータ（閾値電圧（V_{th}），飽和移動度（μ_{sat}），サブスレショルド値（S））

19.7 および 46.8%）を有する酸素ガスを導入することにより作製している。未処理 TFT の V_{th} は，a-IGZO チャネルの製膜中酸素分圧（PO_2）〜6.2Pa で作製したものでは−2.8V，PO_2〜6.9Pa では＋3V であるが，Dry 熱処理により，両 TFT の V_{th} は〜−0.8V へシフトした。これは，熱処理によりチャネル層中のドナー濃度が変化したことに起因していると考えられる。また，Wet 熱処理では，P_{H_2O} の増加とともに V_{th} は正側にシフトしており，これはドナー濃度の減少に起因していると考えられる。TFT 特性は，Wet 熱処理で最も改善され，P_{H_2O}〜19.7%で飽和移動度（μ_{sat}）〜12cm^2(Vs)$^{-1}$，S 値〜110mV/dec を得た（未処理 TFT：μ_{sat}〜5-8cm^2(Vs)$^{-1}$，450〜600mV/dec，Dry 処理 TFT：μ_{sat}〜9.3cm^2(Vs)$^{-1}$，〜210mV/dec）（図 19(b)）。図 20 に約 20 素子における TFT パラメータ（V_{th}，μ_{sat}，S 値）の分布を示す。未処理 TFT においては全ての TFT パラメータにおいて広い分布を有しているものの，熱処理を施すことにより分布特性は改善されることがわかった。特に Wet 熱処理では特性のバラツキが少ない TFT を作製できることがわかる。図 21 にこれら TFT のヒステリシス特性を示す。未処理デバイスでは＋1V 以上の大きな時計回り方向のヒステリシスが観察され，高密度の浅いトラップ準位の存在が示唆された。一方，Dry 熱処理 TFT では 0.1V，また Wet 熱処理 TFT では，ほとんど観察されず大幅に

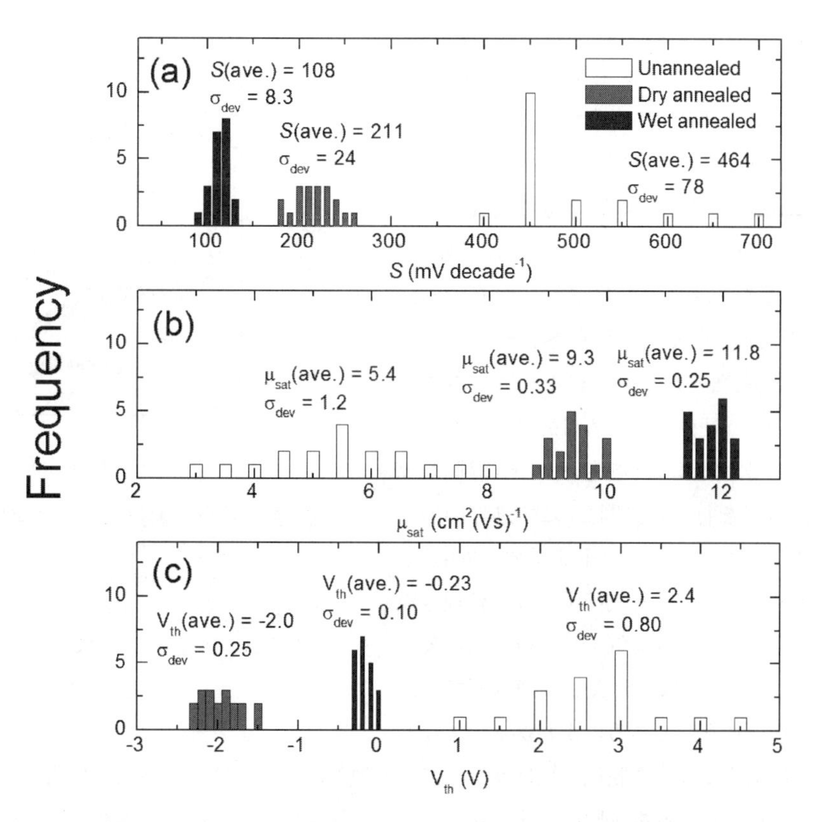

図 20　未処理および Dry，Wet 熱処理 a-IGZO-TFT における TFT パラメータの分析
(a)サブスレショルド値（S），(b)飽和移動度（μ_{sat}），(c)閾値電圧（V_{th}）

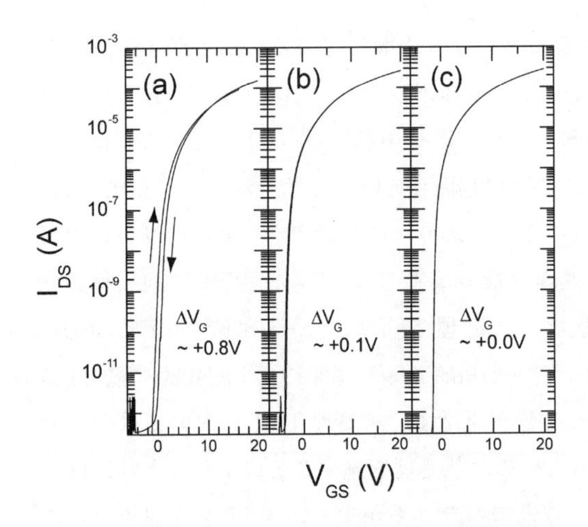

図21　(a)未処理および(b) Dry，(c) Wet 熱処理 a-IGZO-TFT におけるヒステリシス特性

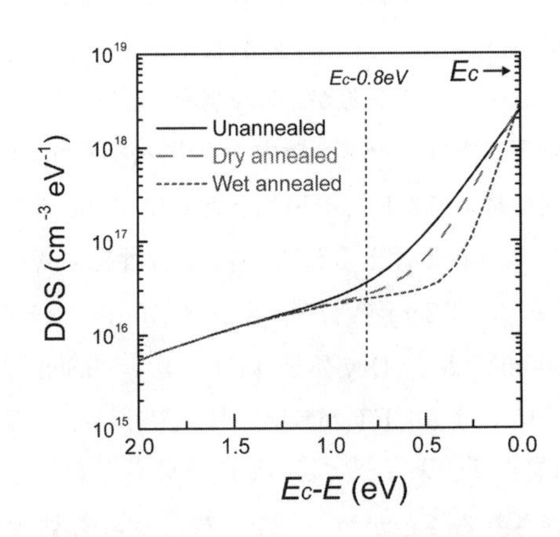

図22　未処理および Dry，Wet 熱処理 TFT において TFT シミュレーションより抽出した a-IGZO チャネルのギャップ内状態密度

E_C-0.8eV の範囲が物理的に有効である。

ヒステリシス特性が改善されていることがわかる。図22に TFT シミュレーションより抽出した a-IGZO チャネルのギャップ内状態密度を示す。ギャップ内欠陥準位は熱処理により低減され，特に Wet 熱処理でより効果的に低減できていることがわかる。よって，Wet 酸素熱処理では，効率的にギャップ内欠陥準位を低減でき，TFT 特性を改善できることが確認できた。

次に Wet 酸素熱処理で大幅にギャップ内欠陥準位を低減できた理由を調べる目的で，熱処理中におけるその場電気伝導度測定および昇温脱離ガス（TDS）分析を行った。図23に熱処理中の電気伝導度のアレニウスプロットを示す。300℃までの昇温過程において，電気伝導度は熱処理雰囲気に依存せず，全ての雰囲気下で5桁以上上昇したのに対して，300℃以上および冷却過程では，大きく雰囲気に依存しているのがわかる。すなわち，酸素雰囲気中では，薄膜伝導度は減少していき熱処理終了後に再度高抵抗膜化したのに対して，乾燥窒素中では，低抵抗膜のままである。また，活性化エネルギーは4つの温度領域，領域Ⅰ：室温～80℃，E_a～0.35eV，領域Ⅱ：>100℃，E_a～0.65eV，領域Ⅲ：>200℃，E_a～1.5eV，

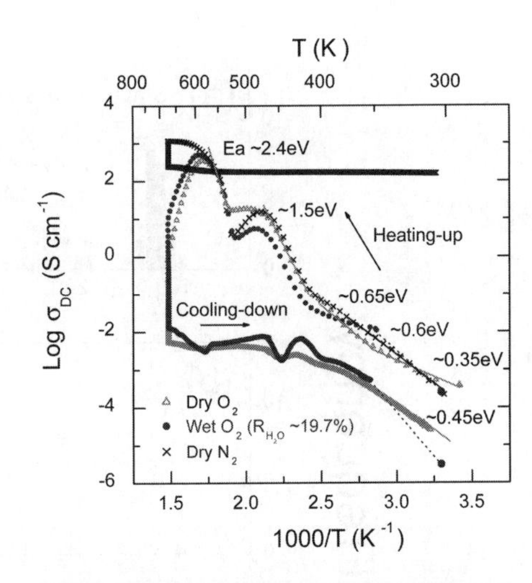

図23　a-IGZO 薄膜における電気伝導度のアレニウスプロット

加熱は室温から400℃まで行い，400℃で1時間保持した後，室温まで冷却した。加熱雰囲気は Dry，Wet 酸素および Dry 窒素雰囲気である。

領域Ⅳ：>320℃，E_a～2.4eV，に分けられる。領域Ⅰにおける活性化エネルギーE_a～0.35eVは，ドナー準位からの電子の熱励起により説明できることがわかったが（σ_{RT}～6×10^{-4}Scm^{-1}およびm_e～$0.36m_e$よりE_F～0.19-0.25eV），領域Ⅱ-Ⅳでは，電子の熱励起機構では説明できず，他の要因を考慮する必要があった。酸素欠損生成エネルギー（[E_f(Vo)]（E_a, $N_e=E_f$(Vo)/(n+1)，n；一つの酸素欠陥から発生した自由電子数[33]）を見積もったところ，E_a～1.5-2.4eVに対してE_f(Vo)～3.0-7.2eVの値を得た。この値は，第一原理計算より見積もられた各種酸化物材料における酸素欠損生成エネルギー（SiO_2(～8.10eV)，HfO_2(～9.32eV)[34]，ZnO(0.9-3.7eV)[35]，a-IGZO(3.2-3.5eV)）[36]とほぼ同等であることから，この温度領域における活性化エネルギーは酸素欠損の生成を反映しているとわかる。よって，300℃程度までの昇温過程において多量の酸素欠損が生成し，その後，つまり300℃以上，および冷却過程において外部雰囲気中の酸素およびOHにより酸素欠陥が大幅に低減されることがわかった。

図24(a)に未処理a-IGZO膜のTDSスペクトルを示す。a-IGZOからの主な熱脱離ガスとしてH_2，H_2O，O_2およびZnが観察され，400℃までに脱離ガス量は，H_2：～4.7×10^{18}cm^{-3}，H_2O：～1.7×10^{19}cm^{-3}，Zn：>3.7×10^{18}cm^{-3}，O_2：～1.7×10^{17}cm^{-3}であることがわかった。よって，未処理a-IGZO膜では多量の不安定結合種を有しており，簡単に不安定結合が切断されることがわかった。また図24(b)に熱処理中の電気伝導度変化とTDSスペクトルの関係を示す。H_2OのTDSスペクトルと電気伝導度変化のカーブ形状は非常に似ており，それらの相関が示唆された。よって，Metal(M)-OH+M-OH → M-Vo・・+M-O+H_2O↑+2e-で示されるような，OHの脱離に伴い酸素欠損が生成し電気伝導度が上昇したと考えられる。

図25にDryおよびWet熱処理膜のTDSスペクトルを示す。熱処理を施すことにより，脱離ガス量が低減し，化学結合が安定化することが示唆された。特にWet熱処理で脱離ガス量は大

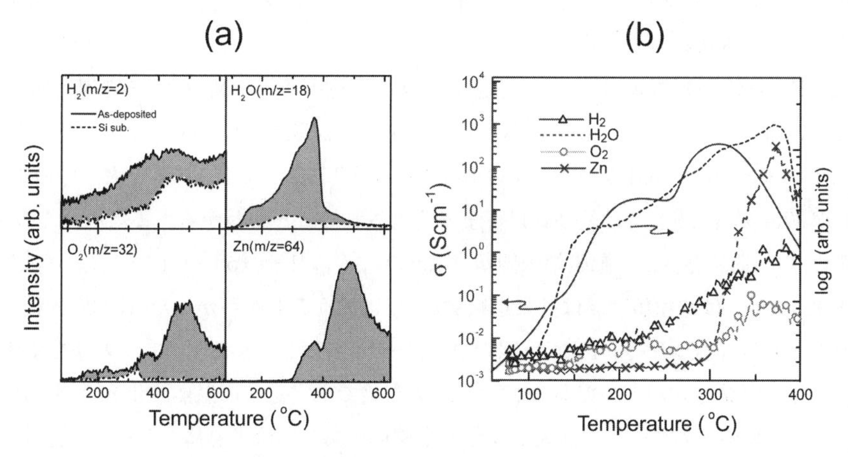

図24　(a)未処理a-IGZO膜のTDSスペクトル
(b)熱処理中の電気伝導度変化とTDSスペクトルの関係
(a)破線はSi基板のみのTDSスペクトル，(b)実線が電気伝導度変化，各破線がTDSスペクトルを示す。

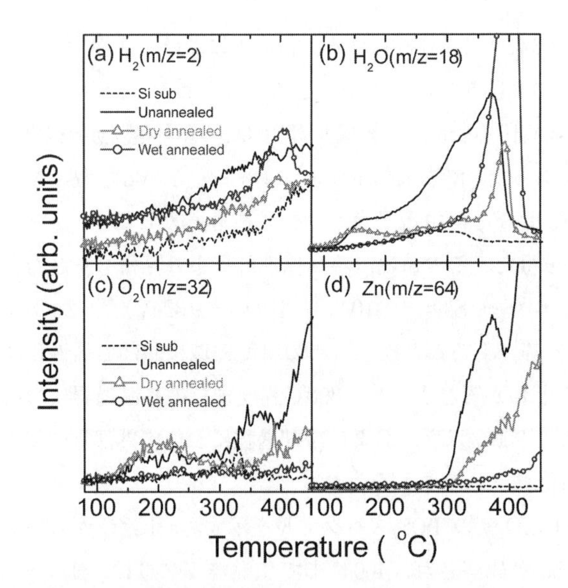

図 25　Dry および Wet 熱処理 a-IGZO 膜の TDS スペクトル
比較のために未処理膜および基板のみのものについても示す。(a) H_2, (b) H_2O, (c) O_2, (d) Zn。

きく低減していることがわかる。よって，熱処理は未処理膜中に存在する不安定結合を安定化する効果もあることがわかった。以上のことから，熱処理の役割は酸素欠損低減および不安定結合の安定化であると結論付けられた。またギャップ内準位の起源は完全には明らかになっていないものの，第一原理計算より a-IGZO 中の酸素欠損は浅いトラップ準位および深い欠陥準位の生成において重要な役割を持つことが示唆されている。このことから，特に強い酸化力（速い酸化速度）を有する Wet 熱処理では効率的に欠陥補償・結合安定化を促進し，ギャップ内欠陥準位を低減させたと考えられる。

最後に TFT 特性の定電流ストレス安定性について述べる[37]。図 26 に未処理，Dry および Wet 処理 TFTs（P_{H_2O}～19.7%）における定電流ストレス試験（室温，5 μA）の結果を示す。約 50 時間ストレス後の閾値電圧シフト（ΔV_{th}）は，未処理 TFT では 4 ～10V と大きいのに対して，Dry および Wet 処理 TFT では約 2 V 以下まで改善されることがわかる。また，全ての TFT における ΔV_{th} の時間依存性は，拡張指数関数（$\Delta V_{th} = \Delta V_{th0}\{1-\exp[-(-t/\tau)^{\beta}]\}$，(ここで，$\tau$ は緩和時間，ΔV_{th0} は飽和値，β は拡張指数係数)）に従うことがわかった（図 26 の挿入図。本来，このモデルは a-Si：H-TFT における SiN_x ゲート絶縁膜中へキャリア注入等を示すトラップモデルとして開発されたものであるが[38～40]，本実験では安定な高温熱酸化 SiO_2 を用いていることから，絶縁膜中へのキャリア注入よりは，半導体層あるいは半導体／ゲート絶縁膜界面におけるトラップを介在して起こりうる分散的なキャリア輸送と関連していると考えられる。

定電流ストレスによる TFT 特性劣化の起源を調べる目的で TFT シミュレーションにより解析した。まず初めに熱処理 TFT における TFT 不安定性（正 V_{th} シフト，移動度，S 値劣化なし）

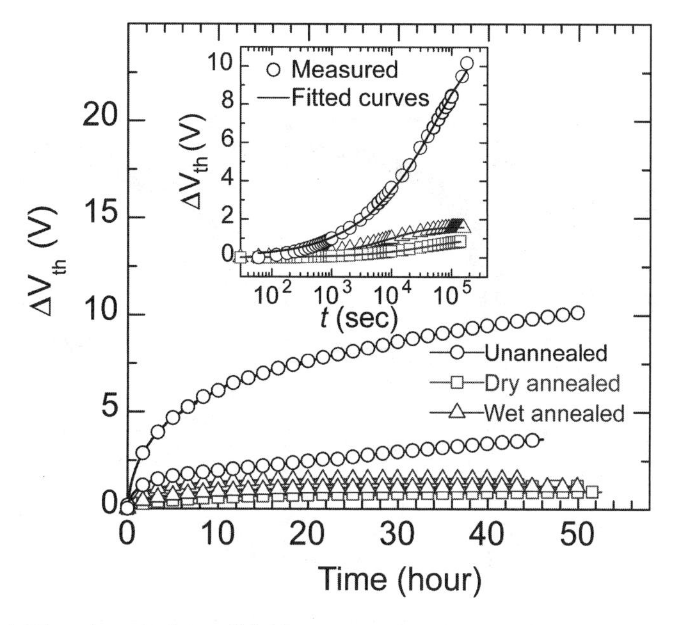

図26　未処理，Dry および Wet 熱処理 a-IGZO-TFTs における定電流ストレス下での V_{th} 変化
挿入図は拡張指数関数則でフィッティングしたものを示している。

について考察を行った。図27に a-IGZO チャネル層のドナー濃度（N_D），深いアクセプター型トラップ準位密度（N_{ADT}，E_C-E_t<1.0eV）を変化させた場合のシミュレーション特性を示す。正方向への V_{th} シフトは a-IGZO チャネル層の N_D の減少あるいは N_{ADT} の増加より説明できることがわかる。しかし，ストレスによる劣化機構で N_D 減少は不自然であり，負帯電準位の増加が支配的であると考えらる。よって，熱処理 TFT における TFT 不安定性の起源は，深いアクセプター型トラップ準位に電子がトラップされることで引き起こされる負帯電準位の増加によるものと考えられる。

図28に TFT シミュレーションより抽出した a-IGZO チャネル層のギャップ内欠陥準位を示す。両 Dry および Wet 熱処理 TFT ではストレス前後でギャップ内欠陥準位は変化していないのに対して，未処理 TFT ではストレス後において明確に浅いギャップ内欠陥準位（E_C-0.5eV）の増大が確認できる。よって，未処理 TFT においては，定電流ストレスにより a-IGZO チャネルに新たな欠陥生成が示唆された。以上，定電流ストレスによる TFT 特性不安定性の起源は少なくとも2つあることがわかる。ひとつは a-IGZO チャネル層の欠陥生成によるものであり，これは未処理 TFT で見られた大きな V_{th} シフトと S 値劣化の原因となる。しかし，これは熱処理 TFT では見られず，熱処理によって，抑制される。もうひとつはチャネル／絶縁膜界面等に存在する深いアクセプター型トラップ準位によるものである。これは熱処理 TFT においても残っており，なお V_{th} シフトの原因となる。

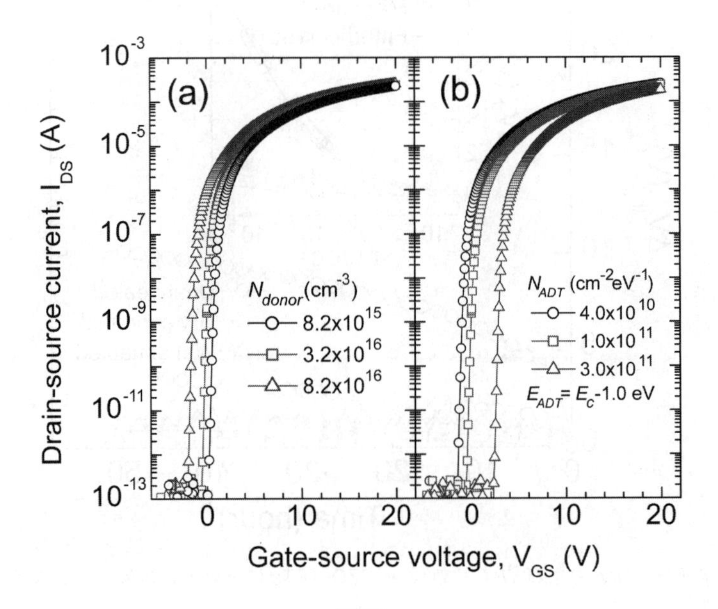

図27
(a) a-IGZO チャネル層のドナー濃度（N_D）および(b)深いアクセプター型トラップ準位密度（N_{ADT}，E_C-E_{ADT}<1.0eV）を変化させた場合のシミュレーション結果。

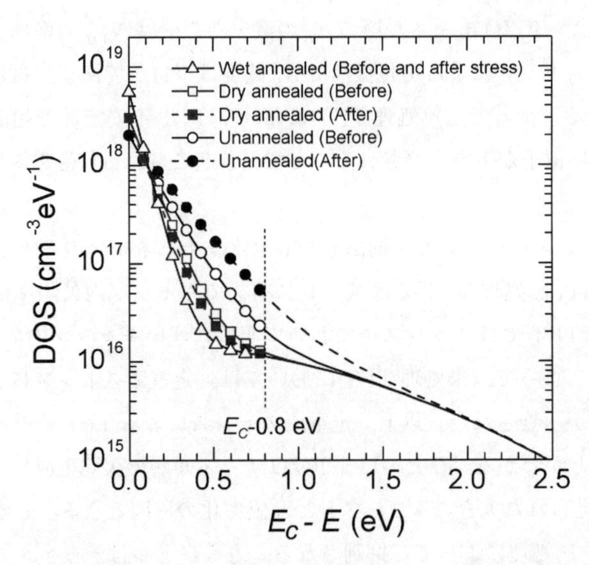

図28 TFT シュミレーションより抽出した定電流ストレス前後の a-IGZO チャネルのギャップ内欠陥準位

5.6 まとめ

本稿では新しい半導体材料として透明アモルファス酸化物半導体（TAOS）a-In-Ga-Zn-O（a-IGZO）の基礎物性およびその TFT 応用について述べた。a-IGZO の最大の特徴は，低温・大面積均一製膜に加えて，$10cm^2(Vs)^{-1}$ を超える高い電子移動度を有し，欠陥低減処理が不要な半導体薄膜を容易に作製できるということである。このため a-IGZO-TFT は，次世代 FPD の画素制御用 TFT 応用を始めとして，各種応用に非常に有望であることがわかる。特に TFT 応用においては，TAOS の比較的欠陥準位ができにくいという特徴から，5 V 以下の低電圧駆動，低温ポリシリコン TFT に匹敵する $0.1Vdecade^{-1}$ 程度の低 S 値や pA 以下の低 OFF 電流を容易に実現できる[41]。さらに，アモルファスであるため組成変動があっても大きな構造変化・相分離が起こらないことから，組成変動による特性への影響が小さいことも特徴のひとつである。我々が 2004 年に本材料を発表して以来，急速に a-IGZO-TFT の研究開発が立ち上がり，既に画素用 TFT に使用したプロトタイプディスプレイが各パネルメーカーより試作されている[42~44]。また，a-IGZO-TFT を用いたリング共振器やインバーターなどの集積回路の試作もされ[45]，シフトレジスタなどの周辺回路をパネル上に集積化したシステムオンパネルも，複数社から報告されている。現在，a-IGZO-TFT に対して実用デバイス実証試験を経て，特性の長期安定性などの信頼性の実用化に向けた研究・開発が活発に行われている最中であるが[46~48]，ディスプレイ応用に関しては，現状では特に支障はない。しかしながら，論理回路などへの展開を考えると，n チャネルだけでなく，p チャネル TFT も必要となることから，p チャネル TFT および TAOS から構成される CMOS（Complementary-Metal Oxide Semiconductor）の実現は今後の課題である。

文　　献

1）例えば，鯉沼秀臣（著），酸化物エレクトロニクス，培風館（2001）
2）例えば，細野秀雄，平野正浩（監修），透明酸化物機能材料とその応用，シーエムシー出版（2006）
3）A. Tsukazaki *et al.*, *Nature Mater.*, **4**, 42 (2005)
4）J. Nishii *et al.*, *Jpn. J. Appl. Phys.*, Part 2, 42, L347 (2003)
5）H. Ohta *et al.*, *Adv. Funct. Mater.*, **13**, 139 (2003)
6）K. Nomura *et al.*, *Science*, **300**, 1269 (2003)
7）J. Y. Kwon *et al.*, Proc. Int. Workshop AM-FPD '08, 287 (2008)
8）例えば，電子ペーパー実用化最前線，エヌ・ティー・エス（2005）
9）細野秀雄，神谷利夫，野村研二，応用物理 **74**, 910 (2005)
10）K. Nomura *et al.*, *Nature*, **488**, 432 (2004)

11) H. Hosono, N. Kikuchi, N. Ueda and H. Kawazoe, *J. Non-Cryst. Sol.*, **198-200**, 165 (1996)
12) S. Narushima *et al.*, *Adv. Mater.*, **15**, 1409 (2003)
13) K. Nomura *et al.*, *Jpn. J. Appl. Phys.*, **45**, 4303 (2006)
14) N. Kimizuka, M. Isobe and M. Nakamura, *J. Solid State Chem.*, **116**, 170 (1995)
15) H. Yabuta *et al.*, *Appl. Phys. Lett.*, **89**, 112123 (2006)
16) A. Takagi *et al.*, *Thin Solid Films*, **486**, 38 (2005)
17) T.Kamiya, K. Nomura and H. Hosono, *Appl. Phys. Lett.*, **96** (2010) 122103-1-3
18) K. Nomura *et al.*, *Appl. Phys. Lett.*, **85**, 1871 (2004)
19) W. Anderson, *Phys. Rev.*, **109**, 1492 (1958)
20) J. Singh and K. Shimakawa (ed.) Advances in amorphous semiconductors, Taylor & Francis, London (2003)
21) K. Nomura *et al.*, *Phys. Rev. B*, **75**, 035212 (2007)
22) K. Nomura *et al.*, *Phys. Stat. Solidi* (a), **205**, 1910 (2008)
23) K Nomura *et al.*, *Appl. Phys. Lett.*, **92**, 202117 (2008)
24) T. Kamiya, K. Nomura, M.Hirano and H. Hosono, *Phys. Stat. Solidi* (c), **5**, 3098 (2008)
25) K Nomura, T Kamiya, H. Hosono, *J. SID* (2010)
26) Y. Shimura *et al.*, *Thin Solid Films*, **516**, 5899 (2008)
27) M. Kimura *et al.*, *Appl. Phys. Lett.*, **92**, 133512 (2008)
28) H. -H. Hsieh *et al.*, *Appl. Phys. Lett.*, **92**, 133503 (2008)
29) ATLAS User's Manual, Silvaco International, Santa Clara, California, 2007
30) 例えば，H. Hosono *et al.*, *J. Non-Cryst. Sol.*, **354**, 2796 (2008)
31) T. Kamiya, K. Nomura, M.Hirano and H. Hosono, *Phys. Stat. Solidi* (c), **5**, 3098 (2008)
32) K. Nomura *et al.*, *Appl. Phys. Lett.*, **93**, 192107 (2008)
33) K. Yamada, *Proc. SSDM*, pp.257 (1986)
34) W. L. Scopel *et al.*, *Appl. Phys. Lett.*, **84**, 1492 (2004)
35) P. Erhart, A. Klein and K. Albe, *Phys. Rev. B*, **72**, 085213 (2005)
36) A. Janotti and C. G. Van de Walle, *Phys. Rev. B*, **76**, 165202 (2007)
37) K. Nomura, T. Kamiya, M. Hirano and H. Hosono, *Appl. Phys. Lett.*, **95**, 013502 (2009)
38) F. R. Libsch and J. Kanicki, *Appl. Phys. Lett.*, **62**, 1286 (1993)
39) R. H. Bube and D. Redfield, *J. Appl. Phys.*, **82**, 66 (1989)
40) E. D. Tober, J. Kanicki, M. S. Crowder, *Appl. Phys. Lett.*, **59**, 1723 (1991)
41) 神谷利夫，野村研二，細野秀雄，固体物理，**523**, 621 (2010)
42) J. K. Jeong *et al.*, Proceedings of SID'08, p.1 (2008)
43) J. -H. Lee *et al.*, Proceedings of SID'08, p.625 (2008)
44) M. Ito *et al.*, *IEICE Trans. Electron.*, **90**, 2105 (2007)
45) M. Ofuji *et al.*, *IEEE Eeletr Dev. Lett.*, **28**, 273 (2007)
46) J. -M. Lee, I. -T. Cho, J. -H. Kwon, and H. -I. Kwon, *Appl. Phys. Lett.*, **93**, 093504 (2008)
47) A. Suresh and J. F. Muth, *Appl. Phys. Lett.*, **92**, 033502 (2008)
48) M. Fujii *et al.*, *Jpn. J. Appl. Phys.*, **47**, 6236 (2008)

6 TAOS-TFT用大型IGZOターゲット

熊原吉一[*1]，栗原敏也[*2]，鈴木　了[*3]

6.1 はじめに

現在，広く世界に普及している，液晶テレビ，パソコンや携帯電話の液晶ディスプレイの多くは薄膜トランジスタ（thin-film transistor, TFT）で駆動されている。TFTはMIS（metal insulator semiconductor）電界効果トランジスタの一種で，そのチャネル層としては，アモルファスシリコン（amorphous silicon, a-Si）やポリシリコン（poly-crystalline silicon, p-Si）が用いられる。

a-Siは2mを超えるサイズの大面積ガラス基板に，プラズマCVDで均一成膜出来る量産技術が既に確立されていて生産性に優れるため，小型から大型までサイズを問わず，液晶ディスプレイでは広く採用されている。しかし，電子移動度が1.0cm^2/Vsec以下と小さいため，超大型高精細ディスプレイの適用には向かない。一方，p-Siは低温ポリシリコン（low-temperature poly-crystalline silicon, LTPS）であってもa-Siの100倍以上の電子移動度を有し，高精細液晶ディスプレイや，一部では有機ELディスプレイ（organic light emitting display, OLED）への適用が実用化されているが，画面サイズの大型化が困難なため，今のところ小型ディスプレイへの応用に留まっている。このように，a-Si，p-Siともに次世代ディスプレイへの適用を考えた場合，特性的に充分満足出来るレベルにあるとは言い難い[1~4)]。

ここで，次世代ディスプレイのTFTチャネル層材料として必要とされる特性について述べる。アプリケーションの一例として，50インチサイズ，解像度2k4k，240Hz駆動シングルスキャンといった仕様のディスプレイの場合，要求される電子移動度は5.0cm^2/Vsec程度であると見積もられている。こうした場合，a-Siでは電子移動度が不足し，p-Siではこのサイズのディスプレイを生産性良く製造出来る量産設備が無い[5)]。そこで，このような要求を満たす高電子移動度を有し，かつ，大型基板への成膜が可能な材料として期待されているのが，透明アモルファス酸化物半導体（transparent amorphous oxide semiconductors, TAOS）である。

ここ数年，TAOSに関する研究開発は非常に活発に行われており，中でもその代表的なものがインジウム，ガリウム，亜鉛の複合酸化物IGZO（indium gallium zinc oxide）である[6~8)]。先述したように，次世代大型ディスプレイ製造のためにはTFTを形成する材料を基板に均一成膜しなければいけないが，IGZOの場合，その方法としては既にTFT画素電極の大面積成膜方法として確立されているスパッタリングが有効である[9,10)]。また，スパッタリングで薄膜形成する時，それのカソードとなるターゲット材料が必要となる。本項では，次世代ディスプレイ用の大型IGZOターゲットについて述べる。

＊1　Yoshikazu Kumahara　JX日鉱日石金属㈱　磯原工場　開発部　主任技師
＊2　Toshiya Kurihara　JX日鉱日石金属㈱　磯原工場　開発部　主席技師
＊3　Ryo Suzuki　JX日鉱日石金属㈱　磯原工場　開発部　主席技師

6.2 ターゲットへの要求特性

大型IGZOターゲットに求められる特性としてはいくつかの点があるが，特に重要な事は次の通りである。いずれもその目的は，高品質膜を大面積に安定的に成膜するためのものである。

a. 高密度である事

ターゲットの密度が低いという事は，その内部に空隙が存在するのを意味している。これに因る弊害はいくつか考えられる。

一つ目は，ターゲットを継続使用していくうち，その表面にノジュールと呼ばれる突起物が形成され易くなる事である。スパッタリングの進行によって空隙がターゲット表面へ露出すると，その部分へのアルゴンイオン入射が不均一になり，その結果，一部がエロージョンされずに飛び残ってノジュールになる。ノジュールが形成されると，そこに電子が蓄積し，そのうちアーキングが起こってパーティクルが発生する。

二つ目は，ターゲットそのものの導電性，熱伝導性が低下する事である。大型基板へのスパッタリング成膜では，生産性の観点からDCマグネトロン法が採用される事が多く，その原理から，ターゲットの導電性が悪いと放電が不安定になり，アーキングを誘発してパーティクルが発生する。また，熱伝導性が悪いと，スパッタリング中のターゲット冷却効率が落ちるため，ターゲットが熱応力で割れる危険からハイパワースパッタが難しくなり，生産性の点で不利である。

三つ目は，ターゲットの強度が低く，外的応力に対する耐性が低下する事である。ターゲットの内部あるいは表面に空隙があると，そこに応力が集中する事で割れの起点となり得る。スパッタリングプロセスにおいては，初期排気での真空圧の変化や，冷却水圧による機械的応力，ターゲット表面と裏面の温度差による熱応力，等がターゲットへ作用しているが，成膜中にターゲットが割れると，パーティクルが発生して膜欠陥になる事がある。

b. 均一組成である事

IGZOは，インジウム，ガリウム，亜鉛の3金属元素から成る複合酸化物で，インジウム及び亜鉛成分は高電子移動度を得るため，ガリウム成分はキャリア濃度制御のため，というように，必要な膜特性を満たすため，各成分が果たす役割がある[7,11]。また，ターゲット中の酸素欠損量も膜のキャリア濃度に関係する。

すなわち，これらターゲットを構成するすべての成分が，原子レベルで均一に分布している事が望ましい。

6.3 ターゲットの製造方法

IGZOターゲットは，セラミックス材であり，粉末焼結法により製造される。図1に代表的な製造工程フローを示す。以下，工程フローに従って説明をする。

a. 原料粉末

出発原料としては，酸化インジウム，酸化ガリウム，酸化亜鉛の粉末を使用する。各酸化物粉末の製造方法は特に限定されるものでは無く，それらを仮焼して得られるIGZO化合物粉末を出

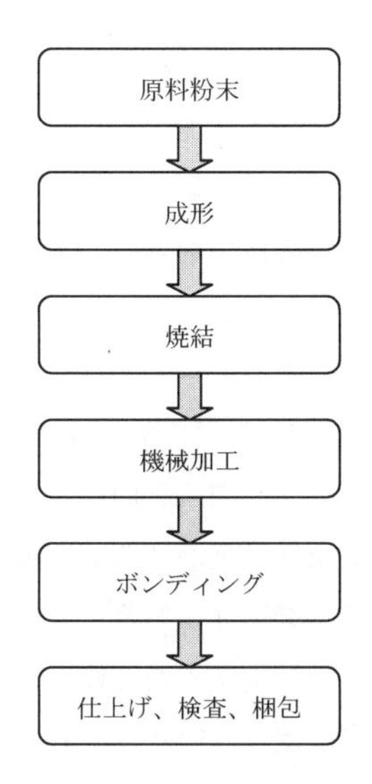

図1　IGZO ターゲットの製造フロー

発原料とする事も可能である。

各酸化物粉末を混合してIGZO 粉末を製造する場合には，一次粒子のサイズ，粒度分布，比表面積，等の各種粉体特性を適正なものとしておく。

ターゲットの組成は，各酸化物粉末の調合比によって決定され，これを均一に混合してIGZO混合粉を造る。焼結時の挙動は原料粉末の性状に強く影響を受ける。IGZO は難焼結性物質なので，ここで粉体特性を適切に制御する事は高密度ターゲットを製造するうえで非常に重要である。

b. 成形

成形にはいくつかの方法がある。冷間油圧プレス法は，大量生産に向いていて，大型ターゲットの製造にも適した方法である。この方法は，粉末を金型に充填し，一軸方向に圧力を加えて成形を行う。この時，金型に均質に充填を行わないと，成形体に欠陥が形成され，破壊してしまう事があるので注意が必要である。一般に，成形体の強度は大きく無いため，バインダーを添加して強度を上げる他，特に大型品を取り扱う際には，そのハンドリング方法にも工夫が必要である。

冷間静水圧プレス法を用いるやり方もある。これは，生産性は冷間油圧プレス法よりも劣るが，単位面積当たりにより高い圧力を加える事が可能であり，成形体密度を上げるのに有効である。焼結特性が向上するため，成形体密度は高い方が望ましい。

この他，熱間油圧プレス法や熱間静水圧プレス法で，成形と焼結を同時進行的に行う方法もあるが，冷間方式に比べると生産性に劣り，プレス圧力や焼結温度及び雰囲気に制約があるので，大型ターゲットの大量生産には不向きである。

c. 焼結

焼結は電気炉を用いるのが一般的である。ここでの製造条件としては，温度と雰囲気がある。

この時，高密度な焼結体が得られると同時に，焼結体の変形量（反り）が極力小さくなるような条件が選択される。反りが大きいと，後の機械加工工程において生産性が低下するからである。

IGZOは，組成比や焼結条件によっては，亜鉛ガリウム酸化物$ZnGa_2O_4$が生成される。この相の存在比率が大きいと，ターゲットの導電性が低下し，スパッタリング中にアーキングが起こり易くなる他，均一組成という点でも好ましくない。

d. 機械加工

焼結体は工作機械を用いて所定の形状に加工する。IGZOは脆性材料であるので，加工の際は割れないようにしなければいけない。また，加工表面に変質層があると，後工程で割れが発生する事があるので，そうならないような条件設定が必要である。

ターゲット表面の形態はスパッタリング特性に影響を与える。エロージョンエリアの表面粗さはスパッタリング中のノジュール発生を抑制するために小さく，非エロージョンエリアは再付着物を捕捉しておくために大きくする事が望ましいが，それを行うためのコストとの兼ね合いで適正な形態に処理される。

e. ボンディング

加工されたターゲットは，金属製のバッキングプレートとインジウムろう材等を用いてボンディングされる。バッキングプレートはスパッタ中，ターゲットが過度に温度上昇しないよう，水冷するために用いられる。

ターゲットとバッキングプレートは，一度ろう材が溶融する温度まで加熱されて貼り合わされ，その後，室温まで徐冷される。バッキングプレートの材料としては，銅やチタンが多いが，これらとIGZOをボンディングした場合は，冷却時に両者の熱膨張率の差から熱応力が発生し，バッキングプレートには変形が生じ，ターゲットが割れてしまう事がある。ターゲットが大型化すればする程，徐冷時の収縮量の差も増すので，一層，温度制御や応力緩和の工夫が求められる。

現状，IGZO焼結体は製造可能なタイル一枚の大きさには限界がある。そのため，大型ターゲットは複数のタイルを組み合わせて全体を構成している。通常，構成されるタイルとタイルはある一定の隙間を設けてボンディングを行う。これは，スパッタリング中の温度上昇によってタイルが熱膨張して隣のタイルと接触し，その応力で割れるのを防ぐためである。ターゲットが大型化してタイルの数が多くなると隙間の数も増えるが，個々の隙間を適正値にするためには，ボンディング後冷却時のタイルの熱収縮量を考慮しなければいけないため，その制御は難しいものとなる。

f. 仕上げ，検査，梱包

ボンディングが完了したターゲットは，バッキングプレートとともに表面仕上げを施されて洗浄された後，最終製品検査を経て出荷される。

洗浄前，ターゲット及びバッキングプレートの表面には，機械加工や表面仕上げで研磨された微粒子が残存している。このようなものが残っていると，スパッタリング中のパーティクル発生源となる。従って，大型ターゲットでは，大面積に満遍無く洗浄が行われなければいけない。また，湿式で洗浄を行った場合には，使用した水分等が残留しないように乾燥を行う必要がある。

大型ターゲットは1枚の重量が50kgを超える場合があり，従来のものと比較するとかなり重い。搬送に用いるケースは，ターゲットを保護するだけの充分な強度を持ち，清浄な状態が保てるようなものでなければいけない。

6.4　ターゲットの諸特性

最後に，当社IGZOターゲットの諸特性と，作製した大型ターゲットを示す。

IGZOは$InGaZnO_4$及び$In_2Ga_2ZnO_7$といった組成のものが，比較的多く使用される。表1に両組成の代表的な特性値を示す。ターゲットの密度は両組成ともに98%以上であり，高密度なものとなっている。抵抗率は組成により異なるが，10^{-3}～10^{-1}Ωcmであり，両組成ともに安定的にDCマグネトロンスパッタリングが可能である。

表2に300×500mm一枚タイルにおける，密度と抵抗率の分布を示す。両特性ともに，面内で均一な分布を示している。このように特性が均質なタイルを複数枚組み合わせて大型ターゲットにする事で，大面積に高品質な膜が形成可能となる。

写真1にIGZOターゲット（$In_2Ga_2ZnO_7$組成）のEPMA（electron probe microanalyzer）による分析結果を示す。写真は，二次電子像とインジウム，ガリウム，亜鉛の特性X線像である。特性X線像で，白い部分はその元素の濃度が高く，黒い部分は低い事を表している。従来のターゲットでは，亜鉛ガリウム酸化物$ZnGa_2O_4$を形成して酸化インジウムIn_2O_3と二相に分離しているが，改善を進めた結果，現行のものでは各元素はターゲット中に均一に分散している。

写真2に作製した大型ターゲットの一例を示す。このターゲットの長さは約2.5mで，第8世代と呼ばれる2200×2500mmクラスの基板に対応する。実際の量産ラインにおいては，このターゲットを10枚以上並べて使用する事になる。当社では，さらに大きなターゲットであっても，組み合わせるタイルの数を増やす事で対応は可能である。

表3にa-Si及びLTPS TFT量産ラインの現状と，IGZOの実用化を想定した場合の比較を示す。

現在，量産稼働しているTFT液晶ディスプレイ製造ラインで使用される最大寸法ガラス基板は第10世代と呼ばれるものである。それに対応するターゲットは全長が3m以上で，一度に使

表1　IGZOターゲットの代表特性値

組成		$InGaZnO_4$		$In_2Ga_2ZnO_7$	
In_2O_3		44.2wt%	25.0mol%	50.8wt%	33.3mol%
Ga_2O_3		29.9	25.0	34.3	33.3
ZnO		25.9	50.0	14.9	33.3
密度	実測	6.3g/cm^3		6.4g/cm^3	
	相対	98.8%		98.5%	
抵抗率		10^{-2}～10^{-1}Ωcm		10^{-3}～10^{-2}Ωcm	

表２　IGZO タイルの密度と抵抗値の分布

測定点	密度（g/cm^3）		抵抗率（mΩcm）	
	$InGaZnO_4$	$In_2Ga_2ZnO_7$	$InGaZnO_4$	$In_2Ga_2ZnO_7$
①	6.30	6.42	80	5.1
②	6.31	6.42	74	5.1
③	6.30	6.42	80	5.1
④	6.31	6.43	80	4.8
⑤	6.29	6.43	75	4.9
平均	6.30	6.43	78	5.0

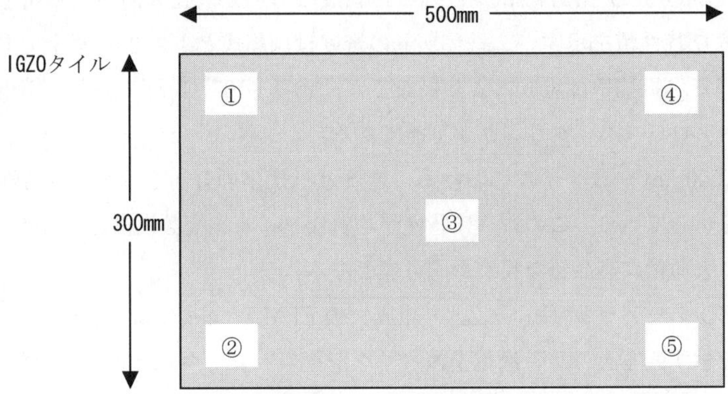

500mm
IGZOタイル
300mm
①
④
③
②
⑤

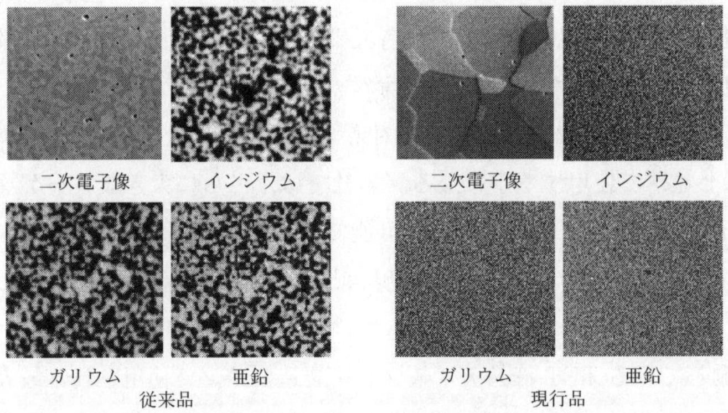

二次電子像　インジウム　ガリウム　亜鉛
従来品
二次電子像　インジウム　ガリウム　亜鉛
現行品

写真１　$In_2Ga_2ZnO_7$ ターゲットの二次電子像と各元素の特性Ｘ線像

用される重量は数百 kg にも及ぶ。今後，ガラス基板の大型化がどこまで進むのかは定かでは無いが，IGZO を次世代大型ディスプレイに適用しようとすると，高世代ラインでの使用が中心になるのが予想されるため，ターゲットを供給する側は，こういった需要状況にも対応出来るような製造技術と生産設備を有しておかなければいけない。

IGZO 大型ターゲットが安定的に供給されて高世代ラインで使用される事で，IGZO TFT が a-Si，LTPS のどちらにおいても実現出来ない高性能次世代ディスプレイへ適用されることが期

写真２　大型 IGZO ターゲットの外観

表３　各種 TFT チャネル材料の比較

TFT 半導体材料	IGZO	a-Si	LTPS
電子移動度 (cm^2/Vsec)	10～50	～1	50～100
現状量産最大ライン	第 10 世代（想定）	第 10 世代	第 4 世代
基板サイズ (mm)	2880×3130	←	730×920
ターゲットサイズ (mm)	200×3500 程度	←	1100×1200 程度
ターゲット使用量（枚/セット）	16	←	1
ターゲット重量 (kg/セット)	700 程度	←	50 程度
適用可能なアプリケーション例	超大型高精細の液晶テレビやデジタルサイネージ，大型 OLED テレビ，等	テレビ，パソコン，携帯電話の液晶ディスプレイ，等	携帯電話の小型 OLED ディスプレイ，等

待される。

6.5　おわりに

以上，大型 IGZO ターゲットについての現状を述べた。IGZO の TFT デバイスへの適用が報告されて以降，その研究開発成果は目を見張るものがある。そして，それを用いた次世代ディスプレイの量産実用化もそう遠くないと考えられる。IGZO TFT は未だ，デバイス信頼性の面等で特性改善の余地はあるが，それもフィールドテストが進むにつれて，解消していくであろう。今後益々，この材料が幅広い分野へ応用され，新たな可能性を見出していくのに期待する。

2010 年 7 月 1 日をもって，日鉱金属株式会社は「JX 日鉱日石金属株式会社」に社名を変更いたしました。

文　献

1) 野澤哲生，日経エレクトロニクス，5月5日号，93 (2008)
2) 佐伯真也，日経エレクトロニクス，6月16日号，79 (2008)
3) 佐伯真也，日経エレクトロニクス，2月9日号，52 (2009)
4) Y. Ohta, *et al.*, IDW '09, AMD7-4, 1685 (2009)
5) Y. Matsueda, The Proceedings of the 6th International Thin-Film Transistor Conference, 314 (2010)
6) K. Nomura, H. Ohta, A. Takagi, T. Kamiya, M. Hirano, H. Hosono, *Nature*, **432**, 488 (2004)
7) 野村研二，透明酸化物機能材料とその応用，102, シーエムシー出版（2006）
8) T. Kamiya, H. Hosono, *NPG Asia Materials*, **2** (1), 15 (2010)
9) H. Yabuta, M. Sano, K. Abe, T. Aiba, T. Den, H. Kumomi, K. Nomura, T. Kamiya, H. Hosono, *Appl. Phys. Lett.*, **89**, 112123 (2006)
10) 水谷勇太ほか，第57回応用物理学関係連合講演会，17a-TL-6 (2010)
11) 神谷利夫，細野秀雄，透明導電膜の技術（改訂2版），81, オーム社（2006）

7 TAOS-TFT 用大型スパッタ装置

磯部辰徳*

7. 1 はじめに

薄型テレビ市場の確立により，毎年のようにマザーガラスの大型化が進み，現在はG8.5世代といわれる2200mm×2500mmサイズが主流となっている。更にマザーガラスの大型化は進んでおり，長辺が3000mmを超えるG10世代対応の工場も稼働している状況である（図1）。マザーガラスの大型化の理由は，薄型テレビに代表される大型フラットパネルディスプレイの需要の増加に対応した大量生産及び生産コストの削減である。

例えば，家庭でも多く普及している40インチのパネルで考えた場合，G4.5世代といわれる730mm×920mmでは，マザーガラス1枚に対して，パネル1枚しか生産できない。一方，G8.5世代サイズでは，マザーガラス1枚に対して，パネル8枚を同時に生産できることになり，マザーガラス1枚から生産できるパネルの面取り数を増やすことで，生産効率が格段に飛躍し，大量生産及び生産コストの低減を実現することが可能となる[1,2]。

パネルの大型化とともに，高精細，高品位（高輝度・高コントラスト・高速応答など）のモデルが各パネルメーカーから打ち出されており，年々パネル性能が向上している。更に今後においては，3Dテレビのような次世代パネルの登場により，パネル性能の向上は加速の一途をたどっている。このような市場の要求から，より高移動度なTFTチャネル材料が求められている。現状のアモルファスシリコンTFTでは，大面積パネルには適用しているものの移動度に限界があり，ポリシリコンTFTではプロセスコストが高いといったことや大型化が困難といった課題が

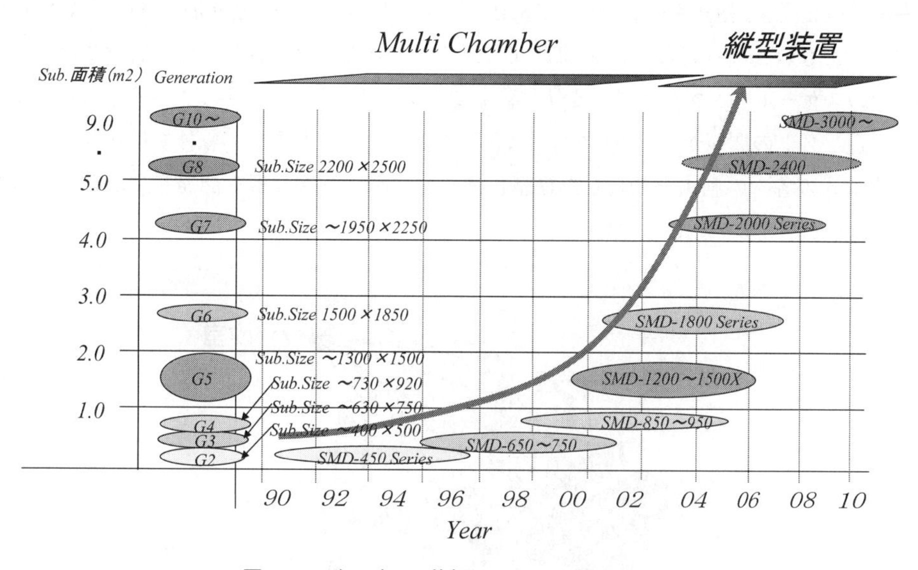

図1 マザーガラス基板とスパッタ装置の遍歴

* Tatsunori Isobe ㈱アルバック 千葉超材料研究所 第1研究部 第2研究室 主事

ある。ここ数年，パネルメーカーらは，高移動度が得られ，且つ大型化に適用可能なチャネル材料を模索している。これらを実現する新しいチャネル材料として，東京工業大学　細野秀雄教授の研究グループが開発したInGaZnO（以下IGZO）が注目を集めている[3,4]。本稿では，この世界的に脚光を浴びているIGZO酸化物半導体膜をスパッタリング法で成膜する真空装置及びその成膜技術に関して総括する。

7.2　スパッタリング装置の変貌

我々は，これまでにTFTアレイ側に用いられる金属配線膜・透明導電膜について，G1世代からG10世代に至る全ての世代でスパッタリング装置を提供し，成膜技術を確立してきた。また，各世代において，装置コンセプト，カソードを単なるスケールアップで対応するのではなく，その都度，新規システム・新成膜技術を先行開発し，基板サイズの変更のタイミングでそれらの新技術を導入し，多くの生産現場で好評を得てきた。ここでは，まずスパッタ成膜に用いられる装置のコンセプトの変貌について述べることとする。G1世代におけるスパッタリング装置は，従来の電子部品やTN，STN液晶の成膜工程で使用されているような基板搬送用キャリアを使用した通過成膜方式のインライン式装置が多用されてきた。しかし，プロセス上数種類のターゲットが必要とされ，それぞれの管理基準が異なることや，キャリアに付着した膜の剥離によるパーティクル発生といった課題があり，基板の大型化への対応に不向きであった。そこで，G2世代から，キャリアを不要とし，半導体製造工程で使用されているような枚葉式スパッタリング装置（図2）を開発し，生産現場に投入した。装置構成は，基板を搬送する真空搬送ロボットを備えた搬送室を置き，搬送室の各辺に『基板仕込み・取り出し室』・『基板加熱室』・『スパッタ室』が設置されたものとなっており，G6世代まで対応してきた[5]。G6世代以降の装置では，これまでの装置のスケールアップだけでは装置大型化により，フットプリントが大きくなってしまうことや，製造コストの問題から，『省スペース化』の装置コンセプトへの転換をはかり，インライン式と枚葉式の各々の利点を統合した縦型枚葉スパッタリング装置を開発し，現在に至っている[6~8]。縦型枚葉装置の特長を次に示す。

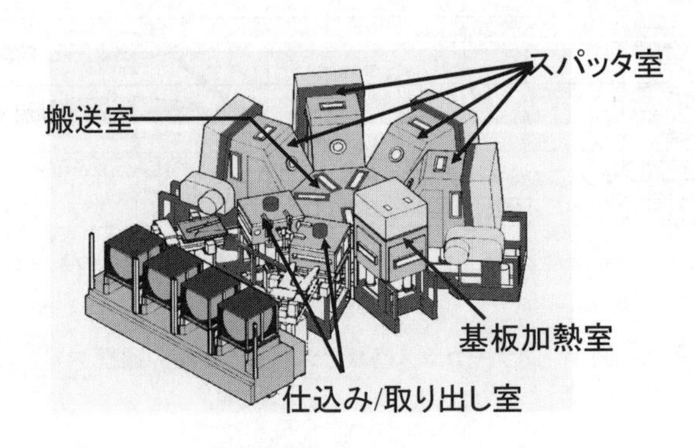

図2　枚葉式スパッタリング装置

①小型化　→　省スペースであり，フットプリントを削減できる。また，装置を構成する部品の機械加工や物流が容易になる。

②静止成膜　→　G2世代から導入した静止成膜方式を適用。

③数種類の基板サイズに適応可能　→　キャリアを使うので，基板サイズへの適合性が高い。従来の通過型の成膜装置との違いは成膜中のキャリアは防着板で覆われ，膜の付着を防いでいるので，キャリアからの剥離によるパーティクルの発生は無い。

④ガラス基板は縦搬送　→　水平搬送されたガラス基板は大気中で立たされ，真空中は縦搬送される。複雑な機構部は大気中にあり，真空チャンバー内の構造が単純になって，装置の信頼性が向上する（図3，4）。

7.3　大型基板対応スパッタリングカソードについて

(1)　スパッタリングについて

薄膜形成方法は，物理現象を利用したスパッタリング法，蒸着法と化学反応を利用したCVD

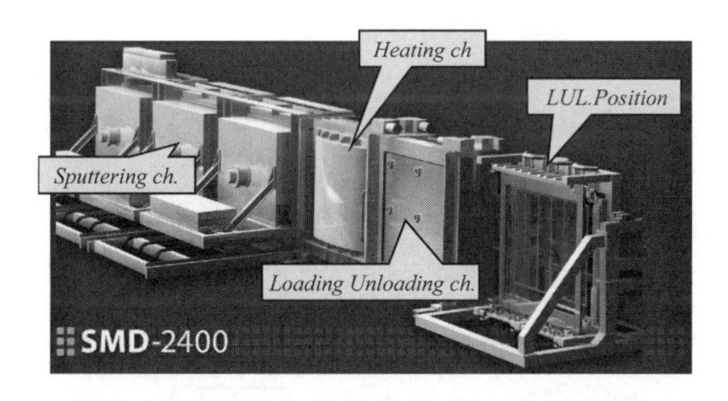

図3　G8.5基板対応縦型枚葉スパッタリング装置

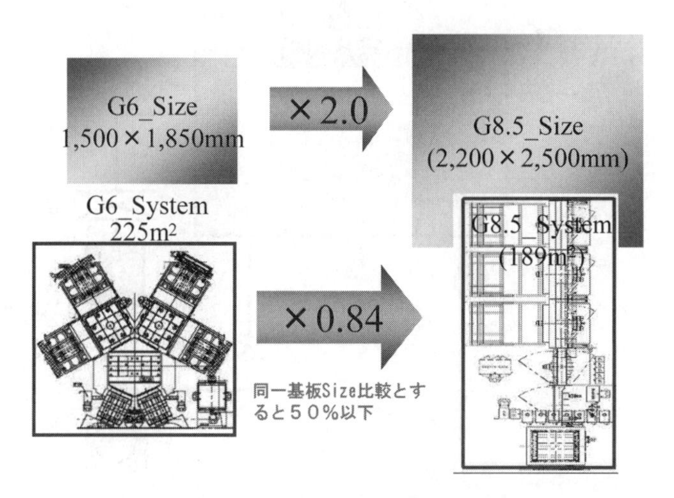

図4　省スペース比較（G6 & G8.5）

法に分けられる。ここでは，スパッタリング法について説明することとする。スパッタリング法は，エネルギーをもった粒子を材料に入射させ，材料の固体表面から原子を叩き出して基板に堆積させる方法である。通常，エネルギーをもった粒子には不活性ガスであるArをプラズマ中でイオン化し，Arイオンを材料に入射させスパッタリングを行う。Arを用いる理由としては，スパッタリング収率が大きいこと，安価であること，高純度のガスが流通していることが挙げられる。また，Arイオンが入射する材料をターゲットと呼ぶ。一般的にスパッタリング法によって形成された膜は付着力が高い。

(2) 各種スパッタリング法

スパッタリング法では，ターゲットが導体においてはDCまたはRFスパッタリング，絶縁体においてはRFスパッタリングが用いられる。一般にDCスパッタリングの場合は，RFスパッタリングに比べ大きな成膜速度が得られる。また，ターゲットの裏側に磁気回路を配置し，ターゲット表面に発生する電場と直交する方向に磁場を発生させることで，ターゲット近傍に高密度なプラズマが発生し，高い成膜速度を可能としたマグネトロンスパッタ法が多く用いられている[9~11]。

(3) スパッタリングカソード

ターゲットとターゲットに電力を印加する電源，磁気回路を備えた部分をカソードと呼ぶ。我々は，陰極となるターゲットが平板で，対向位置に陽極（アノード），基板が配置される構造で形成される平行平板型カソード（図5）を用いた成膜技術の開発に取り組んできた。従来は，磁気回路を固定としていたが，固定の場合，ターゲット上におけるプラズマの発生位置が同じ位

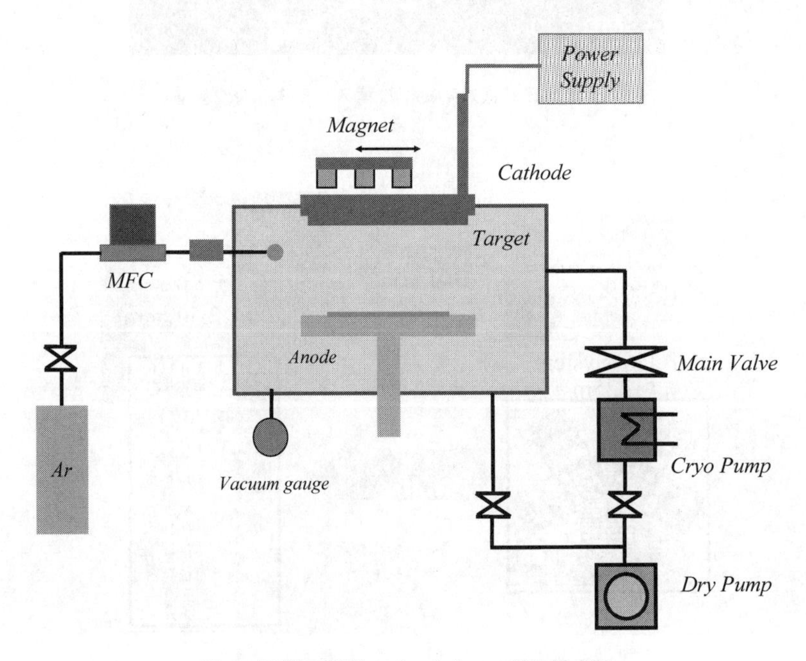

図5 平行平板型スパッタカソードの模式図

置に滞在することからエロージョンの発生位置が選択的に侵食し，ターゲットの使用効率が低くなり，ターゲット上に再デポ膜が堆積する領域（非エロージョン領域）が多く発生する。また，ITOのような焼結体ターゲットの場合においては，プラズマによるターゲット表面の温度上昇で，低電力条件でもターゲット割れが発生しやすいといった課題があった。それらを解決するために，ターゲット裏面に配置した磁気回路を時間的に移動させる方法を取り入れた。エロージョンの発生位置が時間的に移動することにより，ターゲットの全面がスパッタリングされ，ターゲット使用効率が向上する効果が得られると同時に，再デポ膜が堆積する非エロージョン領域の低減が可能となった。また，焼結体ターゲットの割れに関しても，従来の2倍の電力条件でもターゲット割れが発生しないといった効果が得られた。

(4)　カソードラインナップ

カソードにおいても基板サイズの大型化に対応するためには，従来技術のスケールアップだけでは対応することが困難であるため，平行平板型を基本コンセプトに随時，転換を遂げてきている。

・シングルマグネットカソード：1枚のターゲットに対して，磁気回路1本を設置したカソードタイプであり，主にG4世代まで対応。

・マルチマグネットカソード：1枚のターゲットに対して，複数の磁気回路を設置したカソードタイプとなる。主にG5世代まで対応。シングルマグネットカソードでは，基板サイズが大型化するとともに，所定の成膜速度を得ることが困難となる問題を解消したカソードである。また，複数本の磁気回路に放電電力が分散されるため，磁気回路1本当たりにかかる電力密度が低下し，特にAlのような低融点金属で発生するスプラッシュを抑制する効果が得られる利点がある。

・独立マルチカソード：小分割したカソードを多連で並べることでアノードの均一配置を可能としたカソードタイプである。このカソードの開発理由は，前述のカソードタイプでは，G6世代以降の大型基板の対応を考えた場合，基板面内で均一な膜質・膜厚分布を得ることが困難であることが予想されたためである。これは，基板の大型化とともに，カソード面積に対するアノード面積を十分に確保できないことにより，プラズマがアノード近傍に集中してしまい，均一な放電が維持できなくなることに起因する。当初は，DC放電方式を採用していたが，更なる大型基板対応を目指して，AC放電方式による独立マルチカソードを開発した。詳細を次に述べる。

・AC放電方式独立マルチカソード：独立マルチカソードを用いたとしても，従来から広く使用されていたDCスパッタリングでは，少なからずプラズマがアノード近傍に集中し，プラズマの不均一性が発生する。従来はターゲット材料やその成膜条件に合わせて磁場の強さを調整し，均一なプラズマを維持していたが，マザーガラスの大型化に伴い磁気回路の調整作業に要する時間が増えてしまう難点があった。このアノードの不均一性の問題を根本から解決するためにACスパッタリングを採用した。このACスパッタリングは，①大面積の均一放電，②異

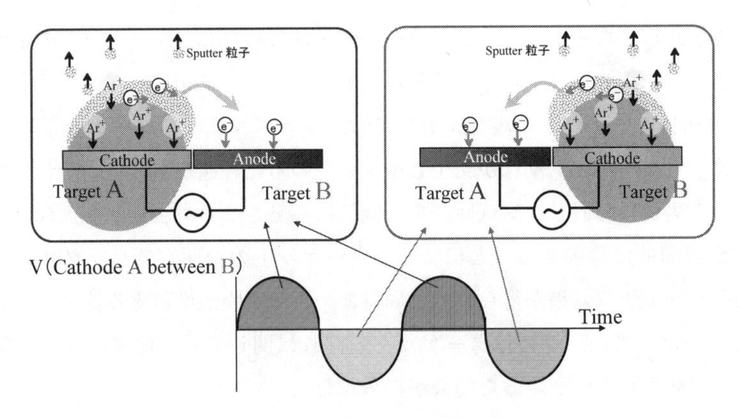

図6　AC スパッタの原理

常放電の低減，③低コスト（2台のターゲットを1台の電源で放電できるために電源台数がDC スパッタリング方式に対して半分に削減できる）が特長として挙げられる。

AC 放電の原理は，隣接するターゲットが互いに20～50 μsec でカソード電位 — アノード電位を繰り返す（図6）。そのため，カソード近傍のターゲットがアノードとして作用し，均一かつ十分な面積を持ったアノード配置が可能となる。また，隣接する一対のターゲットの放電を見ると，一つの閉じられた系のなかで放電が保たれるため放電は安定なものとなる。その結果，大型の基板に対して均一な膜特性を得ることができる。この方式を取り入れたことにより，今後，どんなに基板が大型化したとしても，理論的にはアノード — カソードが隣接した位置を維持できるため，均一なプラズマ分布を得ることが可能となり，均一な膜質・膜厚分布を得ることができる[6,7]。

また DC スパッタリングの場合，特に抵抗の高い酸化物ターゲットを用いるようなアークが多発する場合に，アークカットの手法が用いられる。アークカットは，ある一定周期で強制的に電源からの出力電力を遮断し，カソード上や基板上に溜まった電荷を定期的に中和させることで，アークの発生を抑制する。例えば，20kHz で5 μsec のアークカットを行うと，デューティ比が10％となる。これに対して AC スパッタリングの場合，カソード電位とアノード電位を一定周期（20～50 μsec）で繰り返すためデューティ比は50％となり，原理的に AC スパッタではよりアーク発生を抑制できる。よって，この AC スパッタリングを用いることにより，大型基板対応においてキーポイントとなる基板面内の膜質・膜厚分布の均一性，アークの抑制を同時に満たす成膜技術を確立することに成功した。現在，この AC マルチカソードは G6 世代以降のカソードとして，多くのパネル生産現場に投入しており，豊富な生産実績を誇っている。

7.4　G4.5 基板 730mm×920mm 基板での IGZO-TFT 評価

(1)　カソード・成膜方法

カソードは，G6 世代以降で均一な膜特性分布が得られ，前述した AC マルチカソードを G4.5

サイズにスケールダウンしたカソードを用いて，Ar，O_2の混合ガスを使用した反応性スパッタリングでIGZO膜を成膜する。反応ガスであるO_2ガスは，カソード空間内に均一導入が可能となるようにガス導入配管を最適化している。ターゲット材料については，In：Ga：Zn＝1：1：1（ULVAC製）の焼結体ターゲットを使用した。

⑵　IGZO-TFT作製フロー

P型Siウエハ上に，ゲート絶縁膜（SiOx）を形成。IGZO膜を，AC Power：6.1kW，Ar分圧：0.3Pa，O_2分圧：0.15Pa，膜厚：50nm成膜。400度，大気雰囲気中で15分間のアニール処理を施し，ソース／ドレイン電極としてAl蒸着したデバイス（L＝0.1mm，W＝1.0mm）を作製する（図7）。TFTデバイスは基板面内で25点作製し，基板面内におけるTFT特性の均一性を評価した。

⑶　730mm×920mm基板面内のTFT特性

730mm×920mm基板面内のTFT特性評価結果を図8に示す。移動度：＞7.0cm^2/V sec，S値：0.15V/dec，Ion/off：＞10^7，Vth：0.02～0.97Vであり，基板面内で均一なTFT特性が得られた。この結果から，ACマルチカソードとO_2ガスの導入方法の最適化と高品位なターゲットを用いることで大型基板において均一なTFT特性が得られることが検証された。

⑷　ターゲットライフに対するTFT特性の安定性について

基板面内の均一性のほかに，実際の生産運用において重要となるのがターゲットライフの進行に伴う特性の安定性である。通常，TFT成形工程の設備においては，数日間連続稼働し，ターゲットがライフエンドに到達する間に数回のメンテナンスを実施しながら運用される。生産運用を想定して数日間の連続稼働に相当する時間でライフ試験を行い，ターゲットライフ：32kWhと390kWh放電後においてTFT特性をそれぞれ評価した。ターゲットライフ：32kWhで，移動度：8.1cm^2/V sec，Ion/off：10^9，Vth：0.78V。390kWh放電後において，移動度：8.4cm^2/V

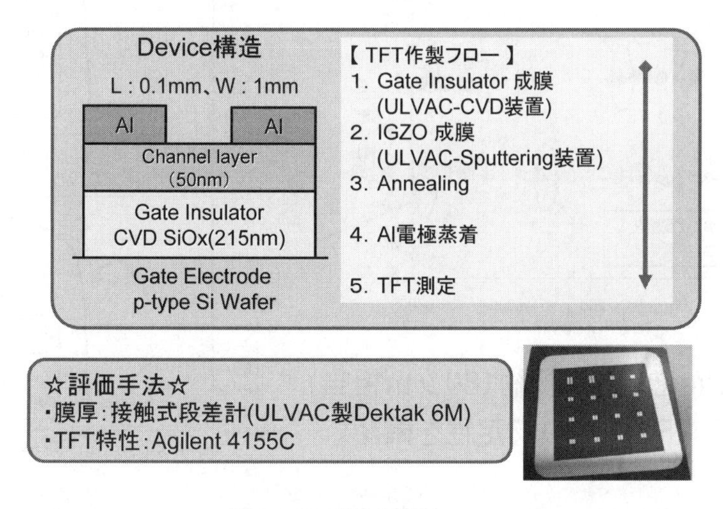

図7　TFT構造と評価フロー

sec，Ion/off：10^9，Vth：0.92V となっており，ターゲットライフの進行に対して特性の安定性が検証された（図 9）。また，390kWh のライフ試験後におけるターゲット表面（ULVAC 製ターゲット）に異常箇所は見られず，ターゲットの安定性も示されている（図 10）。390kWh は，膜

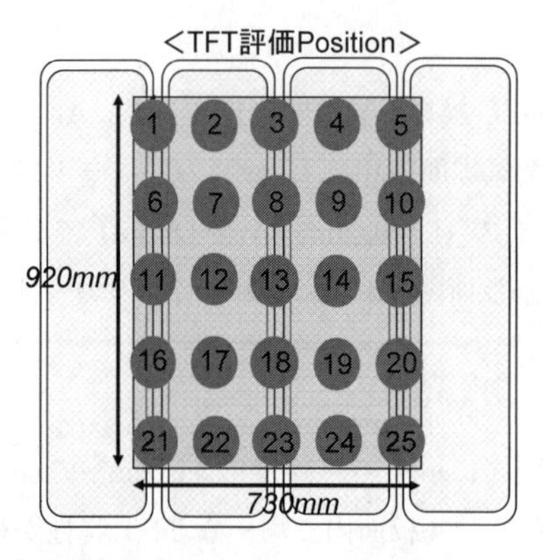

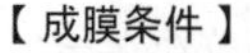

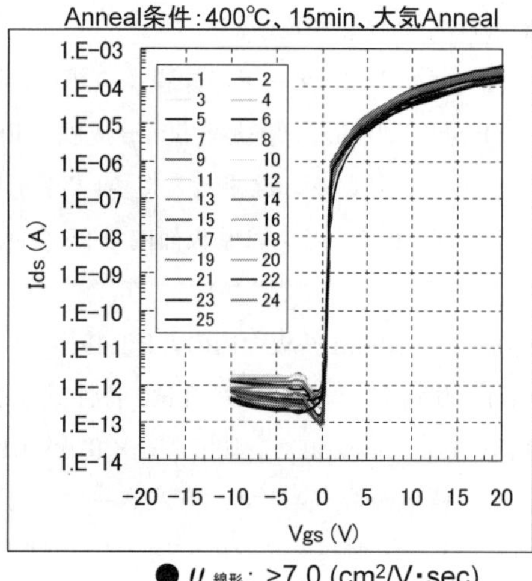

図 8　IGZO-TFT 特性（730mm×920mm 基板面内評価結果）

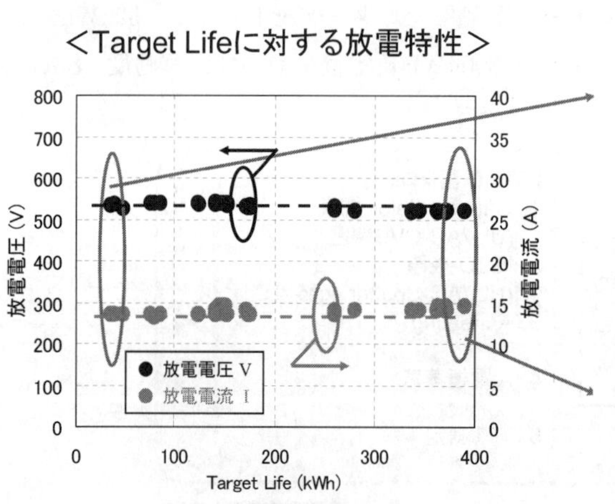

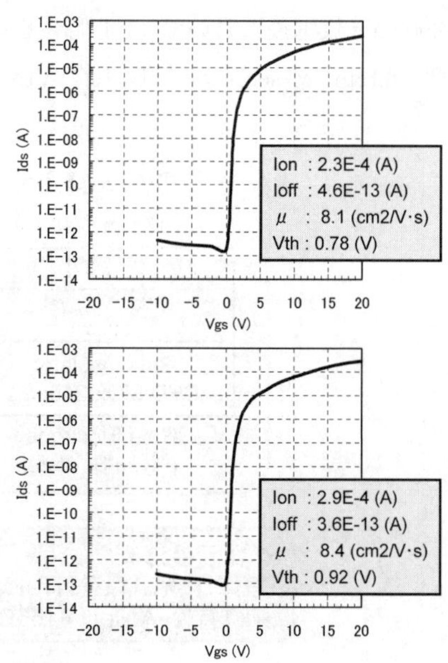

図 9　Target Life に対する安定性について

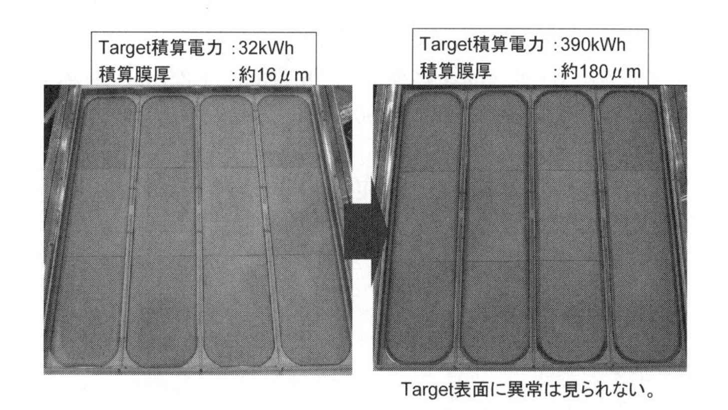

図10　ULVAC製IGZO Target（In：Ga：Zn＝1：1：1）外観写真

厚で180μmとなり，膜厚50nm換算で，基板3600枚の生産に相当する。つまり，ACスパッタリング，O_2ガス導入方法を最適化したカソード，高品位なターゲットを用いることが，量産に適用できる成膜技術であることを意味する。

7.5　まとめ

本稿では，大型基板対応の成膜技術として確立しているACスパッタリングによるIGZO成膜技術，装置について紹介した。今後の大型パネル，高精細，高品位モデル，3Dテレビのような次世代パネルには，高移動度なチャネル材料が必須であり，IGZO-TFTへの期待が高まっている。IGZO-TFTの量産技術を確立するうえで，ACスパッタリング，O_2ガス導入方法の最適化及び高品位なターゲットを用いることが，大型基板において均一なTFT特性を得る事が証明された。今後も我々は，スパッタ装置とターゲット材料のサプライヤーとして新技術を発信し続け，FPD市場の発展に貢献していきたい。

文　　献

1)　山崎照彦，川上英昭，堀浩雄，カラーTFT液晶ディスプレイ，P.2-35，共立出版
2)　鵜飼育弘，薄膜トランジスタ技術のすべて 第1章，工業調査会
3)　神谷利夫，野村研二，細野秀雄，雲見日出也，アモルファス酸化物半導体の設計と高性能フレキシブル薄膜トランジスタの室温形成
4)　東京工業大学 教授 細野秀雄＆准教授 神谷利夫，Electronic Journal，第440回 Technical Seminar，「酸化物半導体の最前線★徹底解説」，酸化物半導体とTFT：総論，電子ジャーナル
5)　末代政輔，ULVAC Technical Journal, 43 (1995)

6） 大石祐一，ULVAC Technical Journal, 64 (2006)
7） 佐藤重光ほか，㈱アルバック，電子材料，Vol.48，No.7，P.38-43，工業調査会
8） 日経 BP，FPD2006 — 応用技術編 —，P.90-95
9） 小林春洋，スパッタ薄膜 — 基礎と応用 —，P.28-51，日刊工業新聞社
10） 金原粲，薄膜　1．薄膜の製作法と膜厚測定法，P.16-26，裳華房
11） 麻蒔立男，薄膜作成の基礎 第 9 章，日刊工業新聞社

第3章　LnTMPO系超伝導化合物

1　概要

平野正浩*

ある種の金属化合物は，温度を下げていくと，自然に電気抵抗がゼロとなり（永久電流），磁場を外にはじき出す（マイスナー効果）「超伝導」状態となる。超伝導は，電子が織りなすさまざまな物理現象の中でも，最も劇的でかつ明快な現象であり，基礎物理の観点のみならず，将来のエネルギー問題・環境問題を解決する鍵となるとして，多くの注目を集めている。1908年に，ヘリウムガスの液化に成功したカメリン・オンエス（オランダ・ライデン大学）は，その3年後に，液体ヘリウムの沸点付近の温度で，水銀の電気抵抗がゼロになることを見出した[1)]。その発見を契機として，超伝導現象は，物性物理分野の中心的研究課題となった。超伝導発生機構の解明には，最終的に，ジョン・バーディーン（米国イリノイ大学）と，レオン・クーパー，ジョン・ロバート・シュリーファーとの3人が，1957年に提唱した「BCS理論」（3人の頭文字をとったもの）によって，決着をみた[2)]。BCS理論は，①二つの電子が，クーロン反発力に打ち勝つ「引力」（「糊」とも呼ばれる）により，ペアーをつくること（クーパー対），②クーパー対が凝縮した最低エネルギー状態（超伝導状態）は，クーパー対の数の異なる状態の重ね合わせから構成され，クーパー対が永久電流を担うこと，③最低エネルギー状態は，電子がペアーをつくらない状態（常伝導状態）と比較して，エネルギーがΔEだけ低下している（ΔEが超伝導ギャップに対応し，超伝導転移温度Tcを与える）ことを基本としている。

1911年の水銀での超伝導発見以来，これまでに，数多くの化合物で超伝導が見出されてきた。図1は，これまで見出された主要な超伝導物質のTcを縦軸とし，報告された年を横軸として示したグラフである。1911年の水銀以来，ニオブ（Nb）など，比較的電気抵抗の高い非磁性金属・金属間化合物系で，多くの超伝導物質が発見されてきたが，Nb_3Geの～25Kが最高のTcであった。クーパー対を形成するための電子間引力を，電子と結晶格子との相互作用としたBCS理論によれば，この温度付近のTcが上限であり，「BCSの壁」と呼ばれることもあった。この壁を打ち破ったのが，1986年のジョージ・ベドノルツとカール・アレキサンダー・ミュラー（スイス・IBMチューリッッヒ研究所）による銅酸化物$La_{1-x}Sr_xCuO_4$での高温超伝導の発見であった[3)]。これらの研究が契機となり，「超伝導フィーバー」とも呼ばれた集中的研究により，Tcは急速に高温化し，ポール・チューのグループ（米国ヒューストン大学）によって，液体窒素の沸点（77K）を超える物質$YBa_2Cu_3O_x$が報告された。Tcはその後も上昇を続け，～140Kにまで至っ

---

*　Masahiro Hirano　㈱科学技術振興機構　研究開発戦略センター　フェロー

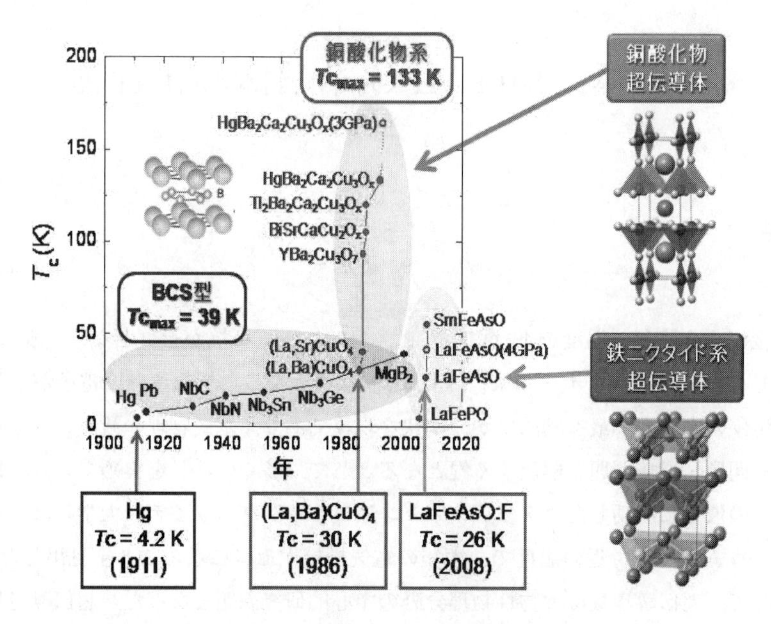

図1　超伝導化合物転移温度の年代変化

金属系と銅酸化物系に，鉄ニクタイド系（ニクタイドとはP，As，Sbが陰イオンである化合物をいう）が第3の系統の物質として2006年から加わった。鉄系の最高の *Tc* は現在56Kで，銅系に次いでいる。

た[4)]。しかし，1990年に入ると，*Tc* の高温化は進捗せず，*Tc*＝～140K以上の物質は見出されていない。銅酸化物超伝導体の特徴は，元になる物質（「母物質」）が絶縁体で，しかも Cu^{2+} の d^9 電子配置による電子スピンモーメントが，ネール温度以下では，反平行に整列する秩序構造（反強磁性）を形成することである。もちろん，このままでは超伝導状態にならないが，こうした反強磁性絶縁体に，正孔や電子をドープしていくと，金属的な電気伝導を示すようになり，同時にスピンモーメントが減少して，磁気秩序構造が消失していき，それに代わって超伝導状態が出現する。また，超伝導状態の発生機構に関しては，それまで知られていた金属・金属間化合物系とは異なり，クーパー対を形成する電子間引力が，電子・格子相互作用でなく，電子・スピン相互作用に基づいていることである。21世紀に入り，金属・金属間化合物系物質でも大きな飛躍があった。2001年，MgB_2 金属間化合物が，41Kの *Tc* を示すことが秋光純ら（青山学院大学）によって報告された[5)]。図1からわかるように，金属系の *Tc* の上昇カーブより，MgB_2 の *Tc* は明らかに高温になっている。その後の研究で，超伝導の出現機構は，電子・格子相互作用によるBCSタイプであることが明らかとなっている。

本プロジェクトでは，新しい透明酸化物半導体の物質探索の研究のなかで，強磁性元素である鉄ないしニッケルを含む化合物で超伝導を発見した。1997年に，透明酸化物半導体では，初めてのp型電気伝導を示す物質を見出し，p型電気伝導特性のさらなる改善のため，層状結晶構造を有するLaCuO*Ch*（*Ch* はS，Seなどのカルコゲン元素）の研究に注力し，その研究の発展として，同じ結晶構造をもつ化合物LaT_MOPn（T_M：遷移金属元素，Pn：P，As，Sbなどのニクコゲン元素）に注目した。2004年から，その物質群を対象として，磁性と半導体の性質を併せ持つ磁性半導体化合物の探索研究を開始した。その結果，2006年にLaFePO[6]がTc＝～4Kで超伝導を示すことを，2007年には，LaNiPO[7]が，Tc＝～3Kの超伝導体であることを見出した。鉄もニッケルも単体元素からなる金属は室温強磁性体で，もちろん超伝導を示さない。

しかし，ニクトゲンと酸素との混合アニオン化合物にした場合は，強磁性は消失し，明確な超伝導となることがわかった。その後，超伝導LaFePO化合物中のPを，元素周期律表で一つ下に位置するAsで置き換えた。その結果，図2に示すように，150K付近に電気抵抗の急激な低下が見られた。さらに，酸素イオン（O^{2-}）の一部をフッ素イオン（F^-）で置き換えると，150K付近の変化は消失し，その低温側で，超伝導が出現した[8]。Tcは置換したフッ素の濃度により，台形状の変化を示し，濃度が～10%付近で，Tcは26Kとなった。その後のX線回折やメスバウアー分光法，比熱測定などの研究から，150K付近の電気抵抗の異常変化は，結晶構造の変化（正方相から斜方晶結への相転移）と反強磁性スピン配列への磁気転移によるものであることが明らかにされた。正方晶では，電子系およびスピン配列にエネルギー縮重があり，斜方晶に転移することで，縮重が解け，エネルギーが安定化するためと考えられている（協奏ヤーン・テラー効果）。O^{2-}をF^-で置き換えていくと，電子系の縮重が解消すること，及び，鉄のスピン磁気モーメントが縮小し，図3の相図が示すように，両遷移が消滅し，超伝導状態が出現する[9]。

ここで，新たに見出された鉄系超伝導化合物を，先に記した銅酸化物超伝導物質と比較してみると，両母物質とも層状結晶で，遷移金属が，碁盤の目のように，同一平面上に規則正しく並んでいる。また，低温では，隣同士の鉄のスピン磁気モーメントが反平行に整列している（反強磁性配列）。こうした常伝導化合物に，正孔または電子をドープすると反強磁性転移温度（T_N：ネール温度）が低下し，T_Nがほぼ消失した時点で超伝導が出現する。これらは両化合物に共通した特徴である。一方，電気伝導は，ほとんどの銅系化合物では，絶縁体的であるが，鉄系では電気抵抗は高いものの，金属的な振る舞いを示す。また，超伝導を担うのは，銅系では銅イオンの

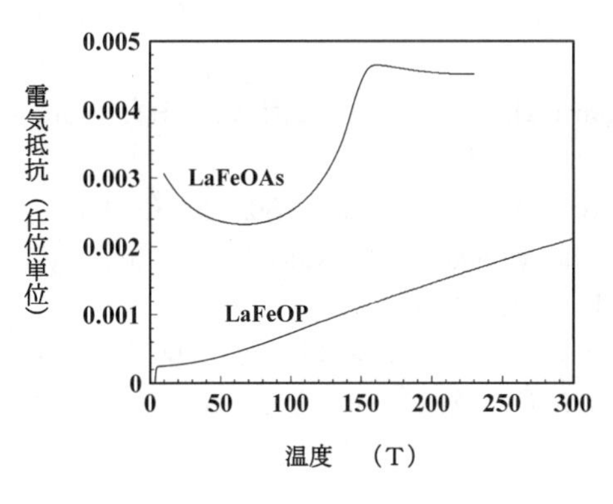

図2　無添加LaFeAsOの電気伝導の温度変化

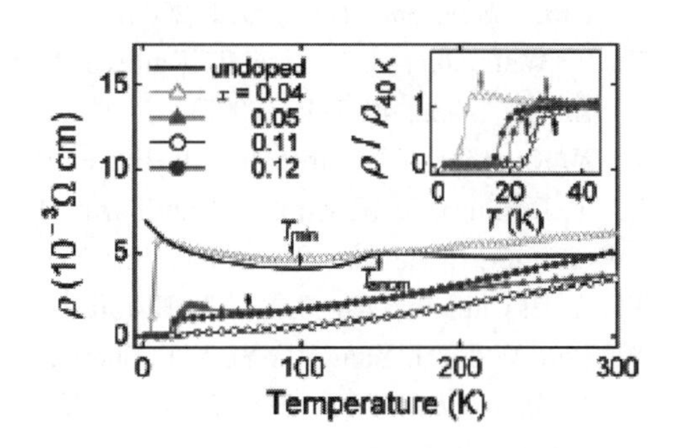

図3　フッ素添加LaFeAsOの電気抵抗の温度変化
Tc＝26Kの超伝導化合物であることが示されている。

3d軌道（d_{x2-y2}）にいる一個の電子であるが，鉄系では5つの3d軌道が，互いに混じり合っているタングリングした軌道にいる5個の電子である。こうした違いが，銅系と鉄系での超伝導特性に大きな差異をもたらしていることが最近の理論的研究で明らかになりつつある。

鉄系超伝導化合物の*Tc*は，最初に本プロジェクトから報告された，常圧下$LaFeAsO_{1-x}F_x$での26Kから，高圧下での43Kに上昇した。さらに，LaをCeやSmなどのイオン半径の小さな希土類イオンで置き換えることにより，*Tc*は55K程度にまで上昇した[10]。現時点では，SmFeAsO：Fの*Tc*＝～55Kが最高温度である。また，FeAs層を挟んでいる希土類イオンと酸素イオンからなる層をいろいろ変化させることで多くの超伝導物質が見出されている。なお，超伝導体に関する文献は，国際超電導産業技術センター（ISTEC）から，検索機能付きの「超伝導体データーベース」が公開されている（http://riodb.ibase.aist.go.jp/sprcnd_etl/DB013_jpn_top_n.html）。

文　　献

1) 例えば，中嶋貞雄，超伝導，岩波新書（1988）；中嶋貞雄，量子の世界（新版），東京大学出版会（1975）
2) J. Bardeen, L. Cooper, J. R. Schrieffer, "Theory of superconductivity," *Phys. Rev.*, **108**, 1175 (1957)
3) J. G. Bednorz, K. A. Muller, *Z. Phys. B*, **64**, 189 (1986)
4) H. Maeda, Y. Tanaka, M. Fukutomi, T. Asano, *Jpn. J. Appl. Phys.* **27**, L209 (1988)；M. Takano, J. Takada, K. Oda. H. Kitaguchi, Y. Mura, Y. Ikeda, Y. Tomii, H. Mazaki, *Jpn J. Appl. Phys.* **27**, L1041 (1988)
5) J. Nagamatsu, N. Nakagawa, T. Muranaka, Y. Zenitani, J. Akimitsu, *Nature*, **410**, 63 (2001)；村中隆弘，秋光純，固体物理，**36**, 815 (2001)
6) Y. Kamihara, H. Hiramatsu, M. Hirano, R. Kawamura, H. Yanagi, T. Kamiya, H. Hosono, *J. Am. Chem. Soc.*, **128**, 10012 (2006)
7) T. Watanabe, H. Yanagi, T. Kamiya, Y. Kamihara, H. Hiramatsu, M. Hirano, H. Hosono, *Inorg. Chem.*, **46**, 7719 (2007)
8) Y. Kamihara, T. Watanabe, M. Hirano, H. Hosono, *J. Am. Chem. Soc.*, **130**, 3296 (2008)
9) T. Nomura, S. W. Kim, Y. Kamihara, M. Hirano, P. V. Sushko, K. Kato, M. Takata, A .L. Shluger, H. Hosono, *Supercond. Sci. Technol.*, **21**, 125028 (2008)
10) X. H. Chen, T. Wu, G. Wu, R. H. Liu, H. Chen, D. F. Fang, *Nature*, **453**, 761 (2008)；Z. A. Ren, W. Lu, J. Yang, W. Yi, X. L. Shen, Z. C. Li, G. C. Che, X. L. Dong, L. L. Sun, F. Zhou, Z. X. Zhao, *Chin. Phys. Lett.*, **25**, 2215 (2008)

2　LaFeAsO の超伝導

野村尚利*

脱水した La_2O_3 と LaAs，Fe_2As，FeAs 粉末を 0.02Pa のアルゴンガス雰囲気のシリカ封管中で，1250℃，40 時間焼成して，LaFeAsO 多結晶を得た。多結晶中には，直径数十ミクロンの単結晶がふくまれていた。La_2O_3 を 1：1 組成比の LaF_3 と La で置換した原料を用いて，フッ素添加 LaFeAsO 試料を合成した。フッ素濃度は，多結晶の格子定数とベガード則により決定した。無添加および 5％フッ素添加 LaFeAsO の粉末 X 線回折図を図 1 に示す。ほぼ単相 LaFeAsO 化合物が得られていることが分かる。

得られたフッ素添加 LaFeAsO の電気抵抗及び 5％フッ素添加 LaFeAsO の磁化率の温度変化を図 2 に示す。フッ素添加により，LaFeAsO は，Tc～20K の超伝導化合物になることが示された。図 3 に超伝導温度のフッ素濃度依存性を示すが，台形状の依存性を示す。

図 4 に正方晶での（244）および（152）回折線の温度変化を示す。140K 付近で，立方晶から正方晶へと結晶相変化していることが示される（図 5）。

図 6 に電気抵抗の温度変化（a：無添加 LaFeAsO，c：14％フッ素添加 LaFeAsO），一定温度での磁化 — 磁場カーブ（b：無添加 LaFeAsO，d：14％フッ素添加 LaFeAsO），磁化の温度変化(e)及び帯磁率のフッ素濃度依存性(f)を示す。これらの結果から，フッ素ドープにより，結晶相転移が抑制され，超伝導が誘起されることが示される。さらに，帯磁率はフッ素濃度 5％で最大となり，磁気揺らぎが超伝導発現の原因であることが示唆される。

図 7 にメスバウアー分光及び NMR により求めた自発磁化の温度変化，比熱および格子定数の

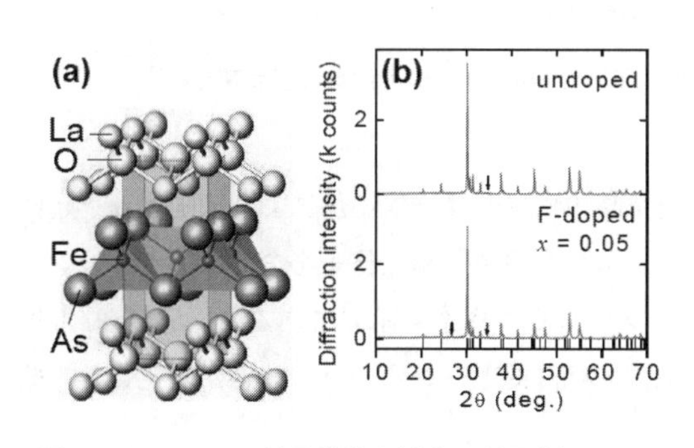

図 1　LaFeAsO の結晶構造と粉末 X 線回折パターン

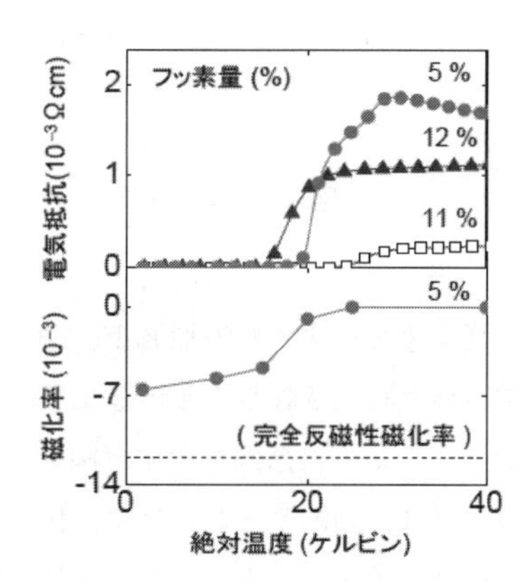

図 2　フッ素添加 LaFeAsO の電気抵抗（上）と磁化率（下）の温度変化

---

*　Takatoshi Nomura　東京工業大学　大学院総合理工学研究科（現・㈱デンソー）

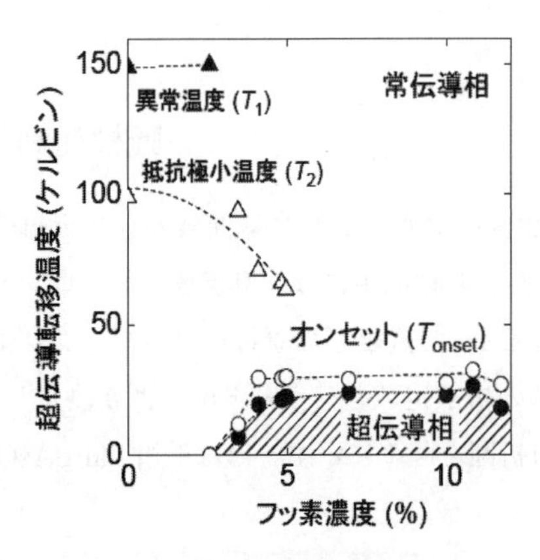

図３　LaFeAsO 超伝導転移温度のフッ素濃度依存性

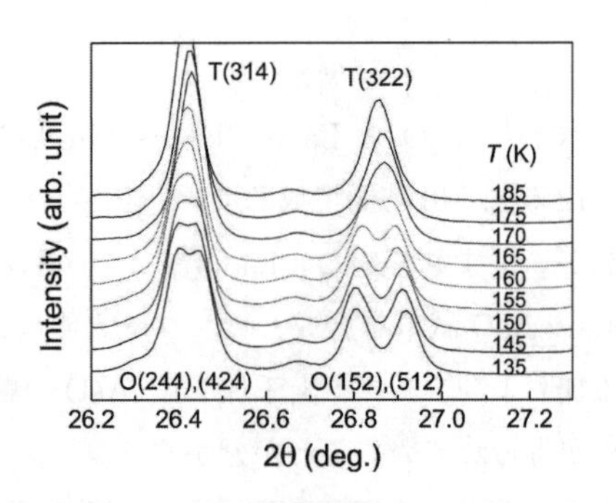

図４　ノンドープ LaFeAsO の XRD パターンの温度変化

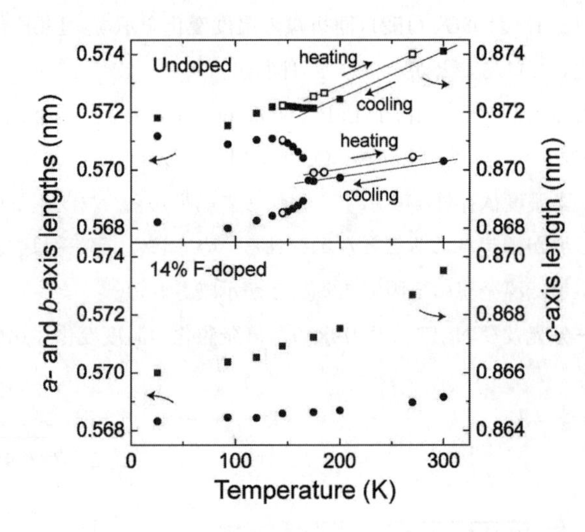

図５　ノンドープ（上）及びフッ素添加（下）LaFeAsO の格子定数の温度変化

温度変化を示す。無添加 LaFeAsO で見出された結晶相転移がフッ素添加により抑制され，超伝導状態が誘起されることが確認された。図８(b)に，スピン構造と結晶格子を含めた協奏ヤーン・テラー効果の概念図を示す（図８(a)には，鉄イオンのスピン構造も示してある）。結晶転移温度以上では，動的ヤーン・テラー状態であるが，低温では静的ヤーン・テラー状態が安定化し，結晶転移が誘起されることが示されている。

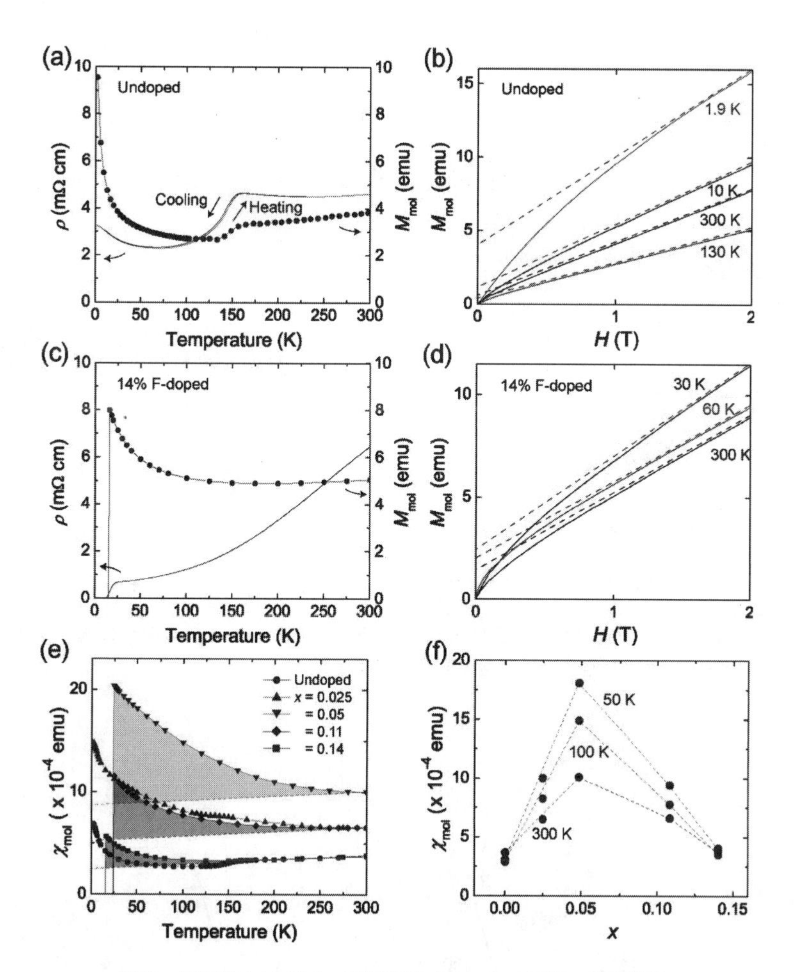

図6　無添加およびフッ素添加 LaFeAsO の電気・磁気特性

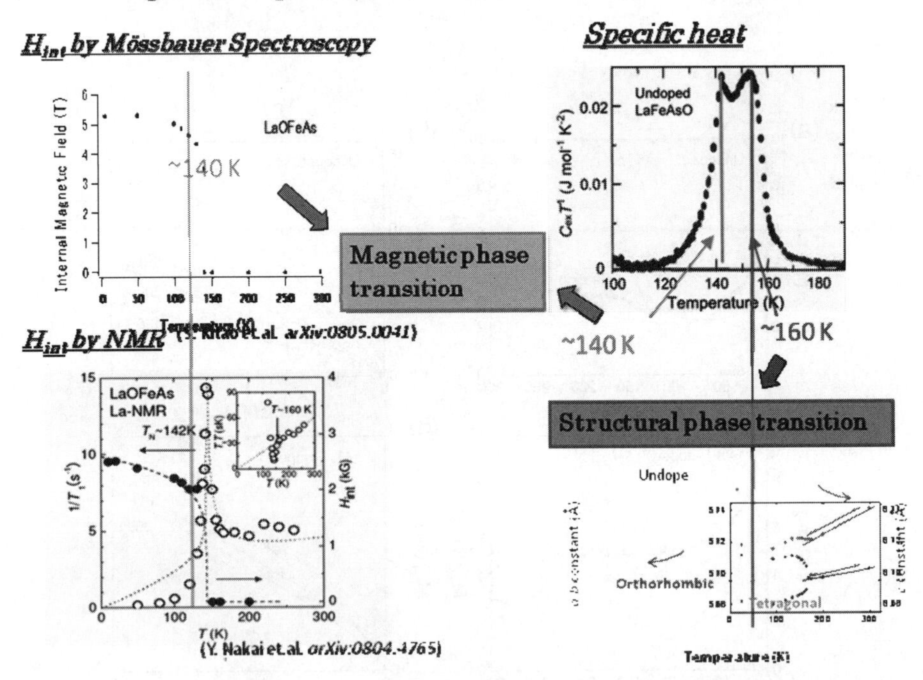

図７　メスバウアー分光（左上）及びNMR（左下）により求めた自発磁化の温度変化，比熱（右上）および格子定数の温度変化（右下）

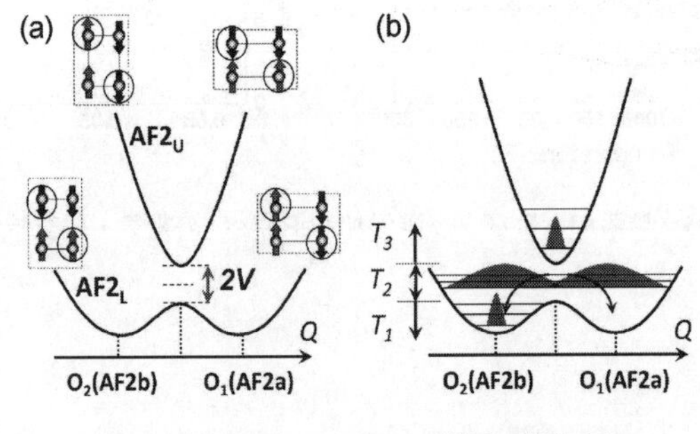

図８　協奏ヤーン・テラー効果の概念図

3　*Ae*FeAsF（*Ae*=Ca, Sr）超伝導体

松石　聡*

3.1　はじめに

2008年のFeAs-1111系高温超伝導体$LnFeAsO_{1-x}F_x$および$LnFeAsO_{1-\delta}$（Ln=La, Ce, Pr, Nd, Sm,...）の発見以降[1~7]，1111系同様にFeの平面正方格子構造をもつ化合物が超伝導体の候補物質として注目され，122系（$Ae_{1-x}A_xFe_2As_2$, Ae=Ca, Sr, Ba, A=Na, K,...）[8~10]，111系（$A_{1+\delta}FeAs$, A=Li, Na）[11,12]，11系（$Fe_{1+\delta}Ch$, Ch=Se, Te）[13,14]といった化合物の超伝導が見出された。さらには，*Ln*FeAsOにおいてFeAs層をブロックしている*Ln*O層をより厚みがあるペロブスカイト類似構造をもつ層に置換した新たな結晶の合成も行われ，超伝導が実現している[15~20]。しかしながら，これらの中からSmFeAsOの超伝導転移温度T_c=55Kはおろか，40Kを超えるT_cをもつ化合物は発見されておらず，現在のところ1111系の超伝導体としての素性の良さが際立っているように見える。1111系では*Ln*サイト（形式電荷+3）をLa^{3+}, Ce^{3+}, Pr^{3+},...と，より小さなイオン半径をもつ希土類イオンに置換することで，T_cが向上するという現象がみられる。小さな希土類イオンの導入は格子定数の減少をおこすので，FeAs層に加わる化学的圧力がT_cの上昇につながっていると見ることができる。化学的な圧力の効果と同様に，$LaFeAsO_{1-x}F_x$ではピストンシリンダーやDAC型の高圧装置によって，数GPaの圧力を加えるとT_cの最高値が常圧での26Kから43Kまで上昇することが確認されている[2]。

このような知見をもとに，2008年当時，我々の研究グループではブロック層の置換によるFeAs層への化学的圧力の導入という観点から，*Ln*O以外の組成からなるブロック層をもつ新規の1111系結晶の合成を企図していた。具体的にはOサイト（形式電荷−2）をF（形式電荷−1）で全置換し，ブロック層の荷電状態を保つために*Ln*サイトをアルカリ土類金属イオンAe^{2+}（Ae=Ca, Sr,...）層に置換した新しい化合物（*Ae*FeAsF）の合成に挑戦し，合成することができた[21,22]。しかし*Ln*FeAsOと同様に，化学量論組成（*Ae*FeAsF）の場合には超伝導にならず，何らかの手法によりFeAs層に電子をドープする必要があった。*Ae*FeAsFの場合であれば，F欠損（$AeFeAsF_{1-\delta}$）や*Ae*サイトの*Ln*イオンによる部分置換（$Ae_{1-x}Ln_xFeAsF$）が手法として考えられる。前者に関しては，原料のF量を減らしてもF欠損の生成には結びつかず，$AeFe_2As_2$といった異相が生成されてしまうため実現出来なかった。後者に関しては，後に別のグループからは成功し，SmをドープしたSrFeAsFおよびNdをドープしたCaFeAsFでは56KのT_cを持つという報告があるものの[23~25]，試料に含まれる異相の割合が極端に多く，酸素の混入により超伝導を示す$LnFeAsO_{1-x}F_x$が生成している可能性もあり，これらのT_cが$Ae_{1-x}Ln_xFeAsF$相に本質的なものであるのか疑問がある。

我々のグループが*Ae*FeAsFへの電子ドープに苦慮していた当時，*Ln*FeAsOのFeサイトをCoで置換すると超伝導が発現するという報告がされ[26]，注目を集めつつあった。高温超伝導体

*　Satoru Matsuishi　東京工業大学　応用セラミックス研究所　助教

としてはFe系の先輩格である銅酸化物超伝導体では，超伝導を担うCuO面に異種イオンをドーピングすると，たちまち超伝導が破壊されてしまうというのが常識であったので[27]，Coドーピングの効果は超伝導の研究者にとって意外なものであった。直ちに122系など他の鉄系超伝導体にも応用され，超伝導が発現され[28～30]，後にはNiドープでも同様の効果があることが報告された[31～33]。我々のグループでも合成した*Ae*FeAsFにCoドープを試したところ，あっさりと超伝導が発現することが確認できた[21,22]。10％程度のCo置換で最もT_cが高くなり，SrFeAsFでは4K，CaFeAsFでは22KのT_cが観測された。本章ではこれら1111系CaFeAsFおよびSrFeAsFの結晶構造・磁気構造と，鉄サイトへの遷移金属（Cr，Mn，Co，Ni）置換の効果について紹介する。

3.2 *Ae*FeAsFの結晶構造および磁気構造

*Ae*FeAsFは，*Ln*FeAsOと同様に石英ガラス封管中での固相反応により得ることができる。出発原料にはアルカリ金属，鉄及びヒ素の単体とアルカリ土類フッ化物（CaF_2，SrF_2）を用いる。手順としては，はじめにアルカリ土類金属とヒ素，鉄とヒ素をそれぞれ所定量混合したものを石英ガラス管中に真空封入し，それぞれ650℃，800℃で加熱することで，*Ae*AsおよびFe_2Asを得る。続いて合成した*Ae*As，Fe_2As，AeF_2を1：1：1で混合し，圧粉して成形体とし再度ガラス封管して900℃で加熱保持することで*Ae*FeAsFを合成することができる（$AeAs+AeF_2+Fe_2As \rightarrow 2AeFeAsF$）。原料の保存や粉砕・混合は水分や酸素を除去したアルゴンで満たされたグローブボックス中で行う必要がある。こうして得られた*Ae*FeAsFの室温での粉末X線回折（XRD）パターンおよび結晶構造を図1(a)に示す。*Ae*＝Ca，Srいずれの場合でも，すべての回折ピークが1111系のZrCuSiAs型構造（空間群*P4/nmm*）に帰属でき，狙い通りの物質が合成できたことがわかる。格子定数はCaFeAsFの場合で$a=0.3878$nm，$c=0.8593$nm，SrFeAsFの場合で，$a=0.3999$nm，$c=0.8972$nmとなっている。*c*軸長で見た場合，CaFeAsFはSmFeAsO（$a=0.3939$nm，$c=0.8498$nm）よりもわずかに大きい程度，SrFeAsFはLaFeAsO（$a=0.4035$nm，$c=0.8740$nm）よりも大きくFeAs-1111系ではFeAs面間の間隔が最も広くなっている。

図1(b)にCaFeAsFおよびSrFeAsFの2～300Kでの電気抵抗率（ρ）とモル磁化率（χ_{mol}，印加磁場10kG）の温度依存性を示した。両試料は$10^{-3}\,\Omega\cdot$cm台の抵抗率をもつ金属的伝導体で，それぞれ～120Kと～180Kにおいて，電気抵抗率が半分から数分の一に落ち込む「異常」な振る舞いを見せる。この振る舞いは*Ln*FeAsOや$AeFe_2As_2$にも見られ，それらの試料では，正方晶から斜方晶への構造相転移に因るものであることがわかっている[8,34,35]。図2(a)は低温粉末回折で得られたCaFeAsFの格子定数の温度依存性であり，120K付近（中性子回折の結果では134K）で*Ln*FeAsOと同様に*P4/nmm*から*Cmma*（$a_O>b_O$，*a*，*b*軸長は正方晶での*a*軸a_Tのおよそ$\sqrt{2}$倍）への対称性の変化がみられた[36]。SrFeAsFでも同様の構造相転移（180K）が確認されている[36,37]。*Ln*FeAsOでは構造相転移（150K）のわずかに下で，常磁性状態から反強磁性状態への磁気相転移が見られるが[34]，*Ae*FeAsFでもこれを確認するために，中性子回折を行っ

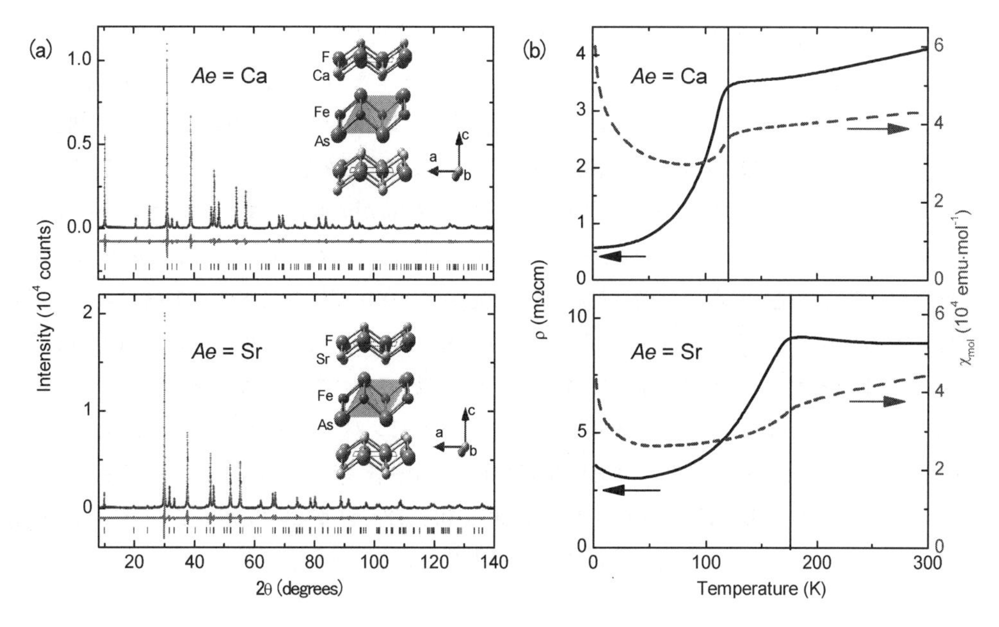

図1　(a) AeFeAsF の粉末 X 線回折パターンと結晶構造
(b)電気抵抗率および磁化率の温度依存性

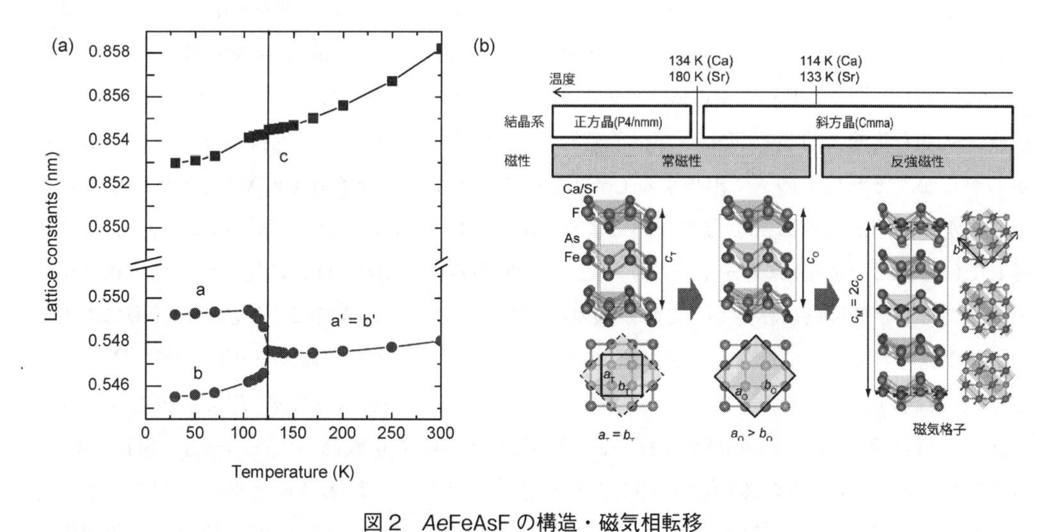

図2　AeFeAsF の構造・磁気相転移
(a) CaFeAsF の格子定数の温度変化。(b) AeFeAsF では温度の低下に伴い，正方晶から斜方晶への構造相転移とそれに付随する反強磁性転移が見られる。

たところ，CaFeAsF では構造相転移温度（T_s）より低温の 114K で反強磁性転移が見られた[38]。磁気構造は ab 面内でのストライプ型であり，面間ではモーメントの向きが反転しているため，結晶格子に比べ磁気格子では c 軸長（c_M）が2倍になっている。AeFeAsF では LnFeAsO とは違い，中性子の吸収断面積が大きい希土類元素を含まないので，中性子の回折強度を稼ぐことができ，磁気秩序による微小なピークの検出がしやすい。その結果，Feサイトの磁気モーメントがa軸方向に向いていることまで判明した（Feのモーメントの伝搬ベクトル$v=(101)_M$）。SrFeAsFでも反強磁性の転移が見られるが，その温度は130Kと構造相転移よりも40Kも低い[39]。$AeFe_2As_2$では構造相転移と反強磁性転移の温度は同じであること（$T_S=T_N$）が報告されており，またLnFeAsOでもCaFeAsF同様に反強磁性転移が低温側にあることがわかっているが（例えばLaFeAsOでは，$T_S=160K$，$T_N=140K$，$(T_S-T_N)/T_N=13\%$），SrFeAsFのように大きな差がある例は見られない。構造相転移と反強磁性転移は伴に隣接鉄サイト間のスピン配置に起源が求められるが，構造相転移はFeAs面内の第一近接Fe間の交換相互作用（J_1）と第二近接間交換相互作用（J_2）の比と強く相関する。また，観測されているようなストライプ状の磁気構造が安定化するのは，$J_2>J_1/2$の場合である。ハイゼンベルグモデルでは，T_SとT_Nの差$(T_S-T_N)/T_N$はJ_1とFeAs面間での交換相互作用J_zの比率（J_z/J_1）で決まる。SrFeAsFでの大きな$(T_S-T_N)/T_N=35\%$は，そのFeAs面間距離（0.8972nm）がどのLnFeAsO（<0.8740nm）や$AeFe_2As_2$（<0.652nm）よりも大きなことに対応している。

3.3 $AeFe_{1-x}Co_xAsF$の超伝導

LnFeAsOと同様の結晶構造・磁気構造をもつAeFeAsFであるが，これもまた同様に，元素置換を施していない母相は超伝導を示さない。原料であるFe_2Asの一部をCo_2Asに換えて試料を合成すると，鉄サイトの一部がCoに置換された$AeFe_{1-x}Co_xAsF$を合成することができる（$AeAs+AeF_2+(1-x)Fe_2As+xCo_2As \rightarrow 2AeFe_{1-x}Co_xAsF$）。$Ae$=Ca，Srのいずれの場合も置換率$x$～0.3程度までは置換によって格子定数の単調な現象がみられ，置換が成功していることがわかるが，それ以上のxに相当するCoを原料に仕込んだ場合は$AeCo_2As_2$相の析出が見られることから，固溶限界は30%程度にあるようである。図3(a)はxの異なる試料でのρ-T特性を示している。このようにCoをドープすると，120Kあるいは180K付近に見られた構造相転移由来の「異常」が低温側に移動し，これが観測出来なくなるとほぼ同時に，低温で超伝導によるゼロ抵抗が見られるようになる。CaFeAsFの場合であれば，$x=0.07$程度から超伝導が生じ，$x=0.1$でT_cが最高の22Kになる。これはCoドープで達成されるFeAs系でのT_cでは最も高い部類に入り，1111系ではLaFeAsOの14K，SmFeAsOの17Kよりも高い[26, 30]。一方，SrFeAsFでは2K以上のT_cが見られるのは$x=0.125$の一点だけであり，T_cも4Kと低い。図3(b)は最適ドープ試料$CaFe_{0.9}Co_{0.1}AsF$および$SrFe_{0.875}Co_{0.125}AsF$の磁化率（$\chi$）の温度依存性（印加磁場10G）および2Kでの磁化(M)-磁場(H)カーブを示している。$H=0$付近の傾きからシールディング体積をもとめると，$CaFe_{0.9}Co_{0.1}AsF$では60%，$SrFe_{0.875}Co_{0.125}AsF$では17%であり，観測された超伝導がバルク由来であることが確認できた。$LnFeAsO_{1-x}F_x$ではOサイトを置換したFが電子を一個FeAs層にドープすることで超伝導が発現しているが（$O^{2-} \rightarrow F^- + e^-$），Co置換でも超伝導が発現するということは，Feに比べ価電子が一個多いCoがその電子をFeAs層に供給していると考えられる。つまりCoによって導入された電子は局在することなくFeAs層

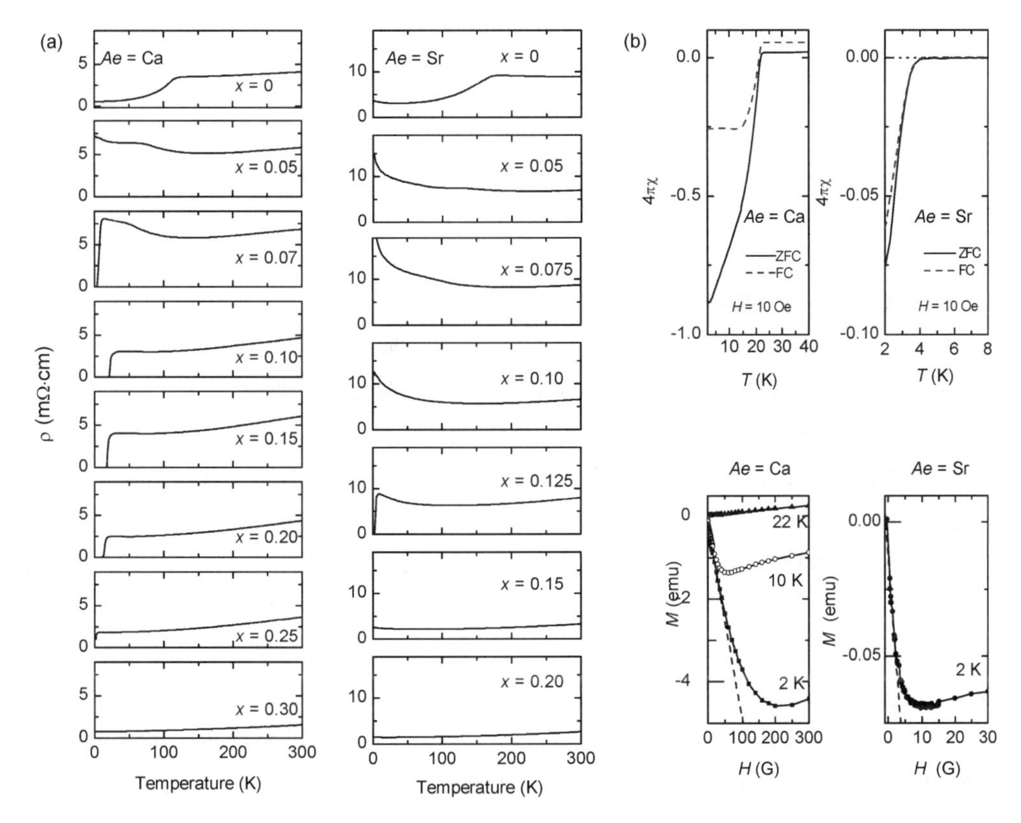

図3　$AeFe_{1-x}Co_xAsF$ の電気抵抗率の温度依存性と最適ドープ時の磁気特性（χ-T および M-H カーブ）

に広がっており，$Fe_{1-x}Co_x$ 格子の電子状態は合金のように扱うことができることを示している。Co置換量を増やすと T_c は低下し，単調な ρ-T 特性と低い抵抗値が観測された。ここでCa系とSr系での T_c の違いについて検討してみたい。LeeらはFeAs系超伝導体（1111系，122系）のFeAs四面体の結合角（結晶の対称性により，4つのAs-Fe-As角の大きさは2種類 α，β のみになる）に対し，その結晶で観測されている最高の T_c をプロットしたところ，$\alpha = \beta = 109.5°$ つまり，四面体が正四面体になる場合に T_c が高くなる傾向を見出した[40]。このような関係になる理由は現在まで明確になっていないが，これに当てはまる物質が多いことも事実である。

CaFeAsFでのAs-Fe-As角は $\alpha = 108.2°$ で正四面体からわずかに c 軸方向に引っ張られたものになっているのに対し，SrFeAsFでは112.0°と c 軸方向にFeAs四面体が潰れている[36]。この109.5°からの差だけをみれば，$CaFe_{0.9}Co_{0.1}AsF$ と $SrFe_{0.875}Co_{0.125}AsF$ の T_c の違いも，Leeプロットの関係に当てはまりそうである。しかしながら，1111系かつCoドープでの T_c という枠組まで範囲を広げると T_c はCaFeAsF(22K，$\Delta\alpha = -1.3°$)>SmFeAsO(17K，+1.3°)>LaFeAsO(14K，+4.1°)>SrFeAsF(4K，+2.5°）と，四面体が正四面体に近いかどうかと T_c の間には脈略がないように見える。Leeプロットで取り上げられた $LnFeAsO_{1-x}F_x$ や $LnFeAsO_{1-x}$ のフッ素濃度や酸素欠損の濃度は，それらが軽元素であることから定量が難しく，その後の研究でSmFeAsOで実現されている電子ドープ濃度は当初想定していたものよりも低いものであったということもわかっている。つまり，$SmFeAsO_{1-x}F_x$や$SmFeAsO_{1-x}$では最適ドープが実現されていないという可能性もあり，「最高のT_c」が今後更新されると，構造とT_cの関係の見直しも必要になるかもしれない。

3.4 Co以外の遷移金属置換の効果

FeサイトのCo置換により超伝導が発現するという結果を受け，CaFeAsFのFeサイトをCr，Mn，Niといった他の遷移金属元素で置換した場合の効果を調べた[41]。Feより価電子が1個多いCoが一個の電子をFeAs層に供給するのであれば，Cr，Mnは鉄に比べ価電子が少ないためホールを，Co同様価電子の多いNiは電子を，それぞれFeAs層に供給すると期待される。図4はFeサイトの一部を遷移金属元素（TM：Cr，Mn，Ni）で置換した$CaFe_{1-x}TM_xAsF$の電気抵抗の温度依存性を示したものである[41]。Co置換の場合と同様に，いずれの遷移金属置換でも置換量の増加に伴い，120Kの「異常」が低温側に移動し，ついには観測されなくなる。しかし超伝導が発現するのはNi置換のみであり，Mn，Crの場合は超伝導どころか，低温にかけて著しい抵抗の増加が見られるようになる。図5はFeサイトの一部を遷移金属元素（Cr，Mn，Co，Ni）で置換した場合の格子定数を置換量に対してプロットしたものである。a軸長に関してはMn，Co，Ni置換で拡張がみられ，Cr置換で収縮がみられたが，Co，Ni置換に比べ，Cr，Mn置換は同置換量ではより大きな格子定数の変化をもたらすことがわかる。これはMn，Crで置換されたFeサイトの周辺に大きな歪が誘起されていることを意味する。結果的にCr，Mnが強い散乱中心を形成するため，抵抗の増加を引き起こしていると考えられる。一方，c軸長は

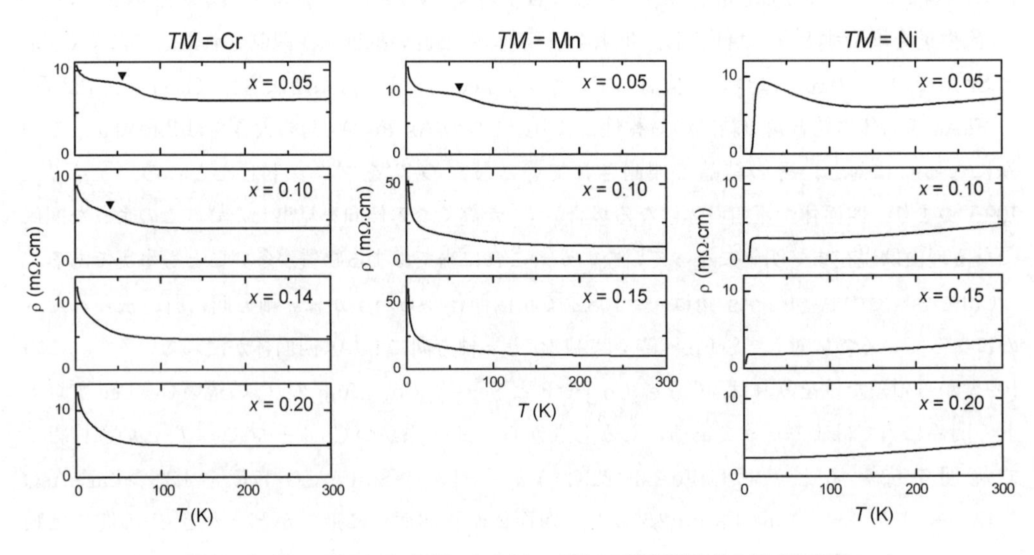

図4　$CaFe_{1-x}TM_xAsF$（TM＝Cr，Mn，Ni）の電気抵抗率の温度依存性

Co，Ni置換で収縮，Cr，Mnで拡張が見られた。基本的には原子半径の大きさの違い（Cr(122pm)＞Mn(119pm)＞Fe(116pm)＞Co(111pm)＞Ni(110pm)）によるFeAs層の厚みの変化が影響していると考えられる。

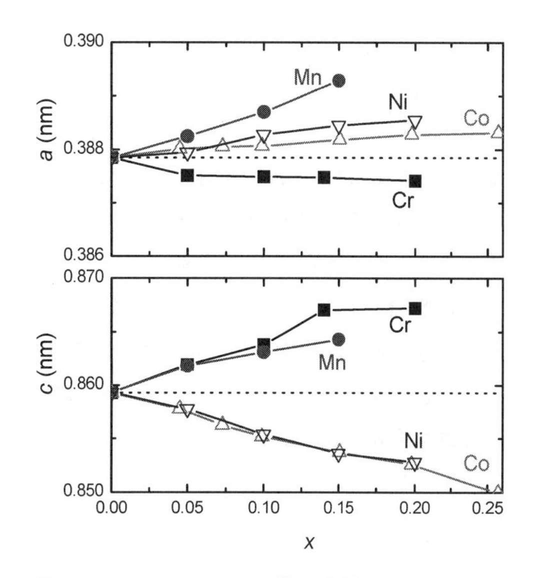

図5　$CaFe_{1-x}Co_xAsF$の格子定数Feサイト金属置換率xに対する変化

図6(a)は，$CaFe_{1-x}Co_xAsF$および$CaFe_{1-x}Ni_xAsF$の超伝導転移付近のρ-T特性を示したものであり，これらから読み取れる超伝導転移温度（T_{onset}）を置換量xに対してプロットしたのが図6(b)である。最高のT_cが得られる置換量はCoの場合で0.1程度，Niの場合は0.05程度であり，それらは2：1の関係になっていることがわかる。同様の現象がLaFeAsOや$AeFe_2As_2$でも報告されている[31〜33]。これはNiがCoよりさらに1個多い価電子をもっており，Coにくらべ2倍の電子を供給すると考えれば理解できる。しかしながらNi置換で達成できるT_cはCo置換の場合に比べると低く，超伝導を破壊する効果があることもわかる。

3.5　まとめ

FeAs系1111型の新しい化合物としてAeFeAsFの合成を行い，Co，Ni置換による超伝導の発現を確認することができた。X線および中性子回折の結果は，いずれの物質もLnFeAsOと同

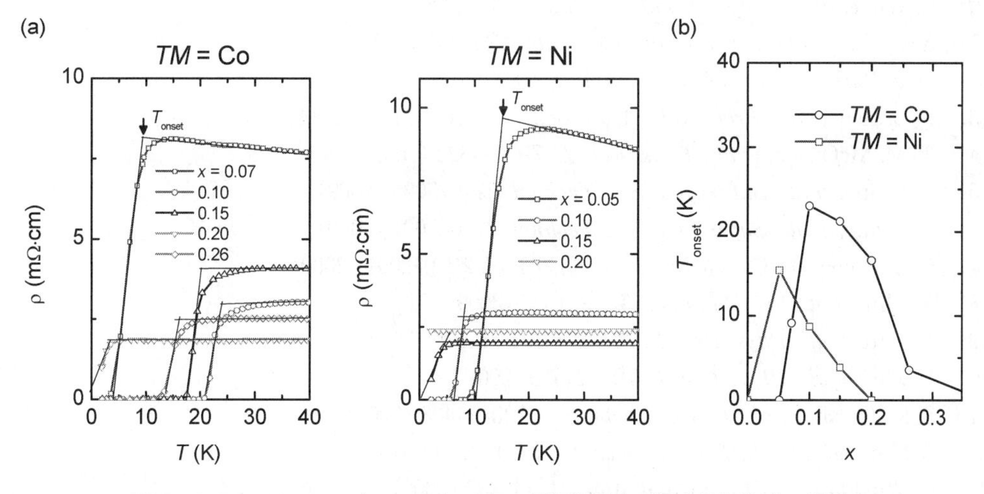

図6　$CaFe_{1-x}TM_xAsF$（TM＝Co，Ni）の電気伝導度の温度依存性（T_c付近）

様の構造・磁気相転移を起こすことを示しており，Co，Ni 置換で磁気転移が抑制されるとともに超伝導が発現することがわかった。$CaFe_{1-x}Co_xAsF$ での最高の T_c = 22K は Co 置換による FeAs 系物質の T_c としては高い部類に入るが，*Ln*FeAsO の F 置換，$AeFe_2As_2$ のアルカリ置換等，FeAs 層に間接的に電子あるいはホールをドープする場合に比べると低い。最近，$CaFe_{1-x}Co_xAsF$ の高圧下での電気抵抗測定により，圧力印加で T_c の向上が見られることがわかった[42)]。この場合，T_c が最も高くなるのは x = 0 の場合であり（40K），Co 置換は超伝導を阻害する要因にもなることが明らかになった。この結果は，*Ae*F 層の元素を部分置換し，これにより FeAs 層の周期性を極力乱さない状態での電子ドープが実現できれば，常圧でも高い T_c が達成できることを示している。したがって *Ae*F 層の元素置換が *Ae*FeAsF 超伝導体の研究における最も重要な課題である。

文　　献

1) Y. Kamihara, *et al., J. Am. Chem. Soc.* **130**, 3296 (2008)
2) H. Takahashi, *et al., Nature* **453**, 376 (2008)
3) G. F. Chen, *et al., Phys. Rev. Lett.* **100**, 247002 (2008)
4) Z-A. Ren, *et al., Mater. Res. Innov.* **12**, 105 (2008)
5) Z-A. Ren, *et al., Europhys. Lett.* **82**, 57002 (2008)
6) X-H. Chen, *et al., Nature* **453**, 761 (2008)
7) Z-A. Ren, *et al., Chin. Phys. Lett.* **25**, 2215 (2008)
8) M. Rotter, *et al., Phys. Rev. Lett.* **101**, 107006 (2008)
9) G-F. Chen, *et al., Chin. Phys. Lett.* **25**, 3403 (2008)
10) G. Wu, *et al., J. Phys.: Condens. Matter* **20**, 422201 (2008)
11) X-C. Wang, *et al., Solid State Commun.* **128**, 538 (2008)
12) D. R. Parker, *et al., Chem. Commun.* 2189 (2009)
13) F-C. Hsu, *et al., Proc. Natl. Acad. Sci. USA* **105**, 14262 (2008)
14) T. M. McQueen, *et al., Phys. Rev. B.* **79**, 014522 (2009)
15) H. Ogino, *et al., Supercond. Sci. Technol.* **22**, 075008 (2009)
16) H. Ogino, *et al., Supercond. Sci. Technol.* **22**, 085001 (2009)
17) G- F. Chen, *et al., Supercond. Sci. Technol.* **22**, 072001 (2009)
18) X. Zhu, *et al., Sci China Ser G*, **52**, 1876 (2009)
19) X. Zhu, *et al., Phys. Rev. B.* **79**, 220512(R) (2009)
20) X. Zhu, *et al., Phys. Rev. B.* **79**, 024516 (2009)
21) S. Matsuishi, *et al., J. Am. Chem. Soc.* **130**, 14428 (2008)
22) S. Matsuishi, *et al., J. Phys. Soc. Jpn.* **77**, 113709 (2008)
23) G. Wu, *et al., J. Phys.: Cond. Mat.* **21**, 142203 (2009)

24）X. Zhu, *et al., Europhys. Lett.* **85**, 17011 (2009)
25）P. Cheng, *et al., Europhys. Lett.* **85**, 67003 (2009)
26）A. S. Sefat, *et al., Phys. Rev. B.* **78**, 104505 (2008)
27）J. M. Tarascon, *et al., Phys. Rev. B.* **36**, 8393 (1987)
28）A. S. Sefat, *et al., Phys. Rev. Lett.* **101**, 117004 (2008)
29）A. Leithe-Jasper, *et al., Phys. Rev. Lett.* **101**, 207004 (2008)
30）C. Wang, *et al., Phys. Rev. B.* **79**, 054521 (2009)
31）G. Cao, *et al., Phys. Rev. B.* **79**, 174505 (2009)
32）L. J. Li, *et al., New J. Phys.* **11**, 025008 (2009)
33）Y. K. Li, *et al., J. Phys.: Cond. Matter* **21**, 355702 (2009)
34）C. de la Cruz, *et al., Nature* **453**, 899-902 (2008)
35）T. Nomura, *et al., Supercond. Sci. Technol.* **21**, 125028 (2008)
36）T. Nomura, *et al., Supercond. Sci. Technol.* **22**, 055016 (2009)
37）M. Tegel, *et al., Europhys. Lett.* **84**, 67007 (2008)
38）Y. Xiao, *et al., Phys. Rev. B.* **79**, 060504(R) (2009)
39）Y. Xiao, *et al., Phys. Rev. B.* **81**, 094523 (2010)
40）C. Lee, *et al., J. Phys. Soc. Jpn.* **77**, 083704 (2008)
41）S. Matsuishi, *et al., New J. Phys.* **11**, 025012 (2009)
42）H. Okada, *et al., Phys. Rev. B.* **81**, 054507 (2010)

4 LaTMPnO（TM＝3d 遷移金属，Pn＝ニクトゲン）および $SrFe_2As_2$ の薄膜成長

平松秀典*

4. 1 はじめに

第2章で述べたLaCuOCh（Ch＝カルコゲン）は，酸素とカルコゲンという二つのアニオンから構成される化合物で，酸化物層に比べてカルコゲナイド層が蒸発しやすいことから，薄膜を作製する場合はパルスレーザー堆積（PLD）法を用いた真空下での直接成長が困難であった。そこで，反応性固相エピタキシャル成長法[1]を用いて高品質なエピタキシャル薄膜を作製してきた[2~4]。そのLaCuOChと同型構造を有するLaTMPnO（TM＝3d 遷移金属，Pn＝ニクトゲン）の薄膜作製の場合もその方法を試してみたところ，適用可能な物質とそうでない物質群に分かれた。具体的には，TM＝Znにおいては反応性固相エピタキシャル成長法が適用可能であった[5]。一方TM＝Mnの場合は，反応性固相エピタキシャル成長法を用いる必要が無く，ごく一般的なPLD法を用いて真空下で直接薄膜成長することができた[6]。ところが，TM＝Feの場合は，それらのどの手法を用いてもエピタキシャル薄膜はおろか，その結晶相を薄膜という試料形態で得ることすら困難であることがわかった。そこで，TM＝Feの場合には，PLDターゲットの高純度化に取り組み，かつPLDに用いる励起レーザーを一般的なエキシマレーザーからNd：YAGレーザーへ変更した。こうすることによってLaFeAsOエピタキシャル薄膜を実現できた[7]。その手法は，もうひとつの鉄系超伝導体である $SrFe_2As_2$ のエピタキシャル薄膜の作製にも適用することができた[8]。

ここでは，LaTMPnO（TM＝Zn，Mn，Fe，Pn＝P，As，Sb）ならびに関連物質である $SrFe_2As_2$ の薄膜作製と，その薄膜試料で明らかとなった $SrFe_2As_2$ における水誘起超伝導という現象について，関連物質の薄膜成長の現状を踏まえながら概説する。

4. 2 LaZnPnO（Pn＝P，As）[5]

LaZnPnO（Pn＝P，As）薄膜の作製には，薄いZn層（厚さ：0.5nm）を用いた反応性固相エピタキシャル成長法を用いた。具体的には，室温でZn薄膜をPLD法でまず成長し，そのあと同じ室温でLaZnPnO薄膜を堆積した。得られた積層膜を，真空排気した石英ガラス中に封入して1000℃で熱処理した。

図1に反応性固相エピタキシャル成長法により作製したLaZnPnO薄膜のout-of-plane X線回折（XRD）パターンを示す。P，As系膜共に，基板に対して c 軸配向した薄膜が得られていることがわかる（図1(a)）。そしてロッキングカーブ（ωスキャン，図1(b)）から，PよりもAs系膜の方が結晶子のチルトが小さく高品質な薄膜であることがわかる。In-plane XRDパターン（図2(a)）を見ると，薄膜面内も配向しており，そのロッキングカーブ（ϕスキャン，図2(b)）

* Hidenori Hiramatsu　東京工業大学　フロンティア研究機構　特任准教授

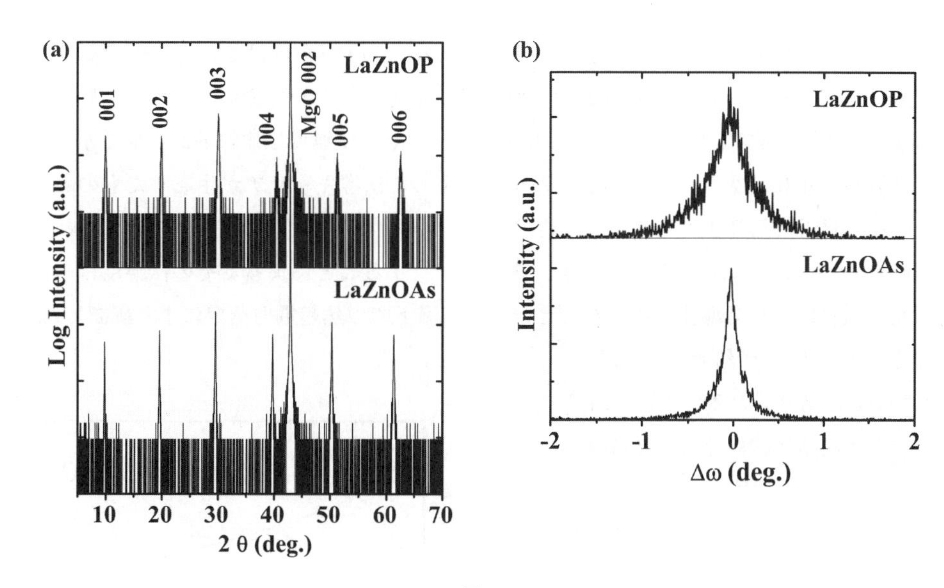

図1
反応性固相エピタキシャル成長法により作製したLaZnPnO（Pn＝P（上側），As（下側））薄膜の(a) out-of-plane XRDパターンと(b) 003回折のロッキングカーブ（ωスキャン）。

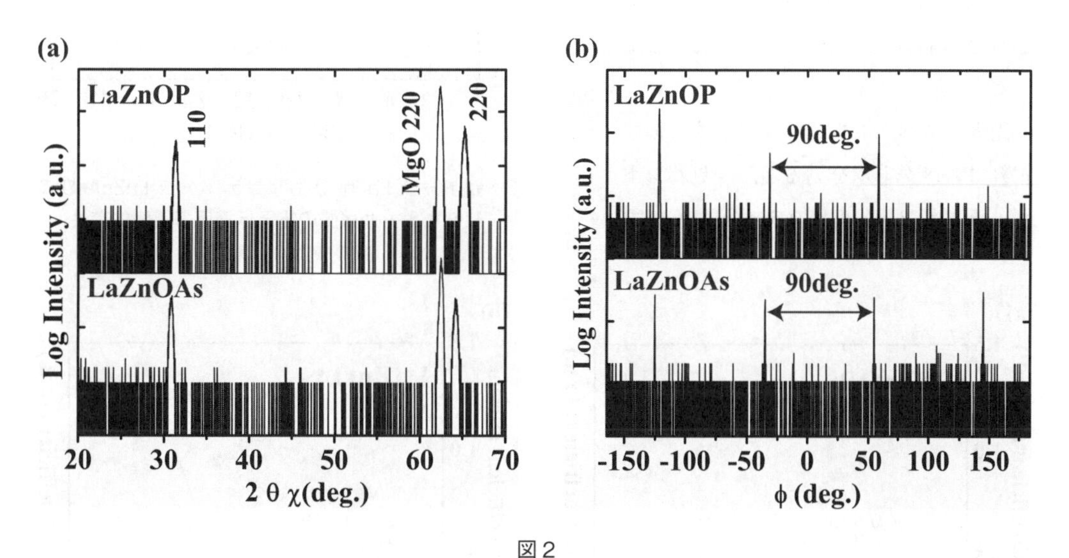

図2
反応性固相エピタキシャル成長法により作製したLaZnPnO（Pn＝P（上側），As（下側））薄膜の(a) in-plane XRDパターンと(b) 110回折のロッキングカーブ（ϕスキャン）

では，LaZnPnOの正方晶に由来する90度間隔の回折が観察されていることから，薄膜はMgO（001）単結晶基板上にヘテロエピタキシャル成長している。その配向関係は，out-of-plane, in-plane XRDの結果から，(001)[100]LaZnPnO（Pn＝P，As）∥(001)[100]MgOであることがわかる。

図3に電気伝導度の温度依存性を示す。非ドープのLaZnPO薄膜はその抵抗率の高さ（3.1×10^{-6} Scm^{-1} at 300K）からAs系薄膜と同じ温度域で温度依存性を測定することが困難であった。ところが，As系薄膜では非ドープ試料にもかかわらずその伝導度は比較的高い値を示した。おそらく薄膜成長中に導入された化学組成のずれによって伝導キャリアが生成したものと思われる。その室温付近の活性化エネルギーは約30meVと見積もられた。非ドープでは高抵抗な試料しか得られなかったP系薄膜においても，銅をドープすることによってその伝導度は飛躍的に向上した。試料はp型半導体であったことから（室温下での熱起電力測定により確認），銅は主に一価として二価の亜鉛サイトにドープされていると考えられる。また，同じ系のバルク多結晶体試料では，欠陥バンド由来のp型/n型の両極性を示す試料（ゼーベック係数が正のものと負のものが得られたという意味）が得られていたが[9]，エピタキシャル薄膜においては評価した全試料がp型半導体であった。このことはバルク多結晶試料よりも高品質な試料が得られたことを反映している。

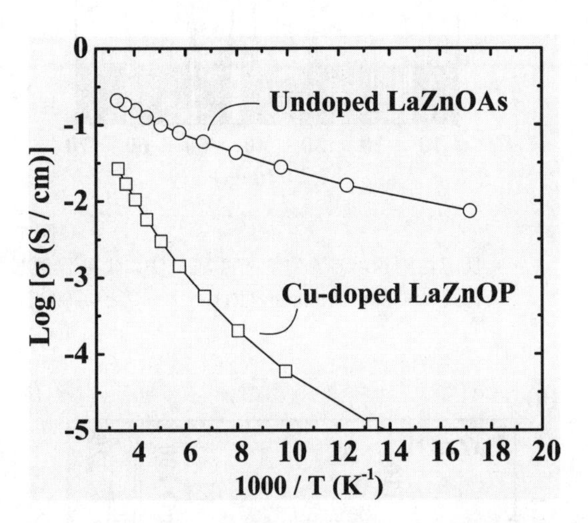

図3　銅ドープLaZnPOおよび非ドープLaZnAsOエピタキシャル薄膜の電気伝導度の温度依存性

光吸収スペクトルを図4に示す。薄膜試料のスペクトルを見ると，一見バンドギャップ約3 eVほどのワイドギャップ

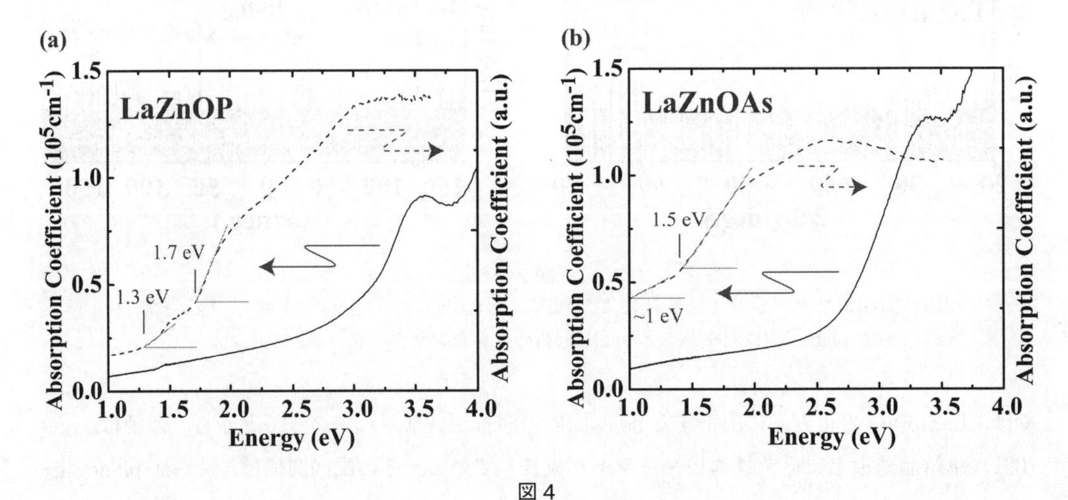

図4
LaZnPO(a)およびLaZnAsO(b)のエピタキシャル薄膜（実線）と多結晶バルク（点線）試料の光吸収スペクトル

半導体に見える（図4中実線）。ところが，第一原理計算の結果とバルク試料（図4中点線）の評価結果[9]を考慮すると，基礎吸収端とも思える3eV近傍から低エネルギー側へ長く裾を引いている領域に本来のバンドギャップがあることがわかった。その結果，LaZnPOでは1.7eV，LaZnAsOでは1.5eVがそのバンドギャップで，どちらも直接許容遷移型の半導体であることが明らかとなっている。

4.3　LaMnPnO（Pn＝P，As，Sb）[6]

Mn系薄膜では，LaCuOChオキシカルコゲナイドや前述のZn系薄膜とは異なり，反応性固相エピタキシャル成長法を用いることなく，ごく一般的なPLD法を用いた成長温度680℃の真空下で，直接MgO(001)単結晶基板上にエピタキシャル薄膜を作製することができた。この点は類似化合物のBaCuFCh薄膜[10,11]とも共通している。

図5にP化合物の場合のXRDパターンを示す。Zn系薄膜と同様にMgO(001)単結晶基板上にc軸配向した薄膜が得られている（図5(a)）。ところが，as-grown膜のロッキングカーブ（図5(b)上側）から，その結晶子は大別して二種類の配向を有することがわかった。一つは半値幅0.09度の強く配向したもの，もう一方は半値幅2度の弱く配向したものである。これは，石英ガラス中に真空封入して1000℃の追加熱処理を施すことによって，強く配向した結晶子のみから構成される薄膜へと改善される（図5(a)(b)下側）。その熱処理効果は，面内配向においても確認できる。すなわち，薄膜面内はas-grown膜において既に配向しておりヘテロエピタキシャル成長が確認できるが（図5(c)上側），そのロッキングカーブ（ϕスキャン）から，正方晶に由来する90度間隔の回折ピーク強度は非常に弱く（図5(d)上側），面内配向性が良好とは言えなかった。しかし，追加熱処理を施すことによって，in-plane回折はよりシャープになり（図5(c)下側），かつそのロッキングカーブでもより明確でシャープな90度間隔の回折が得られている（図5(d)下側）。以上の結果から，1000℃での追加熱処理は結晶性・配向性の向上に効果的であると言える。

P系の結果からPLD薄膜成長後の追加熱処理が有効であることがわかったため，図6にはP系と同様の追加熱処理を施したAs系薄膜のXRDパターンを示している。こちらもP系薄膜と同様にMgO(001)単結晶基板上にヘテロエピタキシャル成長した薄膜が得られている。しかしながら，P系のout-of-planeロッキングカーブ半値幅が0.09度であったのに対して，As系では0.6度とP系よりも配向性が劣る結果となっている。また，図中矢印で示した異相（$LaMnO_3$）がAs系においては観察される結果となった。

P，As系膜の結果を得て，Sb系へとさらに系を拡張したが，Sb系の薄膜のみP，As系とは異なり，結晶性・配向性の改善を目的とした追加熱処理後に酸化ランタンの不純物が大量に生成することがわかった。その傾向は熱処理温度を1000℃から900℃まで下げても同様であったことから，Sb系薄膜においてはas-grown膜のみを用いて物性評価を行うことにした。図7にそのas-grown膜のXRDパターンを示している。P，As系と同様に，c軸配向および膜面内の配向

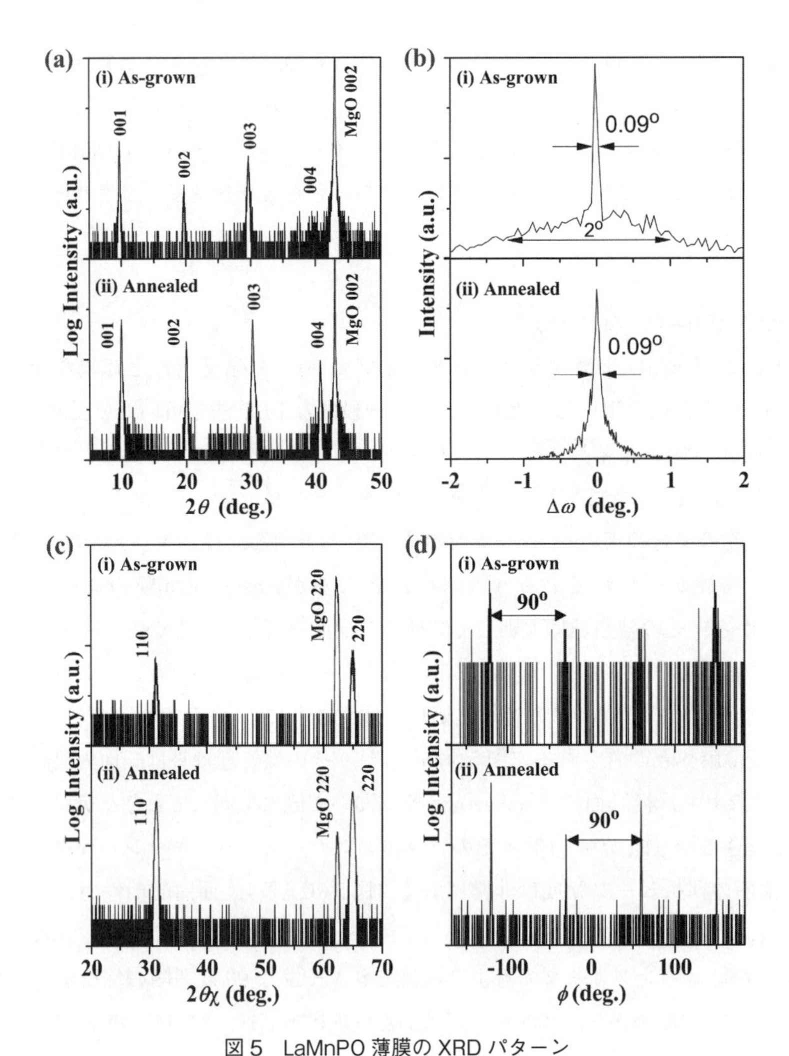

図５　LaMnPO 薄膜の XRD パターン
(a) out-of-plane，(b) 003 回折のロッキングカーブ（ω スキャン），(c) in-plane，(d) 110 回折のロッキングカーブ（ϕ スキャン）。各図において，上側が PLD 成長後（as-grown）の試料で，下側が 1000℃で追加熱処理した（annealed）試料のパターンをそれぞれ示している。

が確認できるが，ピークが非常にブロードであることから，その結晶性・配向性は非常に悪いことがわかる。

以上の結果から，Mn 系においては，P，As，Sb とニクトゲンのサイズが大きくなるに従って，得られる薄膜の結晶性・配向性が悪くなっていく傾向が見て取れる。バルク多結晶体試料はどれも同じ合成温度でほぼ同等の試料が得られており，MgO(001) 単結晶基板との面内格子不整合も P から Sb 化合物となるに従い小さくなることから，現段階ではこの P，As，Sb 薄膜の品質の違いを簡単には説明できない。

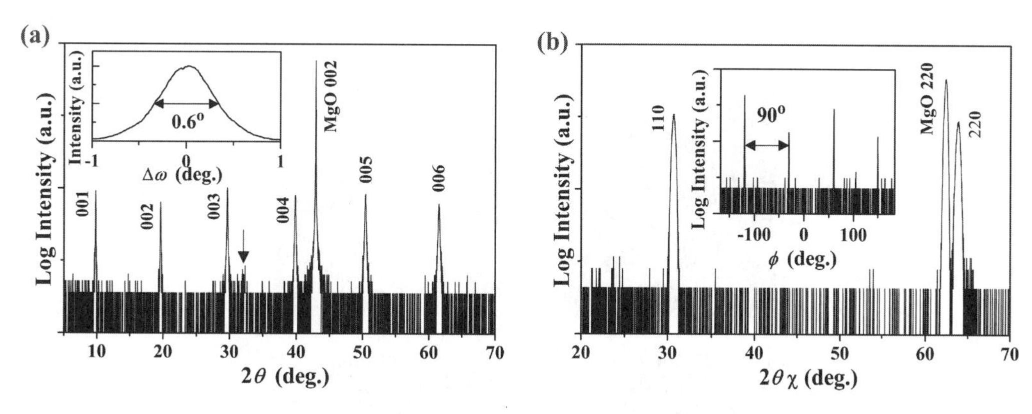

図6　1000℃で追加熱処理したLaMnAsO薄膜のXRDパターン
(a) out-of-plane，(b) in-plane。挿入図はそれぞれのロッキングカーブ（003回折のωスキャンと110回折のϕスキャン）。図(a)中の矢印は$LaMnO_3$不純物相を示す。

図8に得られたLaMnPnO（Pn＝P，As，Sb）薄膜の原子間力顕微鏡（AFM）像を示す。P系膜のas-grown膜は粒径約50nm程度の微粒子からなる平坦な表面（荒さ平均：0.9nm）から構成されている（図8(a)）。そして，熱処理後は粒成長が起こり，明確な正方晶由来のファセットが観察されるようになる（図8(b)）。その正方晶由来のファセット構造はAs，Sb系膜においても明瞭に観察されている（図8(c)(d)）。

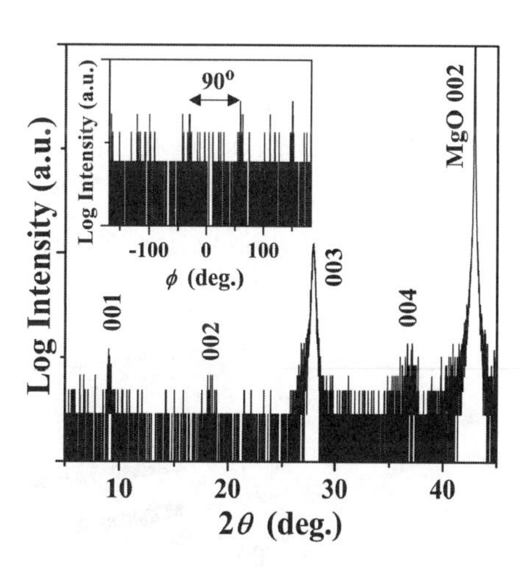

図7　LaMnSbO薄膜(as-grown)のout-of-plane XRDパターン
挿入図はin-plane 110回折のϕスキャンを示している。

図9にLaMnPnO（Pn＝P，As，Sb）薄膜の電気伝導度の温度依存性を示している。挿入図にあるように，得られた薄膜はすべて正の熱起電力を示しp型半導体であることがわかる。P系膜の室温付近のおおよその活性化エネルギーは90meVであったが，As，Sb膜では約10meVと見積もられた。

図10に光吸収スペクトルを示す。すべての膜で1～1.5eV付近から立ち上がる明確な吸収が観察されている（図10(a)）。バンドギャップを見積もるために行ったプロット（図10(b)(c)）と第一原理計算の結果（図11）から，これらのMn系化合物は間接遷移型半導体で，バンドギャップはP＝1.3eV，As＝1.4eV，Sb＝1.0eVとそれぞれ見積もることができた。

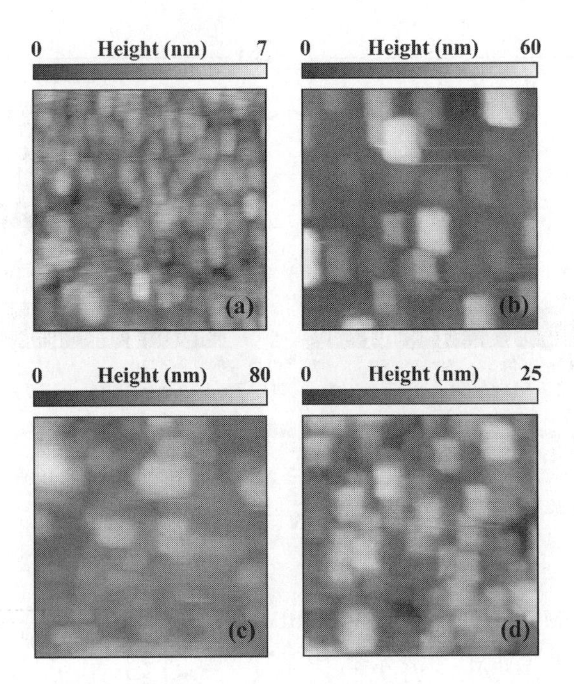

図8　LaMnPnO（Pn＝P, As, Sb）エピタキシャル薄膜の AFM 像（観察範囲 1 × 1 μm^2）
(a) As-grown LaMnPO, (b) Annealed LaMnPO, (c) Annealed LaMnAsO, (d) As-grown LaMnSbO。

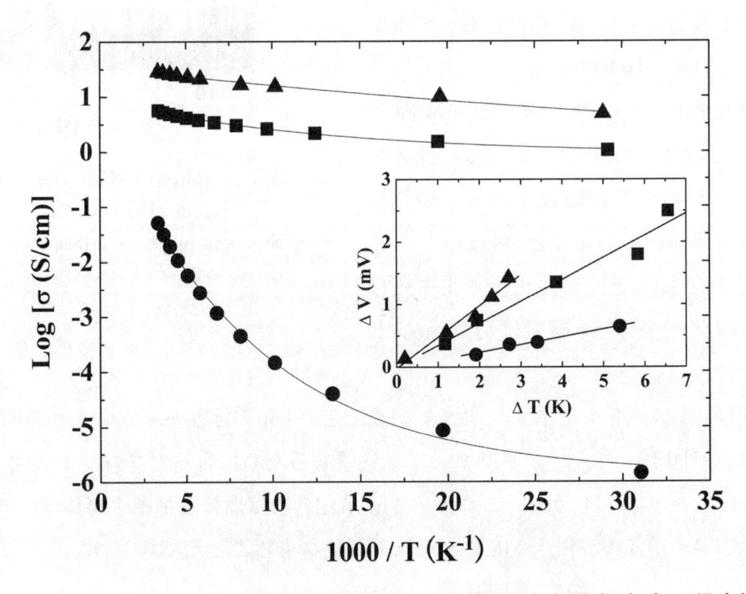

図9　LaMnPnO（Pn＝P, As, Sb）エピタキシャル薄膜の電気伝導度（σ）の温度依存性
●：Pn＝P, ■：As, ▲：Sb。挿入図は室温下での熱起電力測定結果を示している。

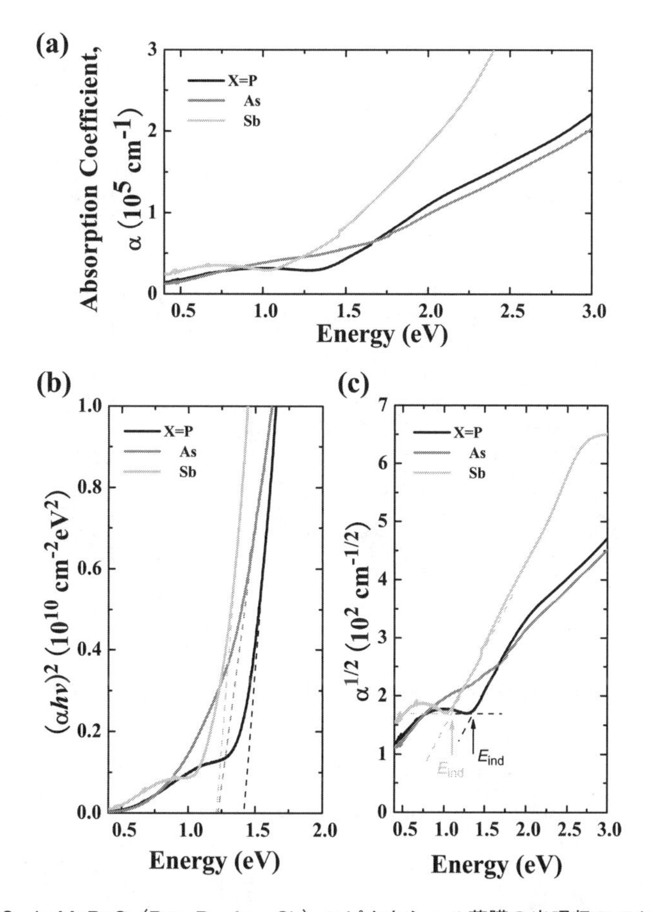

図10　LaMnPnO（Pn＝P，As，Sb）エピタキシャル薄膜の光吸収スペクトル

4. 4　LaFeAsO[7)]

LaCuOCh薄膜や前述のLaTMPnO（TM＝Zn，Mn）薄膜については，反応性固相エピタキシャル成長法や，PLD法を利用した真空下での直接昇温成長でエピタキシャル薄膜試料を得ることに成功した。そこで，同型構造を有する鉄系超伝導体LaFeAsOに関しても，その方法または類似の方法でエピタキシャル薄膜を作製できる，と着手当初は考えていた。ところが，類似の方法を合計300バッチ以上試みたが，エピタキシャル薄膜はおろかLaFeAsO相を薄膜という試料形態で得ることすら困難であることがわかった。その結果の一例を図12に示す。通常の紫外エキシマレーザーを用いたPLD法で昇温成長を行った場合（図12(a)，ArFエキシマレーザーを使用），室温下のPLD法でターゲット組成を基板上に転写した後に得られた非晶質膜を追加熱処理した場合（図12(b)），薄い金属鉄膜を利用した反応性固相エピタキシャル成長法を適用した場合（図12(c)），いずれの場合においてもLaFeAsOの結晶相に由来する回折ピークは一切観察されていない。特に図12(a)(b)と同じ手法をLaCuOChやLaZnPnO薄膜に適用した場合，エピタキシャル薄膜は得られないものの結晶相自体は生成する。しかしながらLaFeAsOで観察され

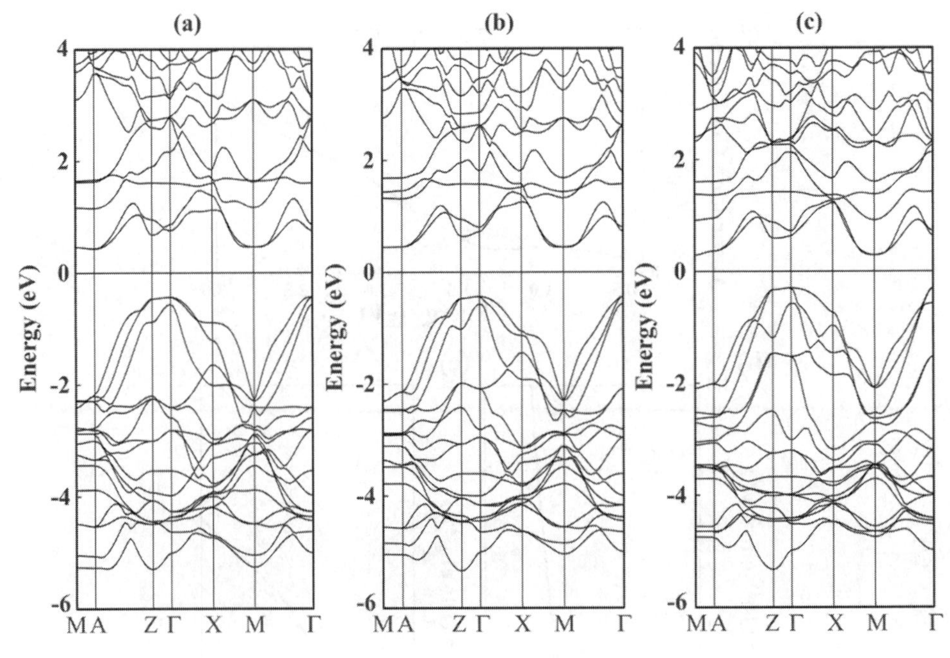

図 11　LaMnPnO（Pn＝P (a)，As (b)，Sb (c)）のバンド構造

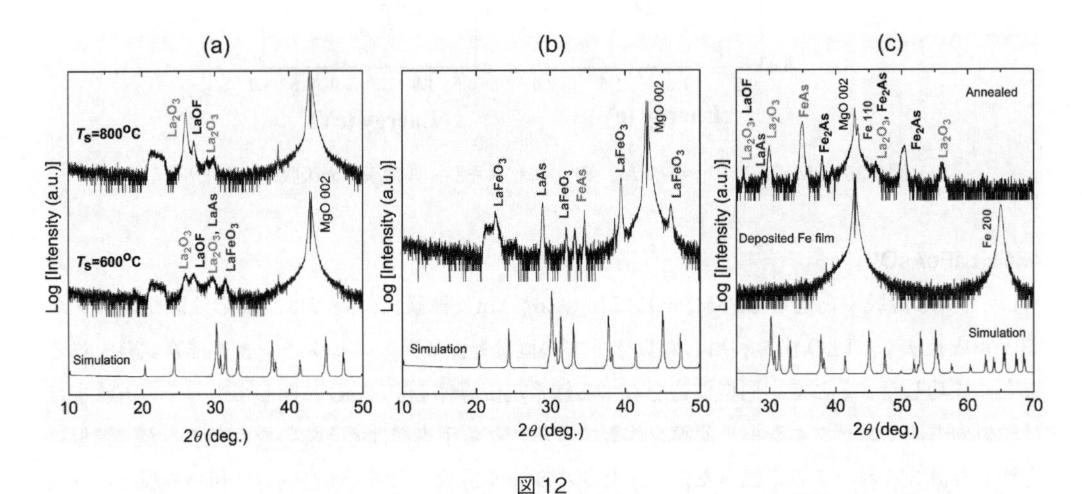

図 12

(a)エキシマレーザーを用いた PLD 法による昇温直接成長，(b) PLD 法で室温成長した膜を追加熱処理する手法，(c)薄い鉄層を利用した反応性固相エピタキシャル成長法を用いた場合に得られた薄膜の典型的な XRD パターン。どの場合も目的とする LaFeAsO の結晶相すら得られていない。

たこの傾向はそれらと全く異なる。

そこで，次のような対策を行った。

(1)　PLD ターゲットに含まれるワイドギャップ不純物（特に La_2O_3，LaOF）が最終的に得られる薄膜中に転写されやすい傾向があったことから，それらの不純物を含まない高品質なPLDターゲット作製のため，合成条件を最適化した。

(2) 紫外光（エキシマレーザー）を励起光とした一般的なPLD法の場合，ターゲットに含まれる酸素が活性となり，最終的に得られる薄膜に酸化などの悪影響を及ぼしているのではないかと予想し，より波長の短いNd：YAGレーザーの第二高調波（波長：532nm）をPLDの励起光とした。

図13にその対策結果をまとめた。PLDターゲットの作製条件としては，主に熱処理温度と保持時間を最適化した。処理温度は，1200℃より高ければ高いほどLaOF，FeAsの不純物が増加する傾向が観察され，最適と判断した1220℃に固定した。そして，保持時間に関しては，より長いほどLaAs不純物は増加するが，LaOF，FeAs不純物は減少する傾向を示した。LaAs不純物は薄膜成長条件（特に成長温度）によってその量は相当量変化することから，LaOF，FeAsをより少なくすることのできる長い熱処理時間（100時間）を最適条件とした（図13(a)）。このような最適化過程を経ることで，比較的大型（直径15mm）の良質なPLDターゲット（図13(b)）を作製することに成功し，Nd：YAGレーザーを励起光としたPLDシステム（図13(c)）で薄膜作製を行った。

図14に最適化された成長温度（780℃）で作製した薄膜のXRDパターンを示す。岩塩型の

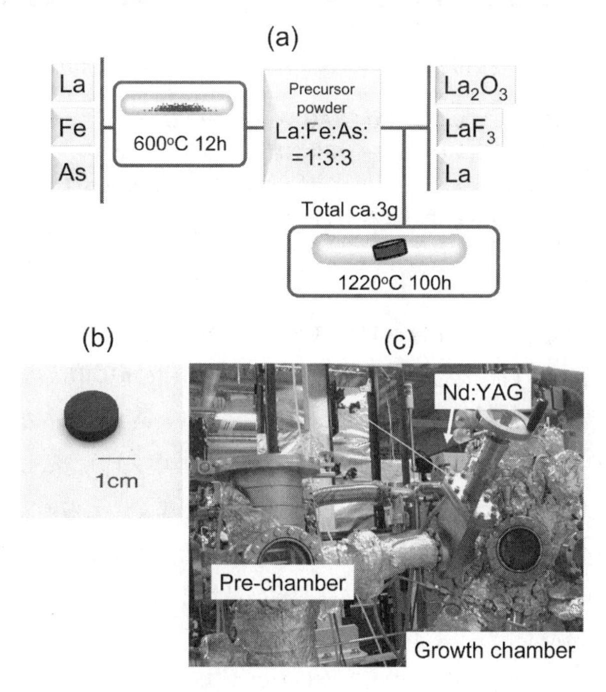

図13
PLDターゲットの作製フローチャート（フッ素濃度は10%：$LaFeAsO_{0.9}F_{0.1}$）(a)，PLDターゲットの写真(b)，Nd：YAGレーザーを励起光としたPLDシステムの写真(c)。

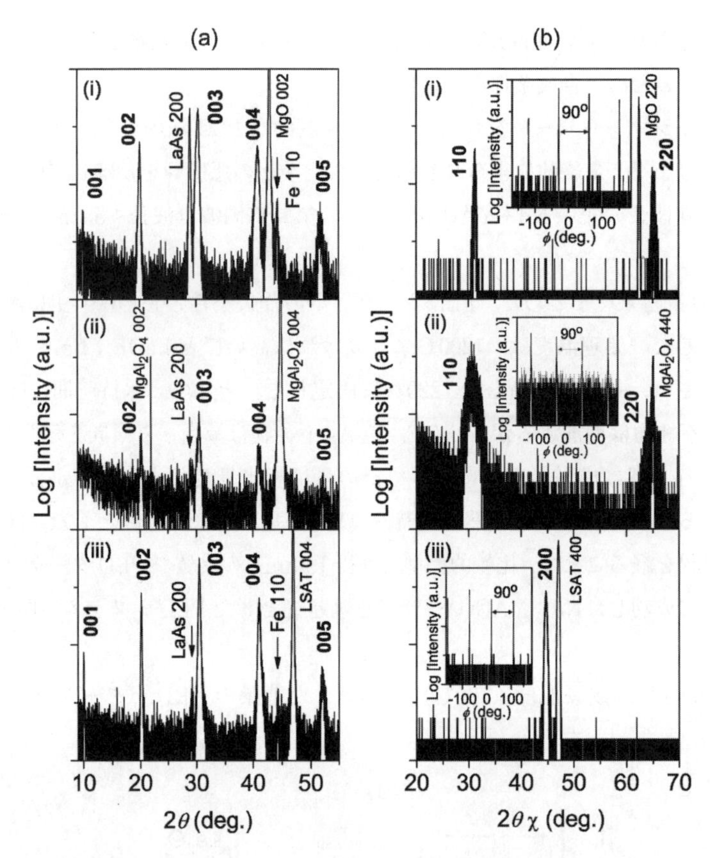

図14　高純度PLDターゲットとNd：YAGレーザーPLDシステムを用いて作製したLaFeAsO薄膜のXRDパターン（成長温度：780℃）

(a) out-of-plane，(b) in-planeパターン　(b)の挿入図はすべてin-planeロッキングカーブ（ϕスキャン）を示す。(i)〜(iii)は，それぞれ(i) MgO(001)，(ii) $MgAl_2O_4$(001)，(iii)(La，Sr)(Al，Ta)O_3(LSAT)(001) 単結晶基板を用いている。

MgO，スピネル型の$MgAl_2O_4$，混合ペロブスカイト型の（La，Sr）(Al，Ta)O_3(LSAT)(001)単結晶基板上それぞれに，LaCuOChやTM＝Zn，Mnと同様の配向関係を有するエピタキシャル薄膜が得られていることがわかる。しかしながら，このFe系では単一相の作製が非常に困難で，LaAsやFeなどの不純物相が僅かに検出された（図14中矢印）。そして，面内格子不整合を考慮すると最も整合する$MgAl_2O_4$上の膜が最も結晶性が悪く，その一方でMgOやLSATのような±4％程度の不整合を有する単結晶基板を用いた場合の方がより良質な薄膜が得られている。現段階でその詳細は不明であるが，単結晶基板の品質そのものが影響している可能性もある（ほかの基板よりも$MgAl_2O_4$の品質は劣るため）。

得られたエピタキシャル薄膜の抵抗率の温度依存性を測定したところ（図15），2〜305Kの温度範囲で超伝導転移を示さなかった。これは，試料数50近く評価した結果すべて同様であったため，PLDターゲット中には10％のフッ素をドープしているにもかかわらず，薄膜中には取り

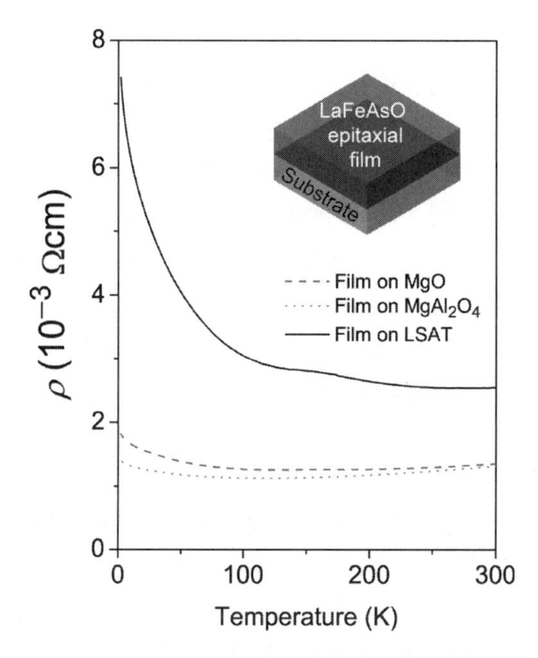

図15　LaFeAsOエピタキシャル薄膜の抵抗率の温度依存性

込まれていないことを示唆している。この推測は，非ドープ試料で報告されている150K付近の磁気・構造相転移に由来した抵抗率変化のバンプがこの薄膜試料においても観察されていることとも整合する。

このように，鉄系超伝導体LaFeAsO系膜のエピタキシャル成長はその結晶相を得るということだけでも非常に難しく，フッ素をうまく膜中に取り込ませることはもっと困難である。ここで紹介した我々のグループのLaFeAsOエピタキシャル成長の最初の報告からもうすぐ2年が経過しようとしている現時点ですら，世界的に見てもLaFeAsO系薄膜の超伝導化に成功しているのは，PLDと追加熱処理を組み合わせた方法を用いているドイツIFWのHolzapfel博士のグループ[12~14]と，あとは分子線エピタキシーを用いている名古屋大学の生田教授のグループ[15,16]，この2グループだけである。今後は，薄膜成長法に一層工夫を凝らして，鉄系超伝導体の中で最も転移温度の高い系であるLaFeAsO系の薄膜試料のさらなる高品質化が望まれている。

4.5　$SrFe_2As_2$[8]

以上のように，鉄系超伝導体の一つであるLaFeAsOのエピタキシャル薄膜の作製には成功したが，我々のグループでは超伝導転移を示す薄膜試料は得られなかった。そこで，別の系に着目した。鉄系超伝導体において高い転移温度を得たい場合，LaFeAsO相では主として酸素サイトにフッ素がドープされ，$SrFe_2As_2$相ではアルカリ土類金属サイトにカリウムがドープされる。しかしながら，$SrFe_2As_2$相の場合は超伝導発現の主たる役割を担う鉄サイトをコバルトで直接置換してもLaFeAsO相ほどは転移温度が下がらない[17~19]。LaFeAsO薄膜試料中に高蒸気圧成分であるフッ素を導入することは容易ではないことから，フッ素やアルカリ金属ではなくコバルトを添加物として選択した方が薄膜中に取り込まれやすいと予想し，そしてLaFeAsO相より単純砒化物である$SrFe_2As_2$相の方が作製しやすい（かつ前述の通り，コバルト添加の場合は$SrFe_2As_2$相の方がLaFeAsO相より転移温度が高い）ことにいち早く着目し，LaFeAsOエピタキシャル薄膜作製で培ったターゲット作製技術とNd：YAGレーザーを励起光としたPLDシステム（図13）を適用して薄膜作製を行った。

図16にコバルトドープ$SrFe_2As_2$ PLDターゲットの作製方法を示す。原料となるSrAs，Fe_2As，Co_2As粉末をそれぞれの元素材料を用いてまず合成した。そして，得られた砒化物粉末を組成比が$SrFe_{1.8}Co_{0.2}As_2$となるよう秤量した後，ドライボックス中で乾式混合・成形して，石英ガラス中に真空封入し，900℃・16時間熱処理を施した。

得られたPLDターゲットを用いて作製した薄膜のXRDパターンを図17に示す。成長温度が600℃の場合（図17(a)(b)下側）は，c軸配向膜は得られたものの，面内の配向は確認することができなかった。しかしながら，700℃まで成長温度を上昇させることによって（図17(a)(b)上側），膜面内の配向も確認することができ，LSAT(001)単結晶基板上にヘテロエピタキシャル成長していることがわかる。成長温度のさらなる上昇に伴って，FeAsやFeなどの不純物が増加する傾向が認められた（すなわち成長温度の上昇に伴ってSrが欠損しやすくなる）ことから，エピタキシャル成長が確認でき，かつ不純物量の最も少ない成長温度である700℃を最適と判断した。

図18にコバルトドープ$SrFe_2As_2$エピタキシャル薄膜の抵抗率の温度依存性を示す。温度の低下と共に抵抗率が減少する金属的な挙動を示し，20Kにおいてシャープな超伝導転移が確認された。この転移温度はバルク試料とほぼ同じである。

続いて，磁場印加中における異方性を調べた結果を図19に示す。印加磁場強度の増加に伴って，転移温度の減少が観察されている。しかしながら，9Tまでの高磁場を印加しているにもかかわらず，約9K以下でその超伝導状態は維持されたままであった。このことはこの鉄系超伝導

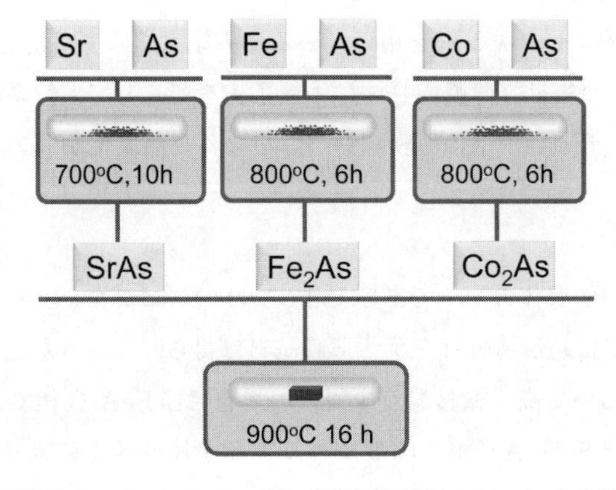

図16　コバルト添加$SrFe_2As_2$ PLDターゲット（組成$SrFe_{1.8}Co_{0.2}As_2$）の作製フローチャート

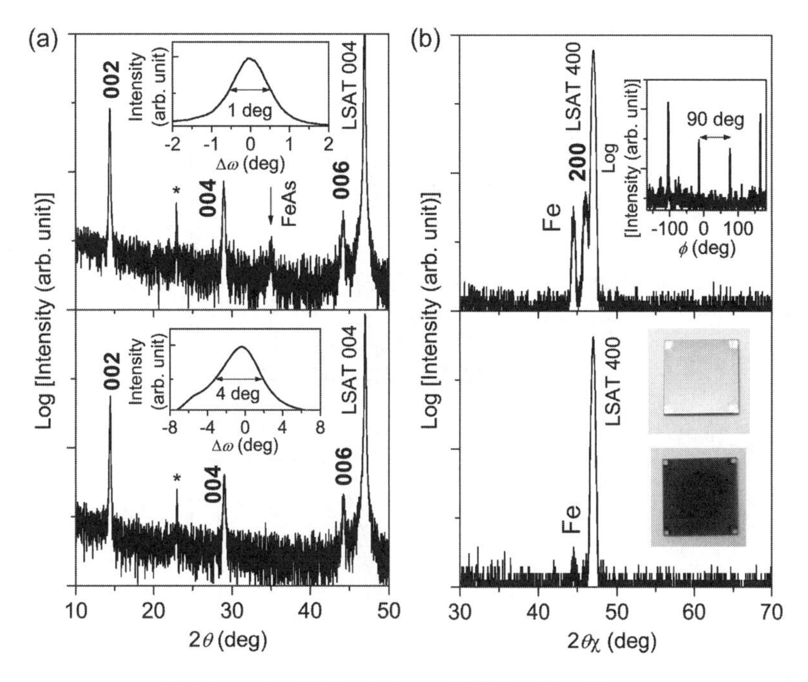

図17　コバルト添加 $SrFe_2As_2$ 薄膜の XRD パターン
(a) out-of-plane，(b) in-plane パターン。上側：成長温度700℃，下側：成長温度600℃。挿入図は002および200回折のロッキングカーブを示す。右下は試料（大きさ：1 × 1 cm^2）の写真。上側は反射光が見える場合で，金属光沢が確認できる。下側は試料を真上から撮影したもの。

体の上部臨界磁場（H_{c2}）が非常に高いことを反映している[20, 21]。また，$H \parallel c$ と $H \parallel a$ を比べた場合，その上部臨界磁場に殆ど違いが見られない（つまり H_{c2}^{ab} と H_{c2}^{c} が非常に近い）。このことも等方的な特性を有するこの化合物の特徴を反映しており，単結晶の報告例とも一致する[21]。なお，このコバルトドープ $SrFe_2As_2$ 超伝導薄膜の早期実現は，アメリカロスアラモス国立研究所とのパルス高磁場印加下での上部臨界磁場角度依存性の詳細な解析の共同研究につながっている[22]。また得られた薄膜の臨界電流密度の評価に関しても同様に共同研究

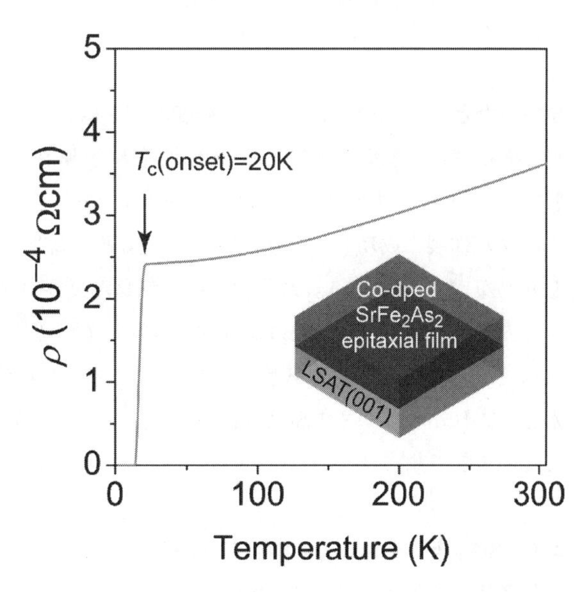

図18　コバルト添加 $SrFe_2As_2$ エピタキシャル薄膜の抵抗率の温度依存性

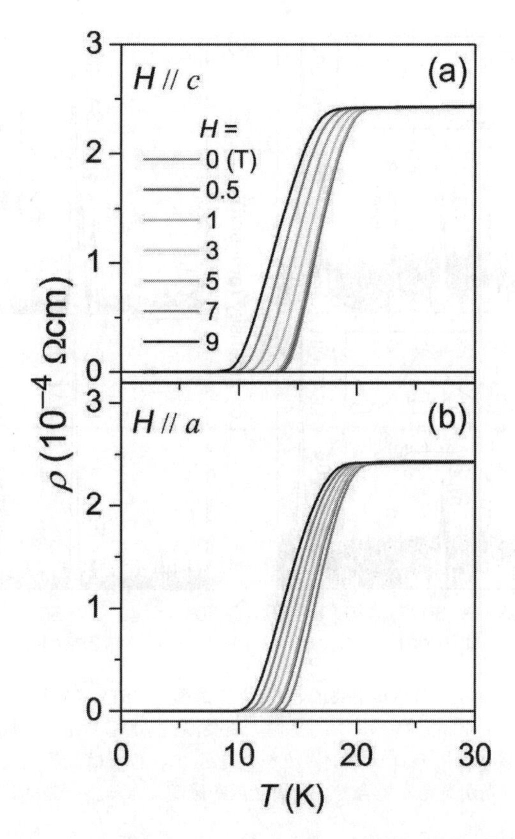

図 19　コバルト添加 $SrFe_2As_2$ エピタキシャル薄膜の超伝導転移の磁気異方性
(a)磁場を薄膜の c 軸に対して平行に印加した場合（$H \parallel c$）。(b)磁場を薄膜の a 軸に対して平行に印加した場合（$H \parallel a$）。

を行ったところ，10～20KA/cm^2 程度の値を示し，粒界における弱結合の影響が示唆された[23]。

LaFeAsO 系薄膜とは違い，同じ鉄系超伝導体であるこのコバルトドープ $SrFe_2As_2$ 系薄膜[24～30]と鉄カルコゲナイド FeCh（Ch＝S，Se，Te）薄膜[31～44]については，現在では多くのグループが作製に成功しており，異方性や臨界電流などの物性研究も盛んに行われはじめている。しかしながら，$SrFe_2As_2$ 系薄膜でその転移温度が高いカリウムドープ薄膜は，唯一東京農工大学の内藤教授のグループだけが作製に成功している[45]。鉄系超伝導の中でも特にコバルトドープ $SrFe_2As_2$ 系薄膜と FeCh 薄膜については，その試料作製が LaFeAsO 系薄膜よりも容易なことから，これからますます高品質化が進み，より深い物性研究やデバイス応用へと研究がさらに進んでいくと予想される。

4. 6　$SrFe_2As_2$ における水誘起超伝導[46]

鉄系超伝導体は，母相に不純物を添加もしくは化学量論組成から大きく組成をずらし，電子または正孔をドーピングすることによって超伝導体となるものが殆どである。しかしながら，非ドープの$SrFe_2As_2$薄膜試料において，大気中の水蒸気によって超伝導が誘起されるというユニークな現象を見いだすことができた。

図20(a，b)に非ドープ$SrFe_2As_2$エピタキシャル薄膜を大気中で保持した場合のρ-Tの経時変化を示す。作製直後の試料（図20中：Virgin）は，典型的な非ドープ$SrFe_2As_2$試料と同じ特性である。しかしながら，試料を大気中に2時間保持した段階でρ-Tを測定すると，25Kにおいて抵抗率の落ち込みが観察され始め，4時間経過した段階では超伝導（ゼロ抵抗）が観察される。さらに6時間経過すると超伝導転移がよりシャープになり，ゼロ抵抗温度がさらに高温（22K）へと上昇する。その6時間経過試料の超伝導特性の磁気異方性を見ると（図20(c，d)），

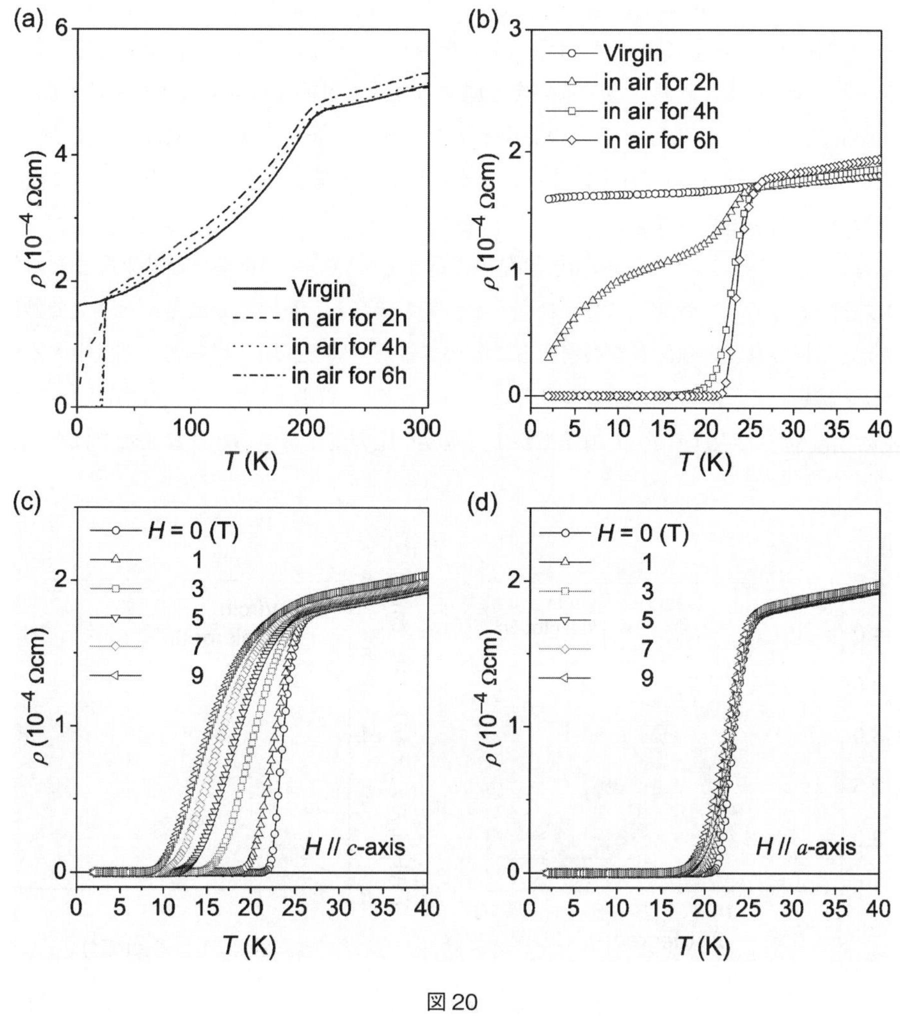

図20
(a)非ドープ$SrFe_2As_2$エピタキシャル薄膜を大気中で保持した場合のρ-Tの経時変化。(b)(a)の低温部（40K以下）を拡大した図。(c，d)大気中で6時間保持した試料の超伝導転移の磁気異方性。

その上部臨界磁場の異方性が大きいことがわかる（$H_{c2}{}^{ab} \gg H_{c2}{}^{c}$，つまり印加磁場の方位が $H \parallel c$ の場合の方が $H \parallel a$ の場合よりも，磁場に対して超伝導が消失する度合いが大きい）。これは，コバルト添加 $SrFe_2As_2$ 薄膜の場合と大きく異なり（図 19 参照），むしろ LaFeAsO 相の磁気異方性に非常に近い特性である。この点は，超伝導発現のメカニズム解明のための一つの手がかりになる可能性がある。

図 21 (a)に試料を大気中で保持した際の XRD パターンの変化を示す。大気中でサンプルを保持することによって，002 回折ピークの強度が低下し，高角側へシフトする。そして，$2\theta = 14.9$ 度に異相である Fe_2As 由来の回折が観察されるようになる。このことは，大気中に試料を保持することによって，母相の体積分率が減少して，c 軸長は縮み，異相（Fe_2As）が析出していることを示している。母相の体積が収縮していることから，圧力誘起超伝導との関連も示唆されるが，ρ-T の傾向が異なること（例えば図 21 (a)を見ると，$T_{anom} = 205$K が超伝導誘起と共にシフトしていないなど）と，転移温度の違いを考慮するとその可能性は低いと思われる。図 21 (b)に Williamson-Hall プロットを示す。その切片と傾きから，大気中に試料を保持したことによって母相の体積分率はおよそ 50％程度になっており，ピークの拡がりの要因が格子歪みに起因するものではないことが示唆される。

図 22 に大気中のどの成分がこの超伝導発現に寄与しているのかを調べた結果をまとめた。大気中の成分である窒素，酸素，二酸化炭素，水蒸気をそれぞれ検討した結果，水蒸気で処理した場合のみ同じ転移温度の超伝導を観察することができた（図 22 (d)）。従って，大気中の水分がこの超伝導を誘起しているものと結論づけることができる。詳細なメカニズム解明にはさらなる検討が必要であるが，XRD や ρ-T の結果から，歪みや圧力効果による超伝導発現ではないことが

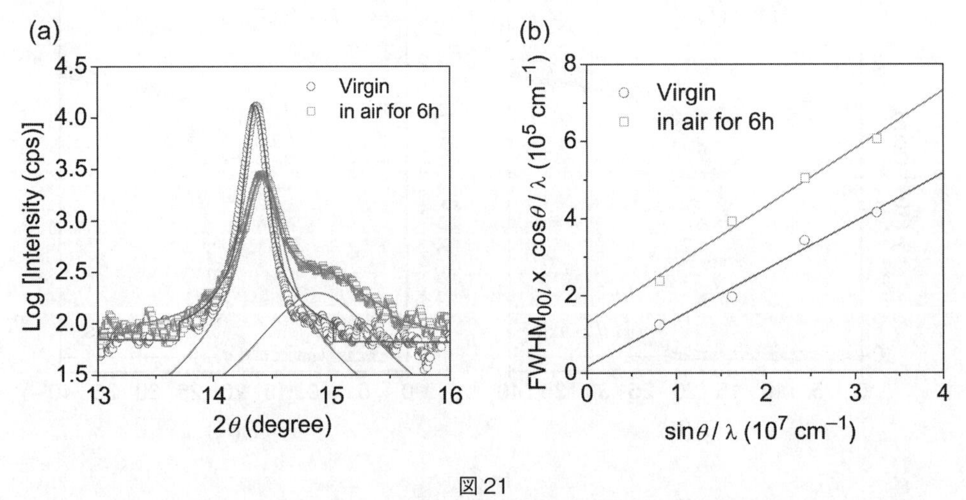

図 21
(a)非ドープ $SrFe_2As_2$ エピタキシャル薄膜を大気中で保持した場合の XRD パターン（002 回折近傍）の変化。(b) $00l$ 回折の Williamson-Hall プロット。○は作製直後の試料を，□は 6 時間保持後の試料（超伝導試料）をそれぞれ示している。

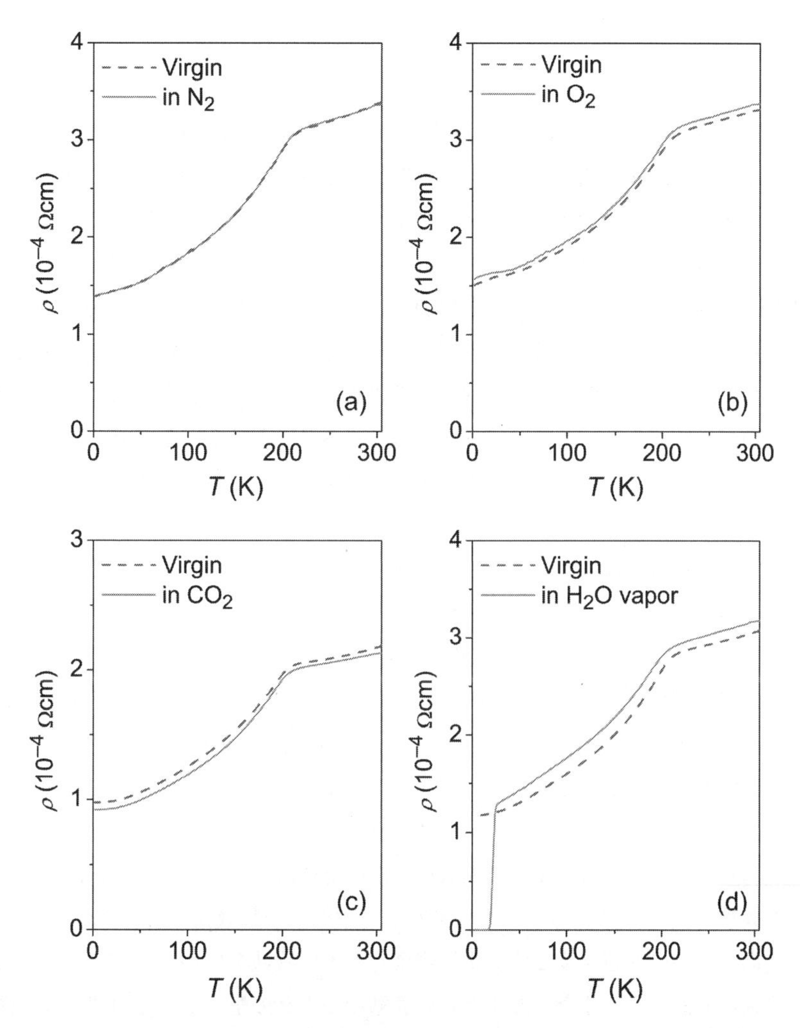

図22　非ドープ $SrFe_2As_2$ エピタキシャル薄膜を，大気を構成する各成分ガス中でそれぞれ室温下で保持した場合の ρ-T の変化

(a)窒素（保持時間：24時間），(b)酸素（24時間），(c)二酸化炭素（24時間），(d)水蒸気（処理条件：露点＋13度，2時間）。水蒸気処理の場合(d)のみ超伝導転移が観察される。

示唆されているため，現在のところ水に関連するイオン（酸素イオン，水素イオン，水酸化物イオンなど）が $SrFe_2As_2$ の格子間サイトなどの空間に入り込んでいる可能性もあると考えている。

このSrFe$_2$As$_2$における水誘起超伝導は，大気中の水分が要因であることがわかっているだけでまだその詳細なメカニズム解明には至っていないが，類似の現象がLaFeAsO相において産業技術総合研究所の伊豫博士のグループから[47]，そしてFeCh相においても複数のグループ[48~51]から最近報告されている。従って，これらの現象の解明は今後新しいドーピング方法の発見などにつながる可能性を秘めているのではないだろうか。

4.7　おわりに

層状オキシカルコゲナイドLaCuOCh（Ch＝S，Se，Te）と同型の結晶構造を有するLaTMPnO（TM＝Zn，Mn，Fe，Pn＝P，As，Sb）薄膜とそれらと関連する鉄系超伝導体$SrFe_2As_2$薄膜のヘテロエピタキシャル成長に関して総括した。TM＝Zn系においては薄いZn層を用いた反応性固相エピタキシャル成長法で良質な薄膜試料を得たが，TM＝Mnの場合はごく一般的な紫外エキシマレーザーを用いたPLD法を利用して真空下で直接薄膜成長することができた。ところが，TM＝Feの場合は，PLDターゲットの高純度化と，励起レーザーをNd：YAGレーザーへ変更する必要があった。このように同型構造を有しかつ一見類似した化学組成を有する化合物であっても，それぞれに適した薄膜成長法を選択する必要があるという実験事実は実に興味深い。なぜこのように違いが出てくるのかについては現在のところ全く明らかになっていないが，もしそれを解明することができれば，今後このように複雑な組成を有する薄膜試料を合成する上で有効な指針となるであろう。

そして，こういった新物質の高品質なエピタキシャル薄膜試料は，その電子・光学・磁気的特性を生かしたデバイスや，ジョセフソン接合や超伝導量子干渉計などの超伝導デバイスへの応用展開に不可欠である。しかしながら，鉄系超伝導体においては，$SrFe_2As_2$系バルク単結晶を用いた$BaFe_2As_2$/Pb接合[52,53]，カリウムドープ$BaFe_2As_2$/コバルトドープ$BaFe_2As_2$接合における単一粒界接合[54]，SIS接合[55]や，多結晶LaFeAsO系バルク試料とNbを用いた超伝導ループ[56]など，既に様々な検討がなされているが，エピタキシャル薄膜試料を基本としたジョセフソン接合を実現したという報告はなかった。ところが，つい最近コバルトドープ$BaFe_2As_2$薄膜の高品質化に成功し[57]，鉄系超伝導体の薄膜試料を用いた初めてのジョセフソン接合の作製に我々のグループが成功した[58]。今後，さらなる薄膜成長プロセスの最適化と試料の高品質化に伴って，超伝導特性の向上（特に転移温度と臨界電流密度）とその特性を生かしたデバイス応用への展開が急ピッチで進むであろう。また，非平衡相の凍結や基板との格子不整合の利用など薄膜成長プロセスならではの成果もますます期待される。

文　　献

1）H. Ohta, *et al., Adv. Funct. Mater.* **13**, 139 (2003)
2）H. Hiramatsu, *et al., Appl. Phys. Lett.* **81**, 598 (2002)
3）H. Hiramatsu, *et al., J. Mater. Res.* **19**, 2137 (2004)
4）H. Hiramatsu, *et al., Appl. Phys. Lett.* **91**, 012104 (2007)
5）K. Kayanuma, *et al., Thin Solid Films* **516**, 5800 (2008)
6）K. Kayanuma, *et al., J. Appl. Phys.* **105**, 073903 (2009)
7）H. Hiramatsu, *et al., Appl. Phys. Lett.* **93**, 162504 (2008)

8) H. Hiramatsu, *et al., Appl. Phys. Express* **1**, 101702 (2008)
9) K. Kayanuma, *et al., Phys. Rev. B* **76**, 195325 (2007)
10) R. Kykyneshi, *et al., Solid State Sci.* **10**, 921 (2008)
11) J. Tate, *et al., Thin Solid Films* **516**, 5795 (2008)
12) E. Backen, *et al., Supercond. Sci. Technol.* **21**, 122001 (2008)
13) M. Kidszun, *et al., Supercond. Sci. Technol.* **23**, 022002 (2009)
14) S. Haindl, *et al., Phys. Rev. Lett.* **104**, 077001 (2010)
15) T. Kawaguchi, *et al., Appl. Phys. Express* **2**, 093002 (2009)
16) 生田ほか, FSST News No.124 (2010年1月号)；T. Kawaguchi, *et al., arXiv*: 1005. 0186 (unpublished)
17) A. S. Sefat, *et al., Phys. Rev. Lett.* **101**, 117004 (2008)
18) A. Leithe-Jasper, *et al., Phys. Rev. Lett.* **101**, 207004 (2008)
19) A. S. Sefat, *et al., Phys. Rev. B* **78**, 104505 (2008)
20) F. Hunte, *et al., Nature* **453**, 903 (2008)
21) H. Q. Yuan, *et al., Nature* **457**, 565 (2009)
22) S. A. Baily, *et al., Phys. Rev. Lett.* **102**, 117004 (2009)
23) B. Maiorov, *et al., Supercond. Sci. Technol.* **22**, 125011 (2009)
24) T. Katase, *et al., Solid State Commun.* **149**, 2121 (2009)
25) S. Lee, *et al., Appl. Phys. Lett.* **95**, 212505 (2009)
26) E.-M. Choi, *et al., Appl. Phys. Lett.* **95**, 062507 (2009)
27) K. Iida, *et al., Appl. Phys. Lett.* **95**, 192501 (2009)
28) S. Lee, J. Jiang, *et al., Nat. Mater.* **9**, 397 (2010)
29) K. Iida, *et al., Phys. Rev. B* **81**, 100507 (2010)
30) C. Tarantini, *et al., Appl. Phys. Lett.* **96**, 142510 (2010)
31) M. K. Wu, *et al., Physica C* **496**, 340 (2009)
32) Y. Han, *et al., J. Phys.: Condens. Matter* **21**, 235702 (2009)
33) M. J. Wang, *et al., Phys. Rev. Lett.* **103**, 117002 (2009)
34) Y. F. Nie, *et al., Appl. Phys. Lett.* **94**, 242505 (2009)
35) P. Mele, *et al., Appl. Phys. Express* **2**, 073002 (2009)
36) T. G. Kumary, *et al., Supercond. Sci. Technol.* **22**, 095018 (2009)
37) W. Si, *et al., Appl. Phys. Lett.* **95**, 052504 (2009)
38) E. Bellingeri, *et al., Supercond. Sci. Technol.* **22**, 105007 (2009)
39) Y. Imai, *et al., Jpn. J. Appl. Phys.* **49**, 023101 (2010)
40) I. Tsukada, *et al., Phys. Rev. B* **81**, 054515 (2010)
41) Y. Han, *et al., Phys. Rev. Lett.* **104**, 017003 (2010)
42) E. Bellingeri, *et al., Appl. Phys. Lett.* **96**, 102512 (2010)
43) P. Mele, *et al., Supercond. Sci. Technol.* **23**, 052001 (2010)
44) Y. Imai, *et al., Appl. Phys. Express* **3**, 043102 (2010)
45) SUPERCOM Vol.19, No.1 (2010) 内記事；最近, N. H. Leeらによっても報告された。*Appl. Phys. Lett.* **96**, 202505 (2010)

46) H. Hiramatsu, *et al.*, *Phys. Rev. B* **80**, 052501 (2009)
47) K. Miyazawa, *et al.*, *Appl. Phys. Lett.* **96**, 072514 (2010)
48) Y. Mizuguchi, *et al.*, *Phys. Rev. B* **81**, 214510 (2010)
49) Y. F. Nie, *et al.*, *Phys. Rev. B* **82**, 020508 (2010)
50) W. Si, *et al.*, *Phys. Rev. B* **81**, 092506 (2010)
51) Y. Mizuguchi, *et al.*, *Europhy. Lett.* **90**, 57002 (2010)
52) X. Zhang, *et al.*, *Phys. Rev. Lett.* **102**, 147002 (2009)
53) Y. -R. Zhou, *et al.*, *arXiv*: 0812. 3295 (unpublished)
54) X. Zhang, *et al.*, *Appl. Phys. Lett.* **95**, 062510 (2009)
55) Y. Ota, *et al.*, *Phys. Rev. B* **81**, 214511 (2010)
56) C. -T. Chen, *et al.*, *Nat. Phys.* **6**, 260 (2010)
57) T. Katase, *et al.*, *Appl. Phys. Express* **3**, 063101 (2010)
58) T. Katase, *et al.*, *Appl. Phys. Lett.* **96**, 142507 (2010)

第4章　透明酸化物

1　概要

平野正浩*

酸化物は人類が利用した最古の材料であったに違いない。酸化物材料は手元近く何処にでも大量にあり，比較的簡単に手にすることができる。化学薬品に強く，高温でも使うことができるので，古来から，建築物の構造材料，容器などとして，広く使われてきた。さらに，最近では，光に対する高い透明性が利用され，光伝送ファイバーとして普及し，現在の情報化社会を支えている。しかし，長年の間，酸化物はアクティブ電子デバイスの材料としては，不適切と考えられていた。材料中の電子の量，極性を制御することが難しかったからである。わずかに，透明電極材料として，In_2O_3；Sn(ITO) が実用化されているにすぎなかった。

しかし，材料製造技術が進歩し，また，酸化物の電子構造の理解が進むにつれ，酸化物は，化合物半導体の1種類とみなせることが示され，本書第2章で述べたように，電子分野での多くの用途が開けてきた。

シリコン，ゲルマニュームなどの単体半導体と比較した酸化物の特徴は，金属イオンの種類が多く，また，複合化することで，無数の種類の化学組成を形成することができること，さらに，同じ化学組成でも，複数の結晶構造が存在することである。結晶構造の中には，ナノメーターサイズのユニットから，あるいは層状構造から構成されているものがあり，これらは，ナノ構造がビルドインされたものとして取り扱うことが可能である。酸化物の多様性，それらが示す多様な材料機能が利用され，酸化物は多くの分野で実用化している。たとえば，①フェライトなどの磁性体，②銅酸化物高温超伝導体，③ $BaTiO_3$ などの誘電体，④蛍光体母体，⑤ $CoCO_3$ などの熱電変換材料，⑥燃料電池（SOFC）用酸素イオン伝導体，⑦ Li 電池正極用 Li イオン伝導体($LiCoO_2$, $LiFePO_4$)，⑧ Ta_2O_5 などの酸化触媒である。

細野プロジェクトでは，これらのテーマの一部に関与し，テーマ全体を意識しながら，研究開発を進めてきた。この章では，細野プロジェクトで行ったテーマの内，透明光学材料としての「シリカ」，「LED 励起白色 LED 蛍光材料」，「透明酸化物のフェムト秒レーザー干渉光を用いた材料加工」に関して紹介する。

C12A7 に関しては，イオン伝導，酸化還元触媒，電子機能に関する総合的な研究開発を行った。その結果は第5章で紹介する。

＊　Masahiro Hirano　㈱科学技術振興機構　研究開発戦略センター　フェロー

2 シリカガラス

梶原浩一*

2.1 はじめに

シリカガラスは，化学式 SiO_2 で表される単純酸化物（構成カチオンがSiの1種類のみである）ガラスである。結合力の大きいSi-O結合のみからなるため，機械的強度が大きく，物理的・化学的にも安定であり，さらに紫外吸収端の光子エネルギーは～8eV（波長～155nm）と，実用ガラス中でとりわけ大きい。このためシリカガラスは，真空紫外波長領域（波長≲200nm）で透明で，かつ自由に成形できるほぼ唯一の実用光学材料として，近年では深紫外（波長≲300nm）・真空紫外光を利用した半導体リソグラフィー用レンズや，深紫外光ファイバーなどとしての重要性が高まっている。

シリカガラスの透明性は，点欠陥という，シリカガラス中にごく微量含まれるSi-O結合以外の構造の有無に大きく左右される。点欠陥は，放射線やレーザー光などの照射によっても新たに生成される。ゆえに，シリカガラスの透明性と照射耐性を向上させるには，点欠陥の性質を熟知することが不可欠である。シリカガラスの点欠陥に関する研究は，1956年の E' 中心（Siのダングリングボンド）の発見[1]を契機に本格的にはじめられ，以来50年以上にわたって多くの点欠陥が見出され，それらに関する膨大な量の研究が行われてきた。またこれと並行して，より点欠陥濃度の小さい，また点欠陥を生成しにくいガラスを得るためのプロセス開発が行われ，これが赤外光通信用ファイバーに代表される高純度合成シリカガラス製品の実現と普及の原動力となった。一方で，最も高純度な材料のひとつであり，かつ典型元素のみからなるシリカガラスに対する，モデルアモルファス酸化物としての基礎的関心は高い。現在でも，深紫外・真空紫外光学材料というニーズ，分光技術・量子化学計算技術の進展などを背景に，シリカガラスの本質に迫った研究が期待されている。

本稿では，シリカガラスに関して，2006年以降に細野プロジェクトで得られた成果について述べる。なお，これ以前の成果は成書[2]にまとめられているので，あわせてお読み頂ければ幸いである。

2.2 酸素過剰型シリカガラス中の酸素分子濃度の定量

低密度の酸化物であるシリカガラス（～2.2g cm^{-3}）の構造中には多くのすきまがあり，ここに気体分子などが溶解・拡散する[3,4]。シリカガラスを酸素雰囲気中で作製すると，このすきまに酸素分子（格子間 O_2）が包接される。格子間 O_2 は，シリカガラスに含まれる過剰酸素の最安定状態である。また，2.4で述べるように，放射線やレーザー光を照射した際に，ガラス網目を構成する酸素（格子酸素）がはじき出されて生成するなど，シリカガラス中での欠陥反応にも深くかかわっており，その検出と定量は重要な課題である。格子間 O_2 は，図1に示すように，い

＊ Koichi Kajihara 首都大学東京 大学院都市環境科学研究科 分子応用化学域 准教授

わゆる一重項酸素の赤外発光である $a^1\Delta_g \rightarrow X^3\Sigma_g^-$ 遷移によって選択的に検出でき，このとき波長765nmのレーザーを用いて $X^3\Sigma_g^- \rightarrow b^1\Sigma_g^+$ 遷移を励起すると極めて高感度に検出（検出限界～10^{14}cm^{-3}）できることが知られていた[5]。しかし，その定量には濃度が既知の標準試料が必要である。

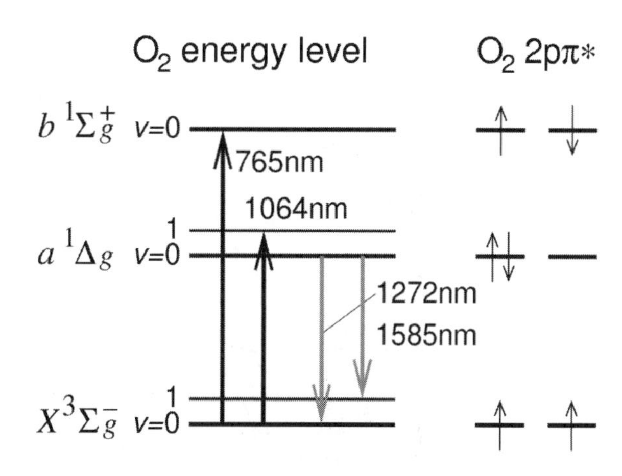

図1　格子間 O_2 のエネルギー準位図と対応する価電子配置の模式図

波長1272nm（絶対波数7860cm^{-1}）の発光が純電子遷移（PEB，$a^1\Delta_g(v=0) \rightarrow X^3\Sigma_g^-(v=0)$），1585nm（絶対波数6310cm^{-1}）の発光が格子間 $^{16}O_2$ における振動サイドバンド（VSB，$a^1\Delta_g(v=0) \rightarrow X^3\Sigma_g^-(v=1)$）にあたる。これらの発光は，波長765nmまたは1064nmのレーザー光で励起できる。

格子間 O_2 の絶対濃度は光吸収強度[6]やRaman散乱強度[7]から見積もることもできるが，より直接的に決定するため，昇温脱離法による定量を行った[8]。この方法では，熱処理によって放出された O_2 分子の量と，これに伴う発光強度の変化を測定することで，両者を関係付けることができる。試料は，シリカガラス板を O_2 ガスとともにシリカガラス管に封じて熱処理することで作製した。実験方法の改善によって，図2(a)のように，以前の報告[9]に比べて O_2 の放出量をほぼ倍増させつつ，H_2O，CO，CO_2 など，定量の精確さを損なうガスの放出を大幅に抑制できた。励起光源としてNd：YAGレーザー（波長1064nm）を用いると（図1），図2(b)のように，格子間 O_2 の発光とシリカガラスのRaman散乱が同じ波数領域で測定でき，Raman散乱強度を内部標準として格子間 O_2 濃度を定量できる[7]。以上の結果から，格子間 O_2 の濃度変化 ΔC と，1200cm^{-1} でのRaman散乱強度に対する格子間 O_2 発光帯のピーク強度比 $\Delta A_{PL}/A_{Raman(1200)}$ との関係式 $\Delta C(\mathrm{cm}^{-3}) \approx 2.7\times10^{16}\,\Delta A_{PL}/A_{Raman(1200)}$ を得た。なお，今回得られた比例係数は文献[7]のもののほぼ1/2であり，文献[6]から導出される値より1桁以上小さい。

2.3　^{18}O同位体標識法による格子間酸素分子のシリカガラス骨格との反応性の評価

シリカガラスでの気体分子の溶解・拡散は，一般に，ガラス網目のすき間を原子・分子がすり抜けていく「透過」(permeation）という機構で説明されている[3,4]。一方，シリコンの熱酸化による絶縁膜形成の研究から，格子間 O_2 の一部は，拡散中にガラス網目を構成する格子酸素と交換することが明らかにされている[10]。このような酸素交換は，放射線やレーザー光の照射による欠陥形成などにも関係している。原子のサイト交換を調べるには同位体標識が不可欠であるが，シリカガラスの場合，格子間 O_2 の濃度は，格子酸素に比べて数桁小さい。また，二次イオン質量分析法（SIMS）や核反応分析法（NRA）といった汎用的な同位体測定法は，元素の化学状態

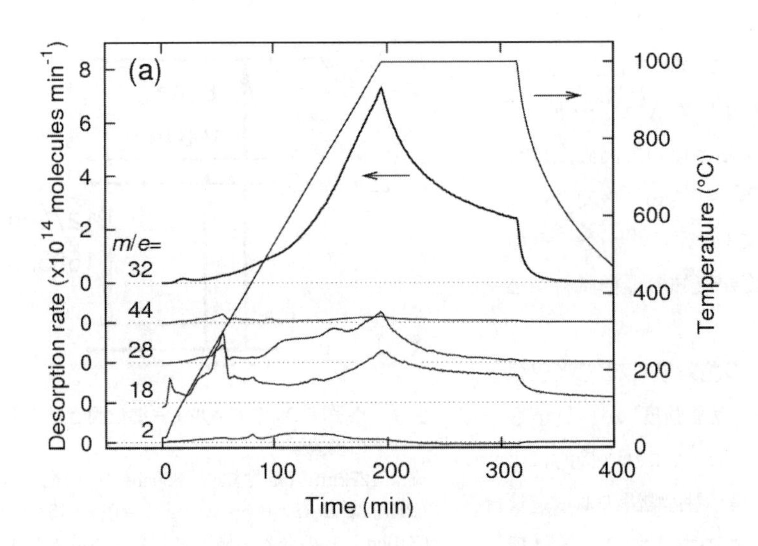

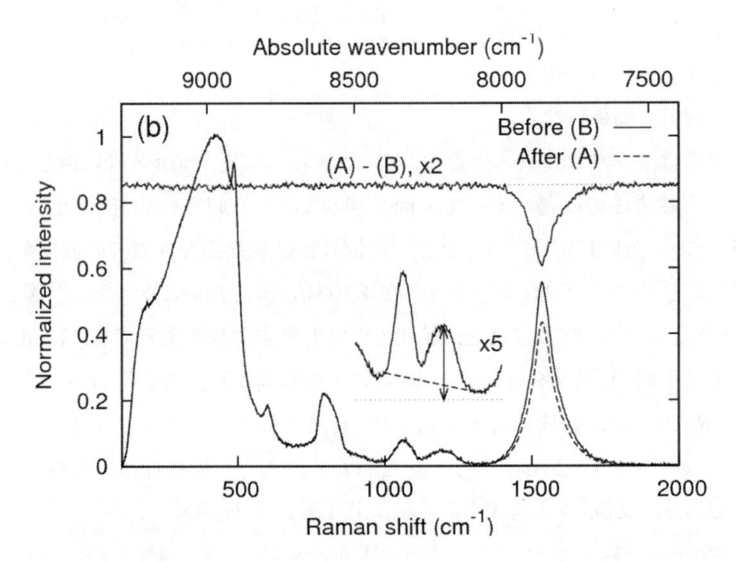

図2(a)　昇温脱離法による O_2 含浸したシリカガラスからのガス放出プロファイル
O_2(m/e=32)，CO_2（同44），N_2+CO（同28），H_2O（同18），H_2（同2）のデータを示してある。ベースラインを囲む面積がそれぞれのガスの放出量を表す。

(b)　昇温脱離測定前後のスペクトル変化
励起光源はNd：YAGレーザー（波長1064nm）。波数シフト1535cm^{-1}付近のピークが格子間 O_2 の発光，これより波数シフトが小さい領域のピークがシリカガラスのRaman散乱帯である。格子間 O_2 の発光帯の高さ変化が ΔA_{PL} に，図中の矢印の長さが $A_{Raman(1200)}$ にあたる（本文参照）。

を区別しないため，微量種である格子間 O_2 の同位体分析には適さない。このように，シリカガラス中の格子間 O_2 の反応性は，基礎的な問題でありながら，これまで正確な測定が困難であった。

格子間 O_2 の $a^1\Delta_g(v=0)\rightarrow X^3\Sigma_g^-(v=0)$ 遷移による赤外発光は，2.2で述べたように格子間 O_2 の高感度検出に有用であるが，純電子遷移による発光帯（Pure Electronic Band；PEB）であり同位体シフトを示さない。そこで，$a^1\Delta_g(v=0)\rightarrow X^3\Sigma_g^-(v=1)$ と表され（図1），PEBからO-O結合の振動エネルギー分だけ低エネルギー側に位置する，発光強度の小さい振動サイドバンド（Vibrational Side Band；VSB）を同位体分率の測定に用いた（図3）。試料を $^{18}O_2$ ガス中で熱処理すると $^{18}O_2$ が含浸されるが，その一部は大部分が ^{16}O である格子酸素と置換し，格子間 $^{16}O_2$ と $^{16}O^{18}O$ を生じる。図4に示すように，このときのVSBのピーク形状の変化を，格子間 O_2 についての拡散反応方程式を解いて再現し，格子間 O_2 と格子酸素との反応性を定量的に評価した。この結果，①格子間 O_2 と骨格酸素との交換速度はかなり広い分布をもつこと，②交換速度の重量平均の活性化エネルギーは～2eVであり，格子間 O_2 の透過拡散の活性化エネルギー（～0.8－1.2eV）よりはるかに大きいこと，③格子間 O_2 の平均自由行程は900℃以下では1μm以上あり，格子酸素とほとんど交換せずに拡散するとみなして良いこと，が明らかとなった[11,12]。

同位体置換によるスペクトルの強度変化はふつう小さい。ところが格子間 O_2 では，$^{16}O_2$，$^{16}O^{18}O$，$^{18}O_2$ の順に際立って発光効率が大きくなること，このため，2.2で格子間 $^{16}O_2$ について得た発光強度―濃度の比例係数は，^{18}O 標識した系では正しい格子間 O_2 濃度を与えないことが見出された[13]。図5(a)に $^{16}O_2$ または $^{18}O_2$ 中で熱処理した試料での発光寿命曲線を示す。$^{16}O_2$，

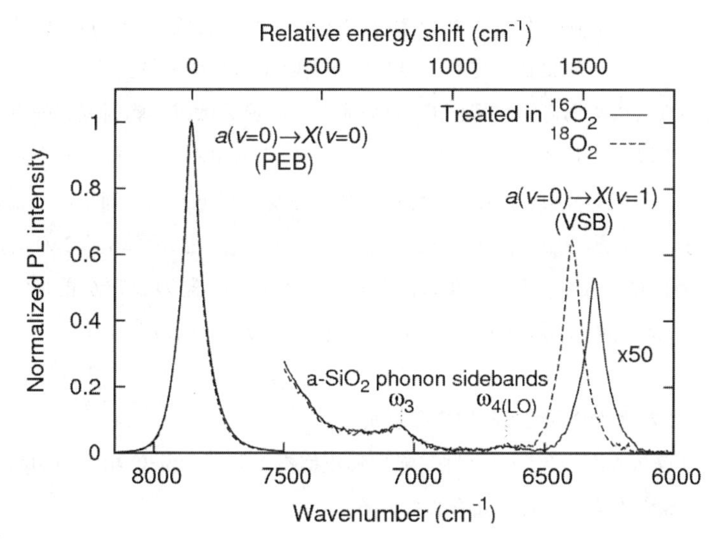

図3　$^{16}O_2$ または $^{18}O_2$ ガス中で熱処理した試料の赤外発光スペクトル
励起光源は発振波長765nmの半導体レーザー。VSB帯の同位体シフトが明確に観察される。

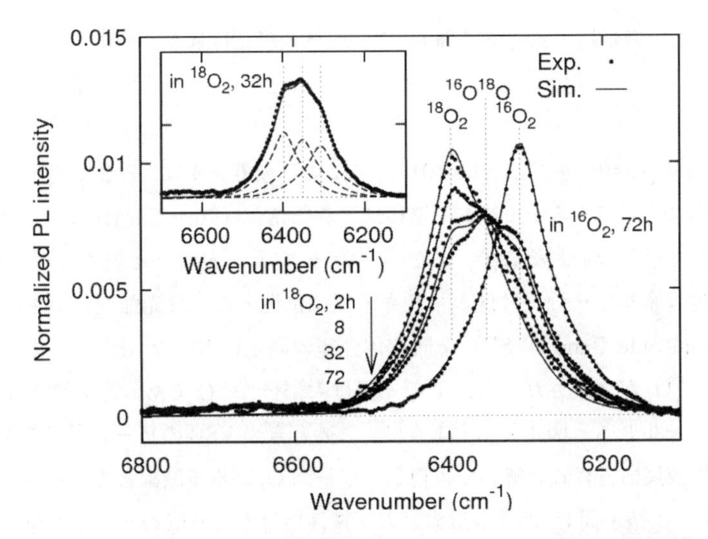

図4　$^{18}O_2$ ガス中，700℃で熱処理した試料の VSB スペクトル変化の熱処理時間依存性
点は実測データ，実線は計算結果を表す。$^{16}O_2$ ガス中で熱処理した試料のスペクトルもあわせて示した。挿入図は $^{18}O_2$ 中で 32 時間熱処理した試料のピーク分解スペクトル。

$^{16}O^{18}O$，$^{18}O_2$ の比率 f_{66}，f_{68}，f_{88}（$f_{66}+f_{68}+f_{88}=1$）が異なる種々の試料での発光寿命曲線の解析から，格子間 $^{16}O^{18}O$ と $^{18}O_2$ の発光寿命は，格子間 $^{16}O_2$ のそれぞれ～1.6 倍，～2.5 倍（$\tau_{68}/\tau_{66} \simeq 1.6$, $\tau_{88}/\tau_{66} \simeq 2.5$）と見積もられた。この違いは，溶液中の酸素（溶存酸素）での類似の現象を良く説明する，electronic-to-vibrational energy transfer 機構[14]で理解できると考えられる。すなわち，励起状態 $a^1\Delta_g(v=0)$ の一部は，図 5(b)に示すように，発光ではなく，シリカガラス網目のフォノンへのエネルギー移動を伴う非輻射遷移 $a^1\Delta_g(v=0) \rightarrow X^3\Sigma_g^-(v=m)$ に費やされるが，$^{18}O_2$ および $^{16}O^{18}O$ では，$^{16}O_2$ に比べてこの過程の非共鳴エネルギー E_{mn} が大きく，非輻射遷移が起こりにくいというものである。格子間 O_2 の発光寿命の違いは，非輻射遷移速度の違いによることが多い[15]。この場合，発光の量子効率は発光寿命に比例する。^{18}O 標識した系でもこれが成り立つとすると，格子間 O_2 濃度を求めるための発光強度の補正式は，補正前，補正後の発光強度 I_{obs} と I_{corr} を用いて $I_{corr}=I_{obs}/(f_{66}+f_{68}\tau_{68}/\tau_{66}+f_{88}\tau_{88}/\tau_{66})$ とかける。この補正式と 2.2 の比例係数から求めた格子間 O_2 濃度は理論値と良く一致し，上記の仮定が正しいこと，および ^{18}O 標識した系でも格子間 O_2 濃度の光学測定が可能なことが示された[13]。

2.4　高純度シリカガラスの真性欠陥機構の解析

高純度シリカガラス固有の欠陥（真性欠陥）形成機構として，Si-O 結合の切断によるダングリングボンドの形成が古くから良く知られている。

$$\equiv \text{Si-O-Si} \equiv \rightarrow \equiv \text{Si-O}^{\bullet} + {}^{\bullet}\text{Si} \equiv \qquad (1)$$

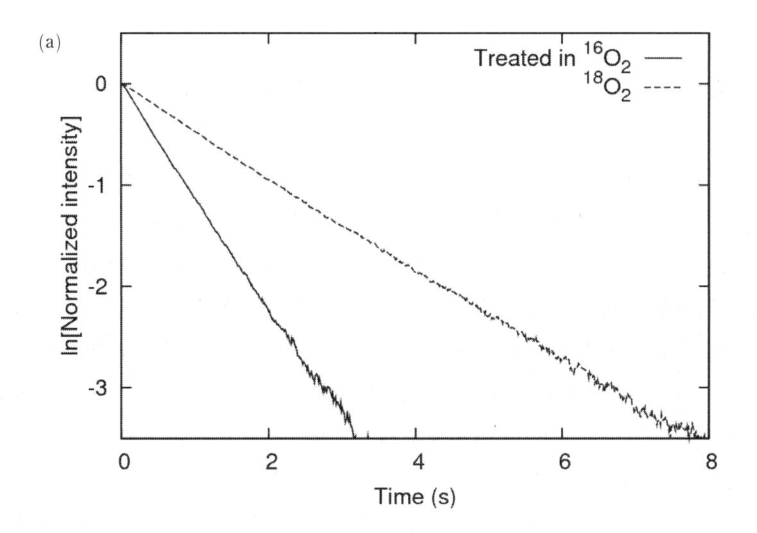

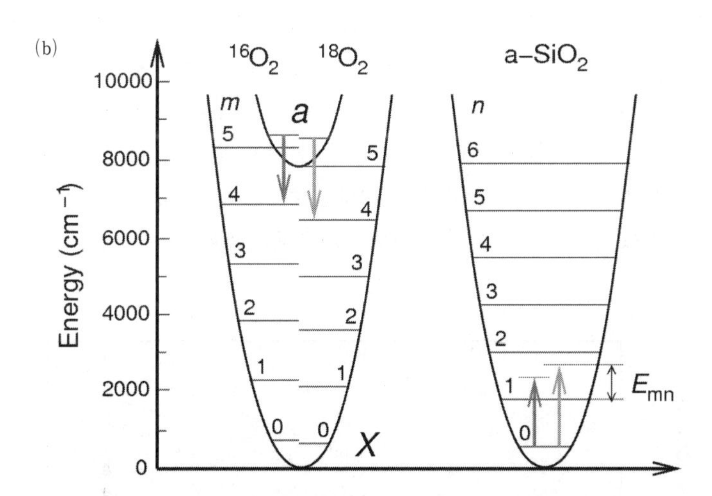

図 5 (a)　図 3 に示した，$^{16}O_2$ または $^{18}O_2$ ガス中で熱処理した試料の PEB の発光寿命曲線
後者の発光寿命は前者に比べて際立って長い。
(b)　Electronic-to-vibrational energy transfer 機構による格子間 O_2 の励起状態からの非輻射遷移の模式図
$^{18}O_2$ の方が非共鳴エネルギー（図中の E_{mn}）が常に大きいため，非輻射遷移が起こりにくく発光効率が高いと考えられる。

一方 1990 年代に，格子酸素のはじき出しによる酸素欠陥と格子間酸素原子（一部は二量化して格子間 O_2 となる）の対形成が新たに見出された[7, 16~18]。

$$\equiv\text{Si-O-Si}\equiv \rightarrow \equiv\text{Si-Si}\equiv + O^0(\text{or } 1/2O_2) \tag{2}$$

酸素欠陥と格子間酸素の対形成は，結晶では主な真性欠陥形成過程であり，Frenkel 対の形成として知られている。しかし，シリカガラスで式(1)と(2)のどちらが本質的な欠陥反応なのかは不明であった。これは，格子間酸素種は検出法がなく，かつ Si-Si 結合の定量にも一般に真空紫外分光器を必要とするため，式(2)を定量的に調べることが難しかったためである。

結晶との対比から，式(2)はアモルファスでの Frenkel 対の形成とみなせる。一方，式(1)は結晶性 SiO_2 の一種である α-石英では知られていない。ゆえに，代表的なアモルファス酸化物であるシリカガラスで式(1)と(2)のどちらが起こりやすいかを知ることは，アモルファスでの真性欠陥過程が，結晶の延長と位置づけられるのか，それとも歪をもった結合を欠陥前駆体とするようなアモルファス特有の機構が優勢なのかを知るという基礎的な意義がある。一方実用面では，式(1)で形成される欠陥種は 4 eV～7 eV（波長～200nm 以上），式(2)で形成される欠陥種は≳ 7 eV（～200nm 以下）と，異なった波長域に主要な吸収帯を生じる。ゆえに，どちらの欠陥過程が優勢かを知ることは，シリカガラスの紫外透明性を向上させるうえで重要である。

この課題に取り組むために，試料として欠陥前駆体をほとんど含まないフッ素ドープシリカガラスを用いた。また，励起源として高エネルギー電磁波である γ 線を用い，物理衝突による原子のはじき出しを伴うことなく試料の高密度電子励起を行った。さらに，2. 2 で述べた格子間 O_2 の検出法を利用し，式(1)，(2)のすべての生成物の濃度変化を調べた。その結果，欠陥前駆体濃度の小さい高純度シリカガラスでは，図 6 に示したように，①式(2)による Frenkel 対の濃度が式(1)によるダングリングボンド対の濃度を上回ること，②照射初期，式(2)による欠陥形成は γ 線照射量にほぼ比例するのに対し，式(1)による欠陥形成は必ずしもそうではないことが分かった。この結果，シリカガラスでは式(2)（Frenkel 対の形成）が主過程であることが初めて確認された[19,20]。

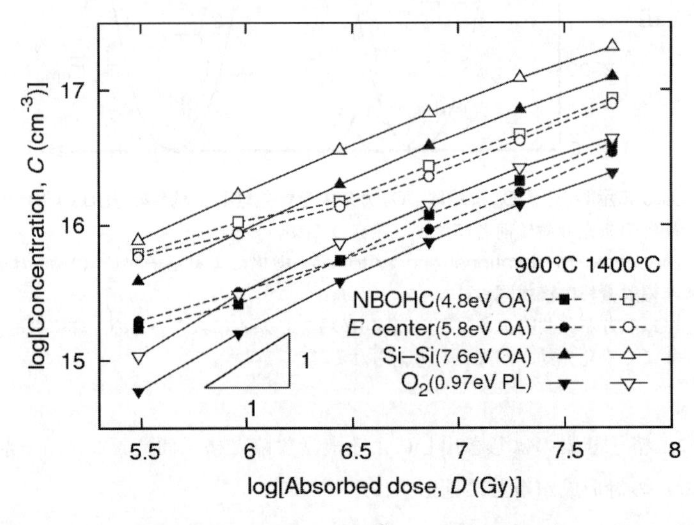

図 6　酸素ダングリングボンド（NBOHC，≡SiO●），シリコンダングリングボンド（E' 中心，≡Si●），Si-Si 結合，格子間 O_2 の濃度の ^{60}Co γ 線吸収線量依存性

ガラス網目の結合角の分布を揃えるため，照射前に 900℃または 1400℃で熱処理した。後者の方がガラス網目中の歪んだ結合が多い。格子間 O_2 の濃度が Si-Si 基の濃度に比べて小さいのは，酸素原子 2 個からなることと，一部二量化しない酸素原子があるためである。

また，主な前駆体成分であると考えられている安定角から歪んだSi-O-Si結合（歪Si-O-Si結合）の濃度が小さい900℃で熱処理したガラスでは，1400℃で熱処理したガラスに比べ，式(1)に加えて式(2)の反応も抑制されることが分かった[20)]。すなわち，Frenkel対の形成は，結晶の性質を受け継いだ過程であるものの，ガラス網目に歪があればより起こりやすいことがわかった。実用面からは，歪Si-O-Si結合の除去がシリカガラスの照射耐性を向上させるうえで重要であることが改めて確認された。

2.5　フッ素ドープシリカにおける真性欠陥形成と酸素拡散

SiF基は，SiOH基やSiCl基などと同様に，シリカガラスのガラス網目を切断する。これらの網目修飾基を導入すると粘度が下がるので，ガラス網目に残留した歪を除くことが容易になる。特にSiF基は，Si-F結合力が大きいため切断されにくく，またシリカガラスのバンドギャップ中にも光吸収帯をもたないため，照射耐性の良いシリカガラスや，深紫外・真空紫外レーザー用シリカガラスを実現するうえで重要なドーパントである。しかし，SiF基を過剰にドープすると，逆に照射耐性が低下するという指摘もなされていた[21,22)]。今回，SiF基の濃度が異なる複数の試料でγ線に対する照射耐性を調べたところ，SiF基濃度が$\sim 10^{19}-10^{20}$cm^{-3}程度含む試料の特性が最も良く，それ以上にSiF基をドープした試料では逆に欠陥形成が起こりやすいことが確かめられた（図7）[23)]。SiF基の過剰ドープによって新たな欠陥前駆体が導入された可能性がある。

SiF基のドープが格子間O_2の拡散に与える影響を調べたところ，$\sim 1.4\times 10^{19}$cm^{-3}程度のSiF基のドープはO_2の溶解度と拡散係数にほとんど影響しないことが分かった[24)]。一方で，～1×

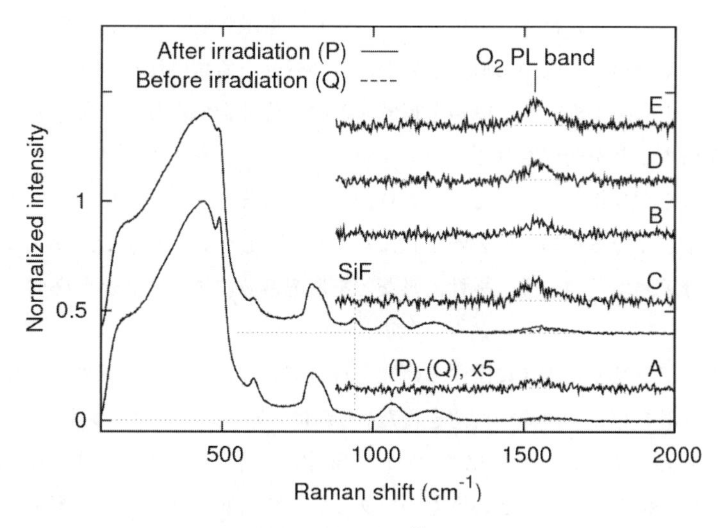

図7　フッ素（SiF基）濃度の異なる試料での^{60}Coγ線照射による格子間O_2の生成
SiF基の濃度(cm^{-3})は，A $\sim 4\times 10^{19}$，B $\sim 4\times 10^{20}$，C $\sim 1\times 10^{21}$，D $\sim 1\times 10^{21}$，E $\sim 2\times 10^{21}$，SiOH基の濃度（cm^{-3}）はC（$\sim 2\times 10^{17}$）以外は検出限界（$\sim 10^{17}$）以下である。格子間O_2濃度はほぼA－Eの順に増大している。他の点欠陥についてもほぼ同様の傾向がみられた。

$10^{20}cm^{-3}$程度のSiOH基をドープすると，溶解度，拡散係数共に小さくなることが知られており，網目修飾基ごとにその作用が異なることが示唆される。

2.6 シリカガラス中の水素の反応

水素分子H_2や原子状水素H^0は，シリカガラス中での拡散が早く，かつ反応性が大きいため，多くの欠陥反応に関与する重要な化学種である。Si-Si結合を含む酸素欠乏性シリカガラスに格子間H_2を含浸し，さらにF_2レーザー光（波長157nm）を照射すると，Si-Si結合が消滅することが見出された[25,26]。このときSiH結合の生成が確認されたことから，光照射によって

$$\equiv Si\text{-}Si\equiv + H_2 \rightarrow 2\equiv SiH \tag{3}$$

の反応が進行したことが示唆される。この試料では，電子常磁性共鳴測定より，H^0を捕獲したSi-Si結合（≡Si-H…Si≡）が同定された[27]。また，Si-H結合は光で直接励起すると容易に解離すると考えられているが，この反応はF_2レーザー照射下ではほとんど進行せず，SiH基の157nmでの光吸収は極めて小さいことが分かった。SiH基は，シリカガラスのバンドギャップ中にほとんど光吸収を与えないことが示唆される。

2.7 ゾル-ゲル法によるバルクシリカガラスの合成

ゾル-ゲル法は，主に液体のケイ素アルコキシドを原料とする，シリカガラスの代表的な液相合成法である。1970～1980年代に多くの研究が行われた[28,29]が，乾燥時に割れやすく，試料作製にも時間を要するため，現在主流の気相法や熔融法に対する優位性が低く，バルクシリカガラスの合成法としてはあまり注目されていない。しかし，熔融温度より数百度低温での焼結でシリカガラスが得られるため，合成中に原子配列がばらばらとなる熔融法や気相法に比べて，ガラス中に光・磁気機能中心のような高次構造を形成するのに好都合であり，今後の光機能材料開発において重要性が増すことが期待される。

ゲル化時に溶液をゲル相と溶媒相とにマクロ相分離させると，マクロ細孔が生じて溶媒蒸発に伴う毛細管力が小さくなるため，亀裂が生じにくくなる。しかしこれまで，マクロ相分離を起こすには，有機高分子，多量の強酸，極性溶媒などを反応溶液に加えることが必要と考えられてきた[30]。

本プロジェクトでシリカガラスに関する研究を行っている途上で，上記のような添加物を使用せずにマクロ相分離を起こすための着想を得た。それは，ケイ素アルコキシドを部分加水分解し，疎水部を残した状態で重縮合・ゲル化させれば，親水的な水-アルコール混合溶媒からシリカ相が析出・相分離するのではないかというものである。この着想に従い，ケイ素アルコキシドを酸性条件化で部分加水分解し，続いてpHを中性付近にシフトさせて加水分解を抑えつつ重縮合を促進させると，一部のアルコキシ基が未反応のまま重縮合が進み，マクロ多孔質ゲルが作製できることを見出した。この結果，水とケイ素アルコキシドという必須成分を主成分とするシンプル

図8　本研究で得られた多孔質乾燥シリカゲルと，それを焼成して得たシリカガラスの写真
最終的な溶液組成（モル比）は，水：テトラエトキシシラン（TEOS）：硝酸：酢酸アンモニウム＝10：1：0.002：0.02。写真のゲル作製には TEOS 10.4g を用いた。挿入図は同様の条件で作製した乾燥ゲルの電子顕微鏡写真。

な溶液からマクロ多孔質ゲルを作製できることが初めて示された。得られたゲルと，これを焼成して得たシリカガラスの写真を図8に示す。この手法では，一般に共溶媒として多用されているアルコールも不要である。さらに，ガラス作製に要する時間も3～4日と従来の方法に比べて短く，シリカガラスの新しい液相合成経路として有望である[31]。

文　献

1) R. A. Weeks, *J. Appl. Phys.*, **27**, 1376 (1956)
2) 細野秀雄，平野正浩編，透明酸化物機能材料とその応用，シーエムシー出版 (2006)
3) J. E. Shelby, Handbook of Gas Diffusion in Solids and Melts, ASM International, Materials Park (1996)
4) R. H. Doremus, Diffusion of Reactive Molecules and Melts, John Wiley & Sons, New York (2002)
5) L. Skuja, B. Güttler, D. Schiel, A. R. Silin, *Phys. Rev. B*, **58**, 14296 (1998)
6) W. Carvalho, P. Dumas, J. Corset, V. Neuman, *J. Raman. Spectrosc.*, **16**, 330 (1985)
7) L. Skuja, B. Güttler, D. Schiel, A. R. Silin, *J. Appl. Phys.*, **83**, 6106 (1998)
8) K. Kajihara, T. Miura, H. Kamioka, A. Aiba, M. Uramoto, Y. Morimoto, M. Hirano, L. Skuja, H. Hosono, *J. Non-Cryst. Solids*, **354**, 224 (2008)
9) K. Kajihara, M. Hirano, M. Uramoto, Y. Morimoto, L. Skuja, H. Hosono, *J. Appl. Phys.*, **98**, 013527 (2005)
10) M. A. Lamkin, F. L. Riley, R. J. Fordham, *J. Eur. Ceram. Soc.*, **10**, 347 (1992)

11) K. Kajihara, T. Miura, H. Kamioka, M. Hirano, L. Skuja, H. Hosono, *Phys. Rev. Lett.*, **102**, 175502 (2009)
12) K. Kajihara, T. Miura, H. Kamioka, M. Hirano, L. Skuja, H. Hosono, *ECS Trans.*, **25** (9), 277 (2009)
13) K. Kajihara, T. Miura, H. Kamioka, M. Hirano, L. Skuja, H. Hosono, *Appl. Phys. Express*, **2**, 056502 (2009)
14) C. Schweitzer, R. Schmidt, *Chem. Rev.*, **103**, 1685 (2003)
15) K. Kajihara, M. Hirano, M. Uramoto, Y. Morimoto, L. Skuja, H. Hosono, *J. Appl. Phys.*, **98**, 013528 (2005)
16) T. E. Tsai, D. L. Griscom, *Phys. Rev. Lett.*, **67**, 2517 (1991)
17) H. Hosono, H. Kawazoe, N. Matsunami, *Phys. Rev. Lett.*, **80**, 317 (1998)
18) M. A. Stevens-Kalceff, *Phys. Rev. Lett.*, **84**, 3137 (2000)
19) K. Kajihara, M. Hirano, L. Skuja, H. Hosono, *Chem. Lett.*, **36**, 266 (2007)
20) K. Kajihara, M. Hirano, L. Skuja, H. Hosono, *Phys. Rev. B*, **78**, 094201 (2008)
21) K. Arai, H. Imai, J. Isoya, H. Hosono, Y. Abe, H. Imagawa, *Phys. Rev. B*, **45**, 10818 (1992)
22) K. Sanada, N. Shamoto, K. Inada, *J. Non-Cryst. Solids*, **179**, 339 (1994)
23) K. Kajihara, M. Hirano, L. Skuja, H. Hosono, *Mater. Sci. Eng. B.*, **161**, 96 (2009)
24) K. Kajihara, T. Miura, H. Kamioka, M. Hirano, L. Skuja, H. Hosono, *Mater. Sci. Eng. B*, **173**, 158 (2010)
25) L. Skuja, K. Kajihara, M. Hirano, H. Hosono, *J. Non-Cryst. Solids*, **353**, 526 (2007)
26) L. Skuja, K. Kajihara, M. Hirano, H. Hosono, *Phys. Chem. Glasses*, **48**, 103 (2007)
27) L. Skuja, K. Kajihara, M. Hirano, H. Hosono, *Nucl. Instr. Methods Phys. Res. B.*, **266**, 2791 (2008)
28) 作花済夫，ゾル-ゲル法の科学，アグネ承風社，1988
29) C. J. Brinker, G. W. Scherer, Sol-Gel Science: The Physics and Chemistry of Sol-Gel Processing, Academic Press, New York, 1990
30) K. Nakanishi, *J. Porous Mater.*, **4**, 67 (1997)
31) K. Kajihara. M. Hirano, H. Hosono, *Chem. Commun.*, **2009**, 2580 (2009)

3　Eu^{2+}蛍光体

上岡隼人*

3.1　はじめに

蛍光体は，外部からの励起エネルギー（光，電子線など）により，光を放つ材料であり，照明用の蛍光灯や情報表示用のブラウン管テレビの蛍光面等，我々の身近な生活を支えている。蛍光体は，その発光特性を向上させるための研究開発が，絶えず進められているが，近年，青色発光ダイオード（青色LED）の登場が新たな潮流を生み出している。青色LED（ピーク波長460nm付近）を励起源として，黄色および赤色発光する蛍光体を一つのパッケージとすることで，光の三原色を全て含んだ白色の光を発するLEDが生み出されたのである。白色LED用蛍光体として最初に用いられたのは，Ce^{3+}イオンを添加した$Y_3Al_5O_{12}$蛍光体であった。この蛍光体の発光スペクトルは黄色中心の分布をしており，白色光を構成する赤色の成分が不足していた。このため，太陽光のような白色光を代替する自然照明用の光源としては不向きであった。白色LEDの開発は，いま盛んに行われているが，これには，青色LEDで励起可能かつ赤色成分を多く含む広帯域発光（高演色性）蛍光体が求められている。このような蛍光体用の希土類イオンの一つとして注目されているのが，Eu^{2+}イオンである。

Eu^{2+}は7個の4f電子を有しており，基底状態では，それぞれの7個の電子がスピンの向きをそろえ，4f軌道に入っている（$^8S_{7/2}$）（図1(a)）。この基底状態は，Gd^{3+}と同じである。1個の4f電子がスピンの向きを逆転する遷移により，4f電子の最低励起状態が生まれる。しかし，ほとんどの母材では，5d軌道が結晶場分裂して生じた最低励起準位（$4f^65d^1$準位）が，$4f^7$電子配置

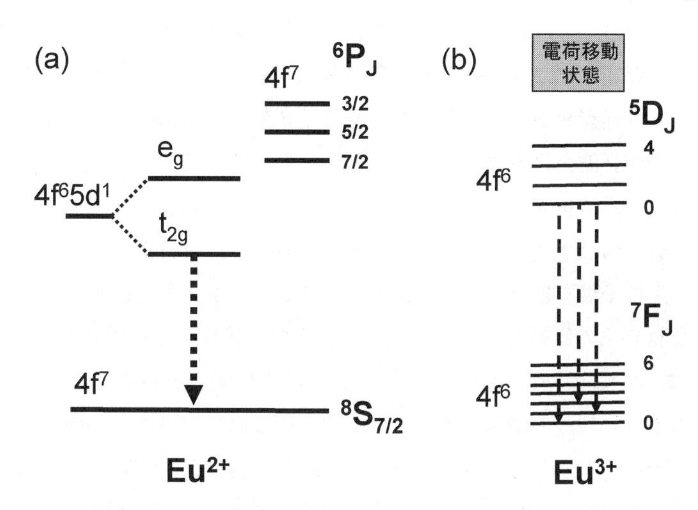

図1(a)　立方対称の結晶場中におけるEu^{2+}イオンのエネルギー準位図
(b)　Eu^{3+}イオンのエネルギー準位図

＊　Hayato Kamioka　筑波大学　大学院数理物質科学研究科　物理学専攻　助教

最低励起状態より低エネルギーとなる。このため，可視領域での吸収と発光は，f-d（$4f^7$ ⇔ $4f^6 5d^1$）遷移により起こる。Eu^{2+}の f-d 遷移は，スピン禁制であるが，電気双極子遷移は許容であり，高い確率で遷移が生じる。Eu^{2+}は，このような許容遷移により効率良く励起エネルギーを吸収できるので，高効率の蛍光体となる。また，Ce^{3+}と異なり，Eu^{2+}の発光はスペクトル幅が狭く，色純度の良い発光が得られる。さらに，5d 電子状態は，結晶場の影響を強く受けるため，Eu^{2+}イオンを用いた蛍光体では，母体により，紫外域から可視域までの様々な発光を示すことが知られている。これは言い換えれば，適当な母材を選択し，5d 電子準位のエネルギーを高くすれば，5d 準位と $4f^7$ の最低励起準位のエネルギーが競合するような状況を作り出せることを意味している。こうした状況では，発光スペクトルの形状は，幅広い f-d 遷移による発光から f-f（$4f^7$ ⇔ $4f^7$）遷移による輝線状の発光へと転換させることもできる。また，Eu^{2+}イオンから母材の伝導帯への電子の移動により，電子がひとつ除かれると，基底状態 $^7F_0$ 準位，最低励起状態 $^5D_0$ 準位を有する Eu^{3+}イオンに変換する（図 1(b)）。Eu^{3+}イオンでは，f-f（$4f^6$ ⇔ $4f^6$）遷移による輝線状の発光スペクトルが現れる。本稿では，こうした多様なスペクトルを示す Eu^{2+}蛍光体を対象に，結晶場に応じて変わる 5d 電子の最低励起準位のエネルギー位置と発光特性の変化を，$4f^7$ 電子の最低励起準位および母材結晶の伝導帯のエネルギー位置と対比させながら見てゆく。

3.2 $Ca_2ZnSi_2O_7$ 蛍光体における Eu^{2+} イオン

まず，結晶場が強く，Eu^{2+}の 5d 電子の最低励起準位が，$4f^7$ 電子よりも十分低エネルギー側に位置し，結果として長波長の赤色発光を示す蛍光体を考えてみよう。こうした蛍光体は，自然な白色光を得るために必須な蛍光体として，注目を集めている。例えば，Ba_3SiO_5（発光波長 590nm）や $Ba_2Mg(BO_3)_2$（同 610 nm）である。これらの結晶では，①配位する酸素イオンの価数が高く，接近して存在しており，かつ配位数が多い（8 ～ 9），②配位する酸素イオン配置の対称性が低い，という共通点がある。すなわち，酸素イオンによる結晶場が強くかつ歪められており，この結果，発光が長波長にシフトしていると考えられる。

我々は，赤色発光を示す蛍光体を探索するにあたり，価数の大きい非架橋酸素を有する酸化物に着目した。非架橋酸素は形式電荷が－1と大きく，且つ平衡位置からの変位を大きく出来る可能性があるので，配位子場を増強しつつ，ストークスシフトも大きく出来ると期待されるからである。このような材料系の候補として，図 2(a)のような層状構造を持つ正方晶（D_{2d}^3）ソロ珪酸塩（Melilite）がある。この結晶では[1]，Eu^{2+}イオンが置換するアルカリ金属イオン（M）のサイトは，図 2(b)のように 8 つの酸素原子によって取り囲まれている。この内 3 つが非架橋酸素である。特に，$Ca_2ZnSi_2O_7$: Eu^{2+} (Hardystonite) では，最近接配位する酸素イオンと M サイト間の距離が短く，この平均距離（2.57Å）は，前出の赤色蛍光体 Ba_3SiO_5 や Ba_2Mg（BO_3）$_2$ の 2.81Å よりも短い。また他の Melilite では，配位子間の平均距離の減少と共に，発光は赤い方へ向かっており[2,3]，Hardystonite を母材とする Eu^{2+}蛍光体は，これら既存の蛍光体と比べてより長い波長で発光することが期待される。そこで，実際に Hardystonite : Eu^{2+}試料（Eu の置換量 1％）

を作成し，その発光，吸収スペクトル，励起スペクトル（PLE：Photoluminescence Excitation スペクトル）を測定した。この結果を図3に示す[4,5]。

図中には，励起波長を変化させた場合の発光スペクトルを，それぞれの励起位置の番号と対応させて示してある。Hardystoniteでは，350nm（3.5eV）より長い波長光で励起すると，f-d遷移による600nmを中心とした幅広い赤色発光が得られる。モニタ波長を600nmとした励起スペクトルでは，460nm付近にピークが見られ，ここで最大の発光効率が得られた。これらの励起および発光特性は，青色LEDで励起できる赤色蛍光体として，望ましいものとなっている。この結果は，蛍光体母材の探索方針として，非架橋酸素に着目することの妥当性を裏付けている。

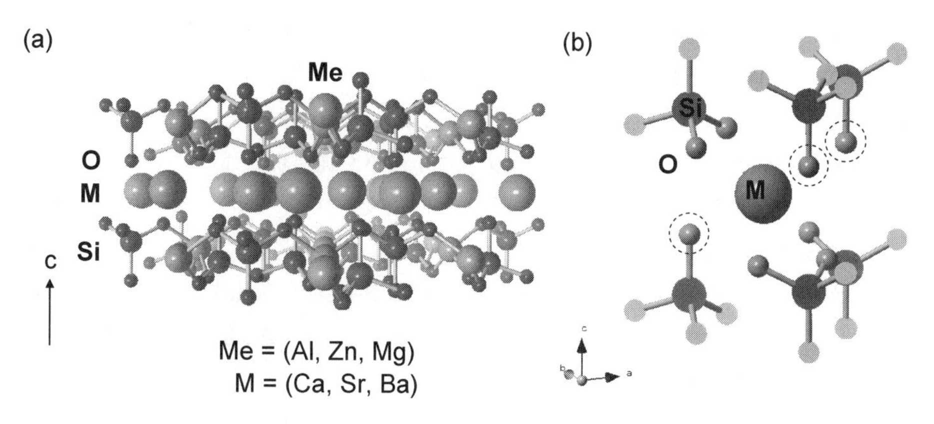

図2(a)　Meliliteの結晶構造
(b)　Melilite結晶において，Eu^{2+}の置換するアルカリ土類金属Mの周りの酸素イオンの配位状態

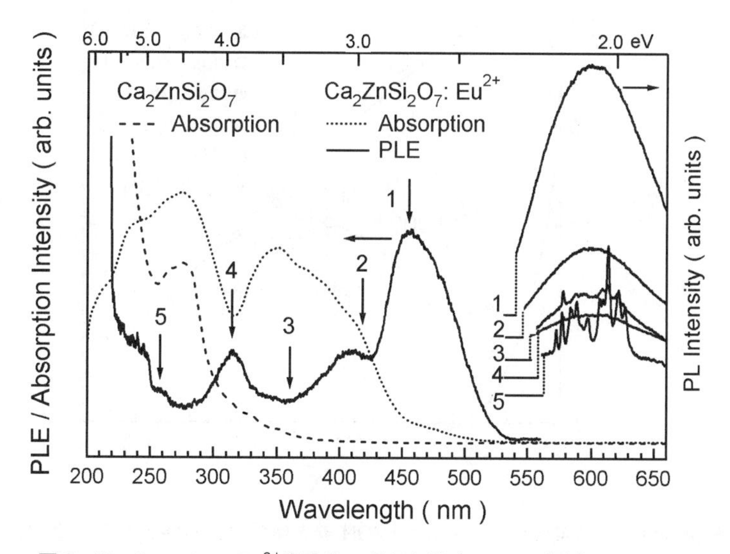

図3　Hardystonite：Eu^{2+}蛍光体の吸収と発光，および励起スペクトル

得られたHardystoniteの発光を，CIE（Commission Internationale de l'Eclairage：国際照明委員会）表色系における三刺激値に基づいたxy色度図にプロットしたものを，図4に示す。この図には，各Melilite蛍光体および赤色発光を示す窒化物Ca-α-SiAlON：Eu^{2+}の値も示してある。Hardystonite：Eu^{2+}の色度座標は（x，y）=（0.54，0.45）であり，Ca-α-SiAlONとほぼ同じ赤色発光領域に位置している。白色LEDの場合，青色発光ダイオードの波長（460nm）と色度図上の蛍光体の発光プロット点を結んだ線が，黒体輻射の色温度の関係を示す色軌跡（Planckian locus）と交わる位置が，その白色の凡その色温度を与える。HardystoniteやCa-α-SiAlONの蛍光体では，色温度は2000～3000Kであり，夕日や白熱電球に似た暖色系の白色が得られることを意味している。

一方，350nm近辺より短波長光で励起すると，f-d遷移による幅の広い発光は弱まり，代わって鋭い発光ピークの一群が現われ始める。これらの輝線スペクトルは，Eu^{3+}イオンのf-f遷移による輝線発光（$^5D_0 \rightarrow {}^7F_J$）であると同定できる。Hardystoniteは，Eu^{3+}イオンサイトに反転対称が無いので，620nm付近の$^5D_0 \rightarrow {}^7F_2$の電気双極子遷移が強く現われる。つまり，短波長励起により，Eu^{3+}イオンがEu^{2+}に還元されていることが示唆される。このようなEu^{3+}とEu^{2+}の転換は，例えばSr_2SiO_4：Eu^{3+}において報告されている。この場合には，UVまたはX線の照射により，Eu^{3+}が還元されてEu^{2+}となり，輝線状発光が幅広い発光に変化する[6]。この逆の過程は，赤色蛍光体であるY_2O_2S：Euにおいても想定されており，Sm^{2+}が添加されたSrB_4O_7においては，実験的に確認されている[7]。

Hardystonite結晶中における，この光還元を理解するには，図5(a)のような励起電子の緩和過程のダイアグラムを考えることが肝要である。これを確認する実験では，励起光とは別のレー

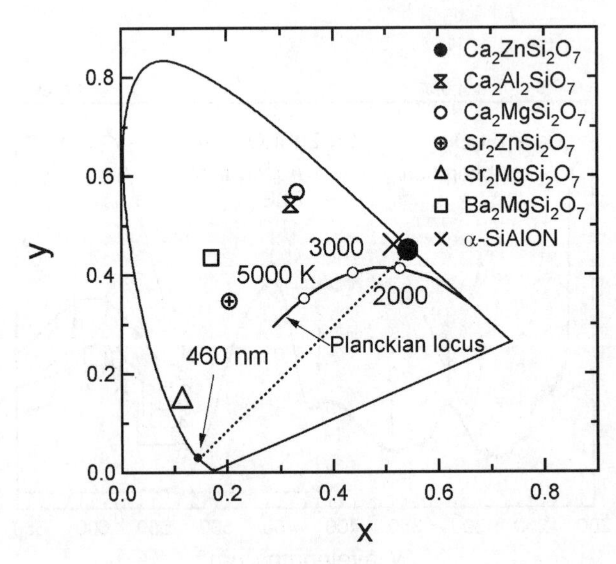

図4　各Melilite：Eu^{2+}蛍光体とCa-α-SiAlON蛍光体の発光特性のCIE色度図上へのプロット

ザー光で，Eu^{3+}イオンを励起準位へ遷移させる過程を追加している。Eu^{2+}イオンとEu^{3+}イオンの基底準位の電子数をN_1，N_2，Eu^{3+}の励起状態の電子数をN_3とすると，それぞれの濃度の時間変化は，以下のような連立微分方程式に従って進行する。

$$\frac{dN_3}{dt} = -\beta N_3 + \delta N_2 \tag{1}$$

$$\frac{dN_2}{dt} = -\delta N_2 + \beta N_3 - \gamma N_2 \tag{2}$$

この連立方程式から，Eu^{3+}の発光に対応する励起状態の電子数N_3は，以下のように求められる。

$$I_{PL} \propto N_3 = A\exp(-t/\tau_1) + B\exp(-t/\tau_2) \tag{3}$$

$$1/\tau_{1,2} = -(\beta + \gamma + \delta)/2\left[1 \pm \sqrt{1-4\beta\gamma/(\beta+\gamma+\delta)^2}\right] \tag{4}$$

パルス光励起のみの場合には，式(1)において$\delta = 0$であり，Eu^{3+}の発光は単一指数関数で緩和する。一方，パルス光と連続光を照射した場合には，過渡的に生成したEu^{3+}は，2つの指数関数の和で緩和することになる。ここでは，77Kで波長260nmの紫外パルスレーザー光で励起を

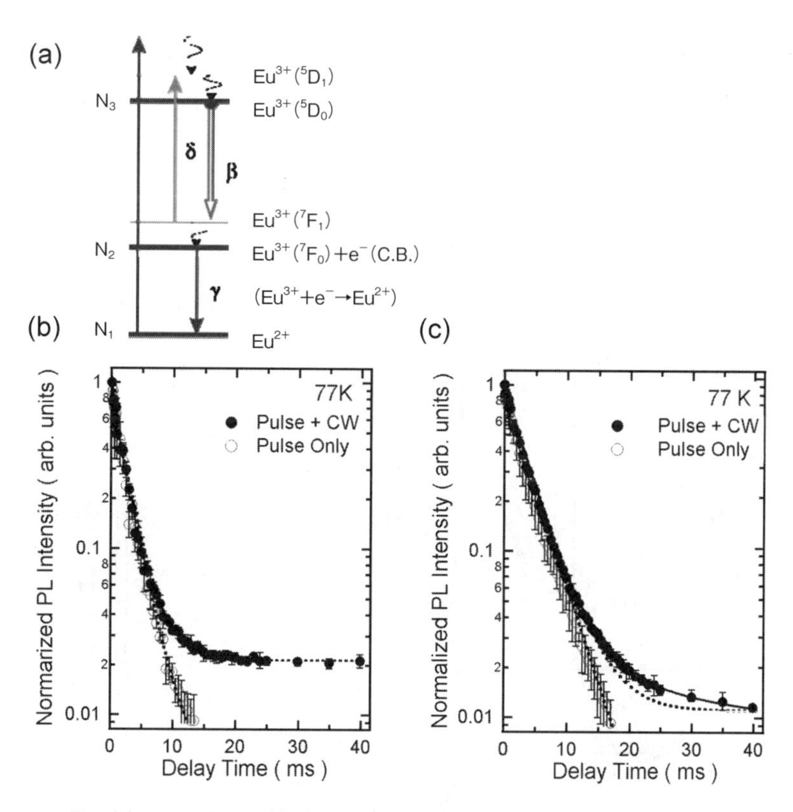

図5(a)　Euイオンの光励起および緩和過程における電子状態の推移図
(b)　Hardystonite：Eu^{3+}蛍光体の発光緩和過程
(c)　Hardystonite：Eu^{2+}蛍光体の発光緩和過程

行い，$^7F_1 \rightarrow {}^5D_1$ の準位間を532nmの連続光レーザー（CW：Continuous Wave レーザー）で継続的に励起し，励起状態のEu^{3+}の量を，$^5D_0 \rightarrow {}^7F_1$ 遷移による発光でモニタした。

まず還元前のEu^{3+}試料での測定結果を，図5(b)に示す。パルス光励起のみの場合（白丸）には，発光は単一指数関数で緩和しており，破線で示すフィッティング結果から，その時定数は$1/\beta = 2.4$msと見積もられる。これは式(1)において$\delta = 0$の場合である。これに連続光を追加した場合（黒丸）には，破線で示す定数項を加えた関数形でフィッティング出来る。次に，還元後のEu^{2+}試料で行った測定の結果を，図6(c)に示す。パルス光励起のみの場合は，発光は単一指数関数で緩和しており，破線で示すフィッティングの結果，時定数は3.8msと見積もられる。一方，連続光を追加した場合には，同じ関数形ではフィッティング出来ず，実線のように，二つの指数関数を用いて初めて再現可能である。二つの指数関数によるフィッティングから得られる緩和時間τ_1とτ_2は，それぞれ3.4msと14.8msとなり，これらと式(4)から，過渡生成されたEu^{3+}の緩和時間$1/\gamma$は58msと見積もられた。これは，過渡生成されたEu^{3+}が，比較的安定して存在することを意味している。

以上の結果を踏まえて，この系のエネルギーダイアグラムを描くと，図6のようになる。励起スペクトルの460nmのピークは，Eu^{2+}から母材の伝導帯への電荷移動を介した，高い励起確率のf-d発光によるものと考えられる。母材の吸収端近傍での高エネルギーの励起では，Eu^{3+}励起状態が過渡的に生成され，これによる発光が現われる。このような描像で，Hardystonite：Eu^{2+}蛍光体におけるEuイオンの励起および緩和過程は理解される。

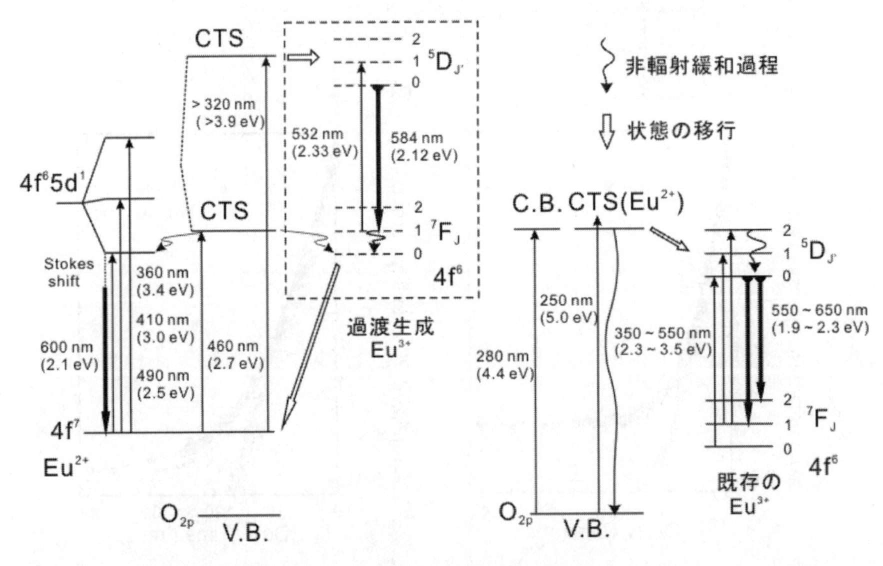

図6　Hardystonite：Eu^{2+}蛍光体の励起および発光緩和過程のエネルギーダイアグラム

3.3　SrB_4O_7 蛍光体における Eu^{2+} イオン

次に，結晶場が弱く，Eu^{2+} の5d電子の最低励起準位が，$4f^7$ 電子励起状態と拮抗する程度に高くなっている蛍光体の例として，ホウ素酸化物 SrB_4O_7 の Eu^{2+} 蛍光体を取り挙げる。この蛍光体は，図7(a)で示す結晶構造を持つ。Eu^{2+} イオンが置換する Sr^{2+} イオンの周りで，酸素イオンはすべて［BO_4］の四面体を形成しており，このユニットが3次元的に連結している。通常，酸化物中において Eu^{2+} イオンを生成するには，水素雰囲気中で加熱するなどの還元処理が必要であるが，この結晶ではその必要がなく，通常の焼成で可能となっている。この蛍光体結晶における発光スペクトルの形状および時間変化には，強い温度依存性が観測される。100Kでの発光（図7(b)）には，f-d遷移による速い緩和時間の幅広い発光のみが観測されるのに対し，5Kでの発光（図7(c)）には，鋭い発光ピークが混ざり，かつf-d発光の緩和時間も変化している。この鋭い発光ピークは，その波長から $4f^7$ の最低励起準位からの発光であると同定される。発光寿命の温度依存性は，5d電子と $4f^7$ 電子の各最低励起準位が近接していることに拠っている。図8(a)に，この蛍光体における $4f^7$ 準位と $4f^65d^1$ 準位の模式図を示す。5d電子と $4f^7$ 電子の各最低励起準位の間にはエネルギー障壁があるが，障壁の高さは，発光緩和時間の温度依存性の測定から16meV（$130cm^{-1}$）と求められる[8]。これは温度にして190K程度である。このように，SrB_4O_7 結晶の Eu^{2+} 蛍光体は，それ自体でf-f遷移とf-d遷移が競合する舞台となっている。

同じ組成を有するガラス試料では，Euイオンは，結晶の場合と異なり，3価で安定化される。Eu^{2+} イオン蛍光体とするには，還元処理が必要である。また，Eu^{2+} イオン蛍光体では，図8(b)に示すように，発光スペクトルのストークスシフトの大きさに，大きな違いが見られる。すなわち，SrB_4O_7 中のEuイオンは，周りの原子配列の違いに応じて安定な価数状態が異なっており，この違いがストークスシフトの大きさに反映されている。我々は，これが Eu^{2+} イオンに配位するホウ酸の配置の違いによるものと考え，実験と解析を通じてEuイオンの基底状態の安定性について検証を行った[9]。これを以下に紹介する。

Euイオンの局所構造を調べるため，パルスESRによる電子スピンエコー変調（ESEEM：Electron Spin Echo Envelope Modulation）の手法を用いた。これはESRスペクトルに現われる，

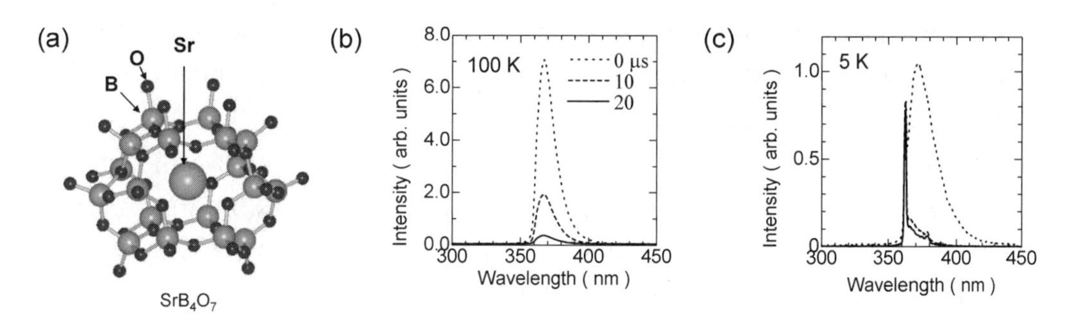

図7　(a) SrB_4O_7 の結晶構造 SrB_4O_7：Eu^{2+} の結晶試料における
(b) 100Kおよび(c) 5Kでの発光スペクトルの時間変化

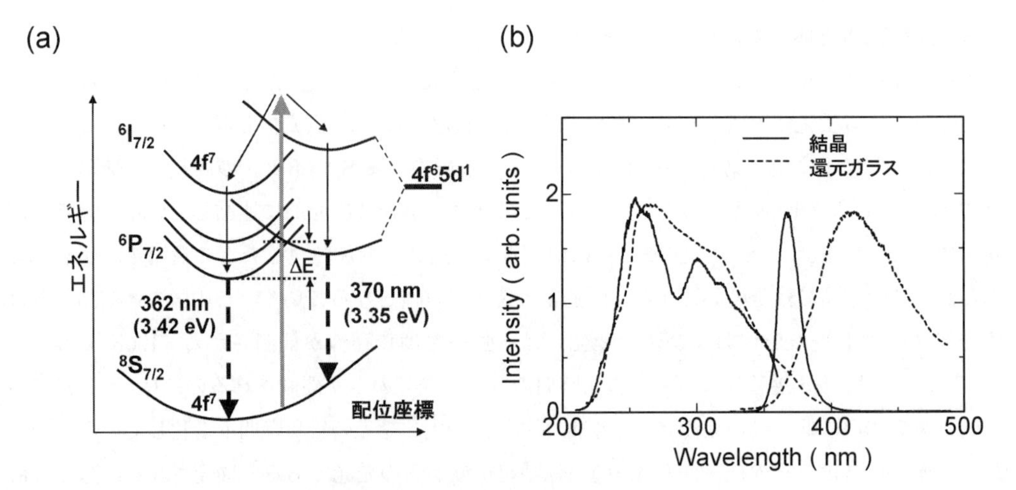

図8(a)　SrB_4O_7：Eu^{2+}の結晶試料における発光緩和過程のエネルギーダイアグラム
(b)　SrB_4O_7：Eu^{2+}の結晶試料および還元ガラス試料における，発光および励起スペクトル

核スピンと電子スピン間の超微細相互作用の高次の項に反映されている，活性中心周辺の中距離構造の情報を得るための方法である。ここでは，図9(a)に示すような$\pi/2$パルスの系列を用いる3パルスエコー法を採用した。τは固定しTの掃引に対してエコー強度を記録すると，スピン-格子緩和時間（T_1）を時定数とする減衰曲線としてESEEM信号が得られる。SrB_4O_7：Eu^{2+}におけるESEEMには，Eu^{2+}の電子スピンから0.3〜0.8nm程度の距離に存在する，核四極子を有するB^{3+}イオンの配位数と配位子場の対称性に関する情報が含まれる[10,11]。ここでは，結晶および還元ガラス試料の各々において，Eu^{2+}イオン周辺の配位子構造を仮定し，これに基づくESEEMのシミュレーション結果と実験結果の比較を行った（図9(b)）。

ESEEMスペクトルには，^{10}B（$I=3$，天然存在比19.8%）および^{11}B（$I=3/2$，同80.2%）による変調が見られる。結晶のSrサイトにEu^{2+}イオンを置換した構造モデルを仮定し，^{11}B-NMRによる核四極子結合定数$e^2qQ_n/h=1.44$MHz（^{10}B），0.70MHz（^{11}B）および非対称パラメータ$\eta=0$を用いてシミュレーションを行った結果，実測値との良い一致が得られた。一方，還元ガラス試料のESEEMスペクトルを図10(a)の上に示す。結晶試料のスペクトルとは形が異なり，強度も著しく弱くなっている。これは，Eu^{2+}周りの磁性核であるB^{3+}の個数と距離が，結晶とは全く異なっている事を示している。

そこで構造モデルとして，①Eu^{2+}周りの構造が，結晶の時と同じモデル，②NMRによるN_4値（酸素が4配位したBの割合）[2]を束縛条件とし，3および4配位のホウ素が統計的に分布するとしたモデル，の二つを仮定し，これらのモデルに対するシミュレーションを行った。その結果は，それぞれ図10(A)の(b)と(c)のようになる。しかし，これらは実測データとは波形および減衰の様子が異なっている。そこで，③非架橋酸素を持つ3配位BO_3^-アニオン（$e^2qQ_n/h=4.97$MHz（^{10}B），2.45MHz（^{11}B），$\eta=0.59$）が，Eu-B間距離$r_B=0.38$nmの所に2個，非架橋酸素を持た

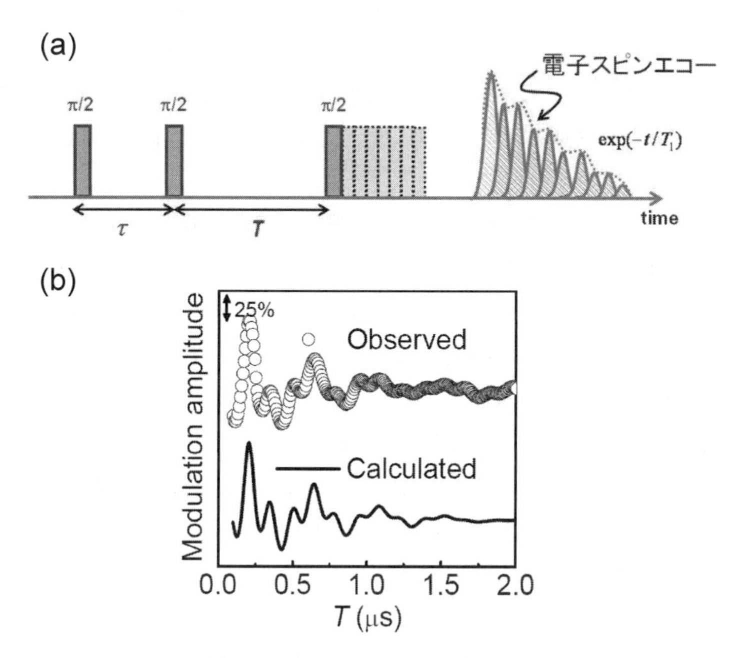

図9(a)　電子スピンエコー測定（ESEEM）の原理図
(b)　SrB_4O_7：Eu^{2+}の結晶試料におけるESEEM測定結果と，結晶構造に基づくシミュレーション結果

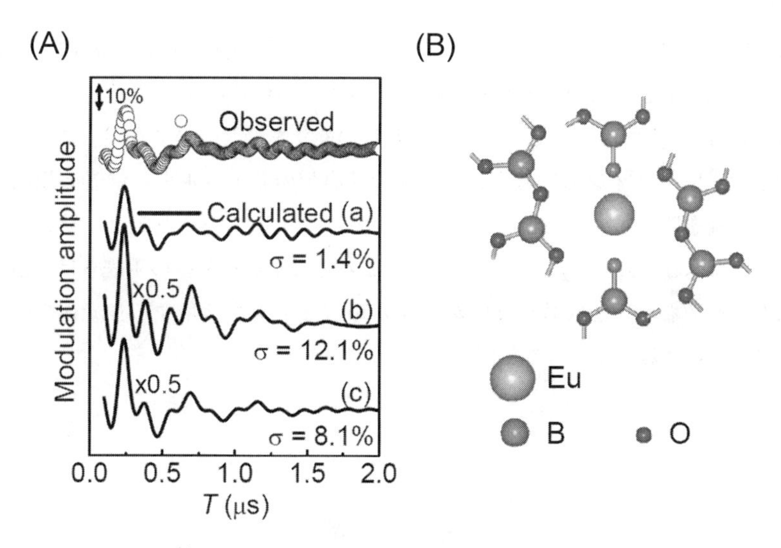

図10(A)　SrB_4O_7：Eu^{2+}の還元ガラス試料における電子スピンエコー測定（ESEEM）の結果と，配位環境の各種モデルに基づくシミュレーション結果
(B)　還元ガラス試料におけるEu^{2+}イオン周りの配位環境のモデル

ない3配位 BO_3 アニオン（e^2qQ_n/h = 4.97MHz（^{10}B），2.45MHz（^{11}B），η = 0.13）が，r_B = 0.40nm の所に2個，それぞれ配位しているモデルを仮定した（図10(B)）。その結果，シミュレーションは実験結果と良い一致を示すことが分かった（図10(A)-(a)）。以上の結果から，Eu^{2+}イオンに対して，結晶試料では結晶構造を反映した配位構造，還元ガラス試料では非架橋酸素により緩く結びついた配位構造が，それぞれ取られているものと結論できた。

結晶試料では，全てのホウ素が BO_4 四面体を形成し，非架橋酸素が存在しないので，酸素イオンの形式電荷は−1/8となる。よって結晶でEuイオンのとり得る酸素配位数8～16では，Eu^{3+}状態に対してポーリングの静電原子価則を満たすことは不可能（24配位が必要となる）である。従って，Euイオンは＋2価の状態が安定となると考えられる。一方，還元ガラス試料では，形式電荷−1をもつ非架橋酸素が一対配位しており，Eu^{3+}状態でも現実的な配位数で安定化することが可能である。よってガラス中では，通常の生成条件で Eu^{3+}イオンが得られることが理解される。更に，非架橋酸素と結合したホウ素イオンは，Eu^{2+}イオンを挟んで直線的に並んでおり，Eu^{2+}イオンと B^{3+}イオンとの距離は比較的遠く，また架橋酸素を持つホウ酸アニオンも Eu^{2+}イオンを緩く包むように配位すると考えられる。その結果，Eu^{2+}イオンの励起状態の平衡位置のずれによるストークスシフトが，結晶の場合よりも大きくなり得る。この構造は，還元ガラス中でESEEM変調の強度が弱くなっていることと，発光のストークスシフトが大きくなっている結果と整合する。このように，パルスESRを用いた中距離構造解析は，蛍光体の希土類イオンの局所的な周辺構造を評価する際に，大きな威力を発揮することがわかる。

3.4 まとめ

本稿では，Eu^{2+}蛍光体における $4f^7$ 電子を中心に，その最低励起準位と5d電子の最低励起準位のエネルギー位置および母材結晶の伝導帯のエネルギー位置の相対関係や，その価数安定性が，母材の結晶場に応じて変わることを，発光特性の変化を通して見てきた。ここで用いた時間分解分光測定は，Eu^{2+}イオンの励起準位と母材の伝導帯の各エネルギー位置の相関や，それらの状態の緩和過程を明らかにする手段を与える。また，パルスESR測定は，発光中心イオン周りの局所構造を調べるための手段を与えている。これらの手法や解析の手続きは，蛍光体研究においては未だ一般的なものとは言えないが，今後 Eu^{2+}イオンを活用する蛍光体の開発および研究に，有効に用いられるようになると期待される。

文　　献

1) B. E. Warren *et al., Z. Kristallogr.*, **75**, 525 (1930)
2) P. Dorenbos *et al., J. Lumin.*, **104**, 239 (2003)

3) G. Blasse *et al., Philips Res. Reports,* **23**, 189 (1968)
4) 山口誉滋，東京工業大学大学院総合理工学研究科材料物理科学専攻　修士論文 (2005)
5) H. Kamioka *et al., J. Appl. Phys.,* **106**, 053105 (2009)
6) M. Yamaga *et al., Phys. Rev. B,* **71**, 205102 (2005)
7) E. Malchukova *et al., J. Lumin.,* **111**, 53 (2005)
8) A. Meijerink *et al., J. Lumin.,* **44**, 19 (1989)
9) 小出俊介ほか，第 68 回応用物理学会学術講演会講演予稿集，Vol.3，1467 (2007)
10) M. J. Park *et al., Phys. Chem. Glasses,* **13**, 50 (1972)
11) A. Saitoh *et al., Phys. Rev. B,* **72**, 212101 (2005)

4　フェムト秒レーザーによる透明酸化物の加工

河村賢一*

4.1　はじめに

チタンサファイアレーザーの登場によって，高出力の近赤外フェムト秒レーザーを用いた材料の加工が盛んにおこなわれるようになり，YAG レーザーや炭酸ガスレーザーといったナノ秒パルスレーザーや CW レーザー加工にはできないユニークな加工が多く報告されている。

フェムト秒レーザーパルスは，数十から数百フェムト秒と極めて短い時間の中にエネルギーが集中し，さらにそれを集光すると数 TW/cm^2 から数百 TW/cm^2 以上の超高密度エネルギーパルス光となる。そのような高強度パルス光は半導体，金属，プラスチックはもちろん，ガラスや単結晶類といった透明材料なども，近赤外の光であるにも関わらず容易に加工でき[1,2]，さらに被加工材料への熱的効果が小さく，超微細な加工を施すことが可能である。また加工に必要なエネルギー閾値を利用することで，光の回折限界を超えたサイズでの加工も可能である[3~5]。もう一つの大きな特徴として透明材料内部の3次元加工がある。ほとんどの透明材料は近赤外光を吸収しないため，レーザー光を透明試料の内部に集光し，集光部分でのみ起きる多光子吸収などの非線形光学効果を利用して，3次元的に材料の内部を改質する加工をおこなうことができる[6~13]。

フェムト秒パルスが持つもう一つの特徴として，高い可干渉性がある[14]。特にモードロック・チタンサファイアレーザーのフェムト秒パルスはほぼフーリエ変換限界状態にあり，非常に高い可干渉性を示す。しかしこの特徴はこれまでフェムト秒レーザー加工に意図して使われることはなかったが，本プロジェクトではフェムト秒レーザーシングルパルス干渉露光装置の開発をおこない，1パルスの干渉パルス光照射で，様々な透明材料の表面および内部に直径50～100 μm のマイクログレーティングの書き込みに成功した。さらにそのマイクログレーティングを利用した光学デバイスの作製，フェムト秒パルスによる透明材料の加工メカニズムの解明をおこなった。本節では，それらの結果について述べる。

4.2　フェムト秒レーザーシングルパルス干渉露光装置

図1にフェムト秒レーザーシングルパルス干渉露光装置の概略図を示す[15]。光源には再生増幅モードロック・チタンサファイアレーザー（中心波長：800nm，パルス時間幅：～100fs，パルスエネルギー：最大約 3 mJ/pulse，繰り返し周波数：10Hz）を用いた。レーザーパルス列からメカニカルシャッターで1パルスだけを取り出しビームスプリッターで2つの光路に分けた後，サンプルの表面または内部の同一点に集光する。そのとき生じた干渉パターンが試料の表面または内部に記録される。試料は X，Y，Z 電動ステージに取り付けてあり，加工位置を高精度に調整することができ，さらにレーザーと同期させて動かすことで試料全体にマイクログレーティング配列することができる。また試料背部の拡大光学系によって，透明試料の場合は加工の様子を

＊ Ken-ichi Kawamura　㈱科学技術振興機構　透明電子活性プロジェクト　研究員

その場観察することができる。干渉によって形成されるグレーティングのフリンジ間隔dは，$d=\lambda/[2sin(\theta/2)]$で与えられる。ここで$\lambda$はレーザー光の波長（本実験の場合は，800nm），θは2つのビームがなす角度を表す。

4.3　シリカガラス表面・内部へのグレーティング書き込み

2つのフェムト秒レーザーパルスによる干渉を試料表面に設定した場合，表面レリーフ型のマイクログレーティングが形成される[16)]。図2に純粋な石英ガラス表面にマイクログレーティングを書き込んだ試料写真(a)と，その光学顕微鏡写真(b)を示した。2つのフェムト秒パルスが集光点で空間的，時間的に一致し干渉が起きたとき，コントラストの良いマイクログレーティングが1パルスで書き込まれる。グレーティングは直径50〜100μmのビームスポットの内側にフリンジ構造が形成される。これまでに波長800nmの光の回折限界にほぼ匹敵するd=430nm（θ=160°）のグレーティング書き込みに成功している（図3）。純粋なSiO_2ガラスは光感光特性を持たないため，通常はこのようなホログラフィックな加工を

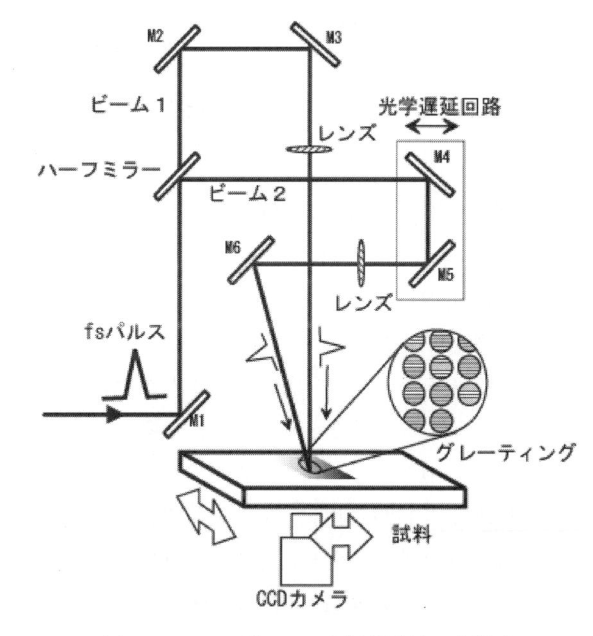

図1　フェムト秒パルス干渉露光法の光学系

(a)

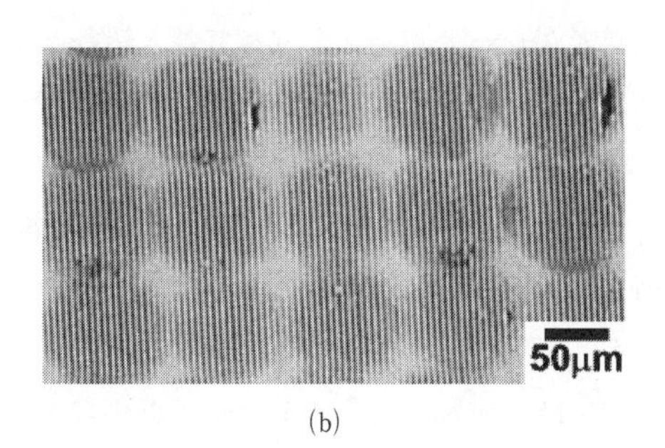

(b)

図2(a)　マイクログレーティングを表面全体に書き込んだシリカガラス
(b)　マイクログレーティングの光学顕微鏡写真

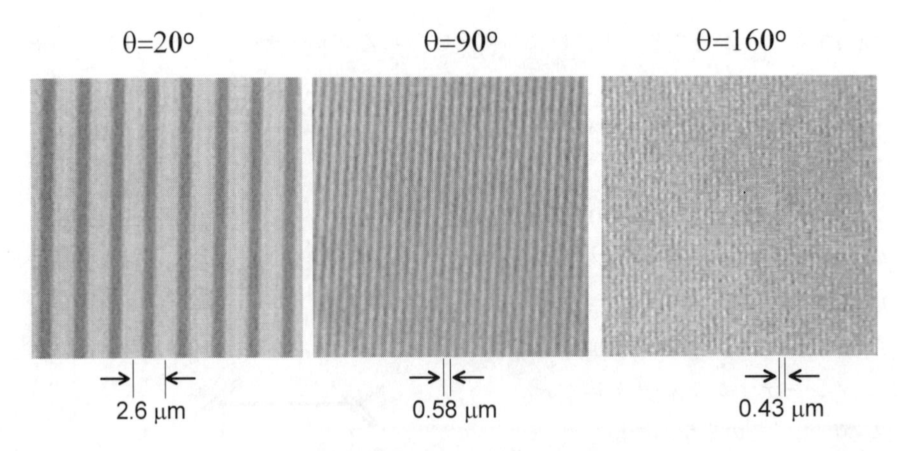

図３　２つのレーザーパルスの衝突角度の変化とマイクログレーティングのフリンジ間隔

おこなうことはできない。SiO_2 ガラス同様に光感光性を持たない SiC，Al_2O_3，$LiNbO_3$，ZrO_2，ZnO，CaF_2，CdF_2，MgO，各種ガラス，また各種金属，半導体材料やプラスチックといった材料でも表面レリーフ型ホログラムを同様に書き込めることを確認している。

透明試料の内部で２つのパルスを会合させると図４に示すような，埋め込み型の屈折率変調型マイクログレーティングを書き込むことができる[13,17~19]。ここでは厚さ５mm のシリカガラスを使い，その表面から約２mm と３mm と深い部分に２層のマイクログレーティングアレイを書き込んである。我々はパルスの時間幅を 500fs に広げた（チャーピング）パルスを用いることで，高い開口係数を持つ対物レンズを使わずに，このような表面から数ミリと非常に深い部分にマイクログレーティングを書き込むことに成功した。チャープパルスで書き込まれたグレーティング断面を走査型電子顕微鏡で観察した結果を図５に示した。グレーティングは表面から 30 μm の深さに書き込んである。破断直後はグレーティング構造が一切観察できないが，沸酸溶液エッチング後はパルスが交差した部分に明瞭なグレーティングの断面構造を観測することができる。これは高強度フェムト秒レーザー照射による SiO_2 ガラス構造の変化および屈折率変化（この場合増加）によって形成された屈折率変調型の体積グレーティングであることを示している。

複数のグレーティングを重ねて書き込む多重露光のテクニックを組み合わせると，非常に面白い２次元周期的ナノ構造を作製することができる[20]。格子間隔 d = 580nm および１μm ピッチで２重露光した試料の SEM 像を図６（a, b）に示した。d = 580nm の場合はメサ構造の周期配列が，一方 d = 1 μm の場合は直径～200nm の穴を規則的に配列した構造が形成される。その穴の深さは断面の観察から，フリンジの深さと同程度の～１μm であった。また同手法で SiO_2 ガラス内部にも，図７に示すような３次元周期構造を作り込むことができる。

本手法は，複雑な周期的ナノ構造をたった２発のフェムト秒レーザーパルスで，自己組織的に瞬時に形成することができる。作製されたナノスケール周期構造は，それ自身２次元または３次元のフォトニック結晶や周期量子ドット構造とみなすことができ，様々なデバイス作製のための

図4　石英ガラス内部に書き込んだ2層のグレーティングアレイ

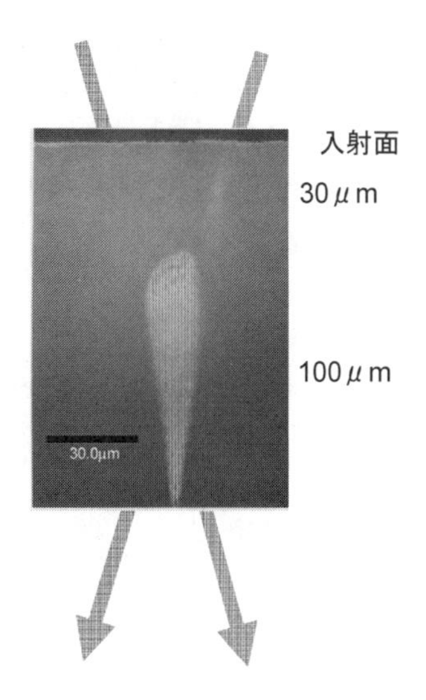

図5　シリカガラス内部に作製したマイクログレーティングの断面SEM像（沸酸エッチング処理後）

図6　フェムト秒パルスの2重干渉露光で形成した周期ナノ構造のSEM像
(a)　d=580nm（交差角90°）（b）　d=1μm（交差角45°）

有力なプロセスになるものと期待される。

4.4　LiF分布帰還型（DFB）カラーセンターレーザーの作製

フェムト秒レーザーを使ったマイクログレーティング書き込みは，これまでグレーティングを直接書き込むことができなかった非感光性材料の表面および内部にホログラフィックに書き込むことができ，新しいデバイス作製に応用することが可能である。ここではLiF単結晶中にマイクログレーティングを書き込んで作製した分布帰還型（Distributed-FeedBack）カラーセンター

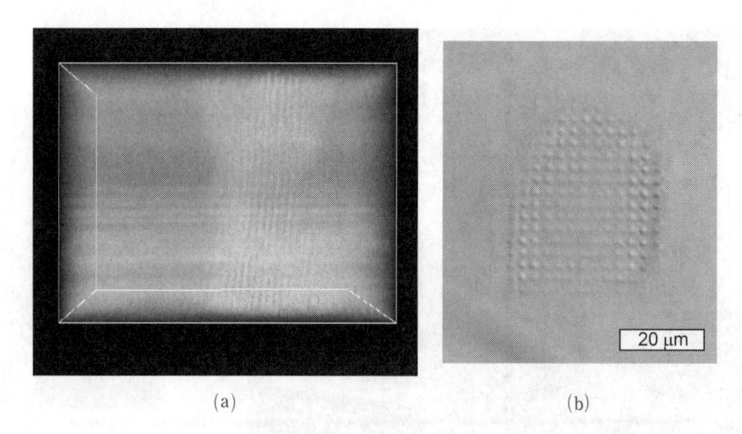

図７　シリカガラス内部に２重露光法で作製した３次元周期構造
(a)　レーザー共焦点顕微鏡による３次元像
(b)　微分干渉顕微鏡（透過）像

レーザーについて述べる[10, 21]。

LiF 結晶中に存在するいくつかのカラーセンターは，室温で安定かつ可視光領域での発光およびレーザー活性を持つものがある。そのため LiF 結晶による室温カラーセンターレーザーの試みが従来から数多くおこなわれている。外部共振器による発振だけでなく，超音波や紫外線レーザーの干渉光がつくり出す過渡的なマイクログレーティングを利用した，低温での DFB レーザーの発振に成功例もある[22]。しかしこれらの場合，マイクログレーティングは過渡的に存在するだけで，実験後，直ちにマイクログレーティングは消失してしまう。これまで永久的なマイクログレーティングを作製し，室温で DFB レーザー発振に成功した例はない。LiF 結晶の光学バンドギャップは 14eV と他の材料に比べ極端に大きく，通常の方法で結晶内部にグレーティングを書き込むことは不可能であるが，我々はフェムト秒パルスの干渉で書き込んだ LiF 単結晶内部のグレーティングを使い DFB レーザーとして室温で発振させることに世界で初めて成功した。

図８には，干渉パルスで作製した DFB レーザーの構成を示した。LiF 結晶の表面から～100 μm の深さに，長さ約 10mm のマイクログレーティングアレイを書き込んだ。書き込まれたマイクログレーティングは室温でも安定で，またかなり強い光を照射しても消失することはない。書き込むグレーティングの格子間隔 d はレーザー～700nm 付近（F_2 センター）に合わせ d=510nm（発振波長 710nm）とした。レーザー発振は 450nm のパルスレーザー光グレーティングアレイに照射しておこなった。その

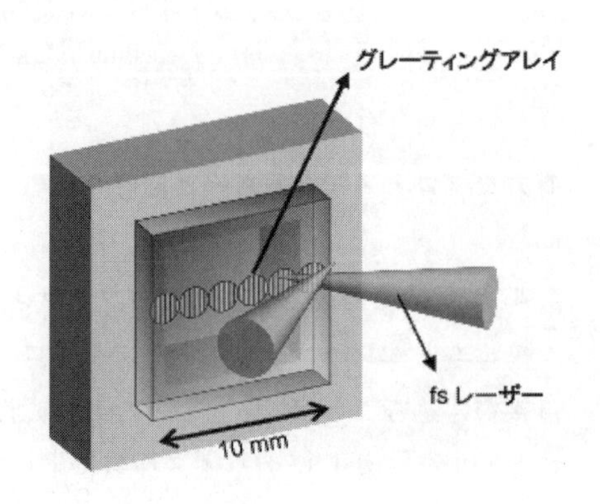

図８　DFB レーザーの構成図

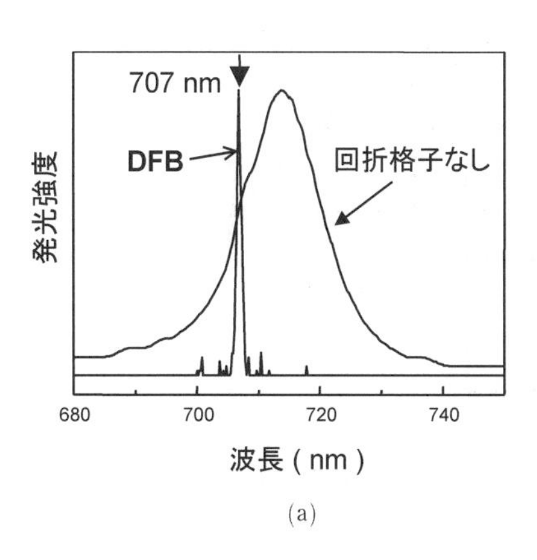

(a)

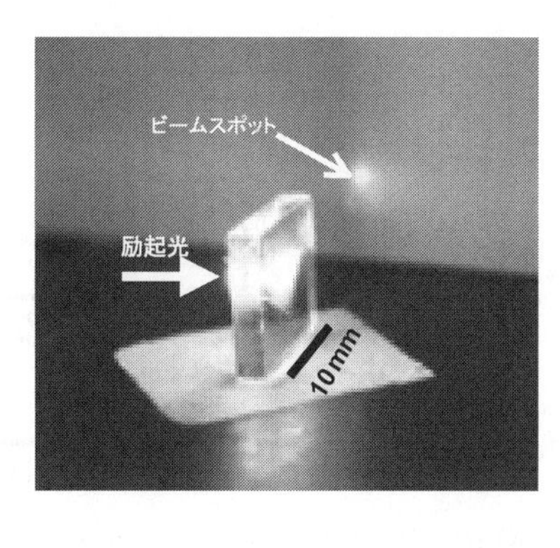

(b)

図9　LiF 中に作製した DFB F_2 カラーセンターレーザー

(a)　DFB レーザーの発振スペクトル。比較のために回折格子を書いてない LiF の発光スペクトルを示してある。

(b)　室温伝レーザー発振をしている様子（励起 450nm，10Hz）。

ときの発光を，CCD 分光器で観測した結果を図 9(a)に示した。707nm 付近に非常に鋭い発光が見られ，その半値幅は分光器の分解能 1 nm 以下であった。図 9(b)に DFB レーザー発振の様子を撮った写真を示した。スクリーン上に明るいビームスポットをはっきり見る事ができる。グレーティングが無い部分ではブロードな蛍光のみが観測された。今までに，最大約 10％の変換効率，ビーム拡散角 0.2°が得られている。

4.5　プリパルス照射によるマイクログレーティングの書き込み閾値およびグレーティング形状の制御

ワイドギャップ材料がフェムト秒レーザーで容易に加工できる理由は，高強度の光電場で誘起される非線形過程を介して生成する高濃度（$\sim 10^{21} cm^{-3}$）の自由電子が生成し，そのプラズマ吸収は可視域にまで及ぶ。これによって効率良く近赤外光のパルスエネルギーが吸収できることが，透明材料も容易に加工できる主な要因とされる[23]。もしプリパルス照射などで自由電子を予め（過渡的にでも）生成しておくことができれば加工閾値を小さくでき，さらに生成させる自由電子の空間分布を制御することで，書き込まれるグレーティング形状も制御することができる。本項ではプリパルス照射によるマイクログレーティング書き込み閾値の変化，自由電子の空間分布を利用した加工について述べる。

実験光学系の概略を図 10 に示した。プリパルスは干渉光とは別にもう一パルスを分岐し，光学遅延回路を通して，干渉光が試料に到達するタイミングを調整できるようになっている。

図 11 は，プリパルスの遅延時間を変化させてシリカガラス表面に書き込んだマイクログレーティングの形状変化を示している。ただし，プリパルスまたは干渉パルスのみの照射では，シリカガラス表面や内部に一切不可逆ダメージは形成されない。つまり観察されているグレーティン

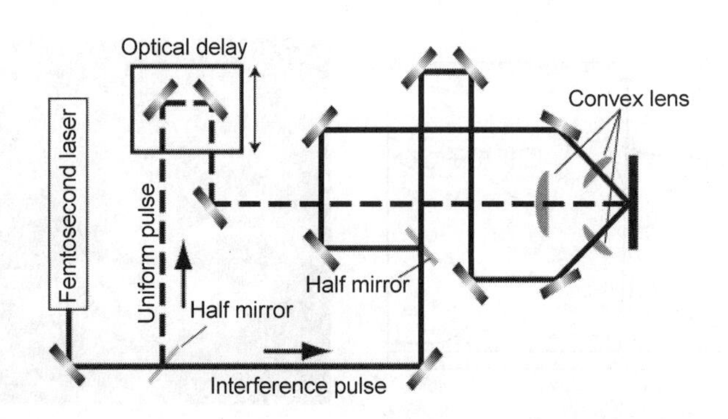

図10　プリパルス照射を加えたマイクログレーティング書き込みのための光学系

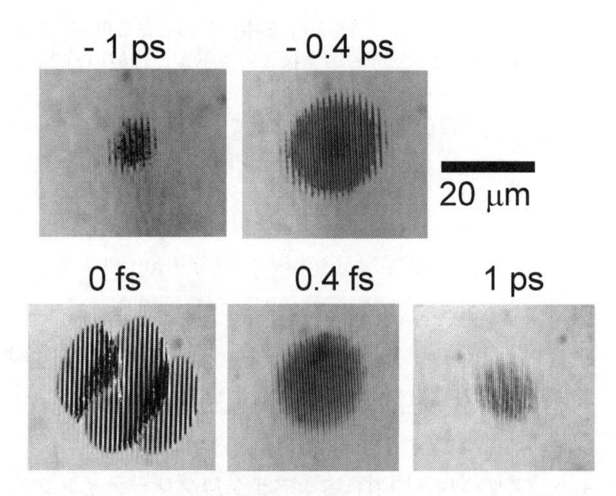

図11　プリパルスの遅延時間変化によるマイクログレーティングの形状変化
マイナス領域は干渉光が先に入射

グは，プリパルスと干渉パルス両方を照射したときのみ観察される。遅延時間0 fsでは3つのパルスによる干渉となり，他とは大きく形状が異なる。遅延時間1 ps近くまでグレーティングスポットを観察することができる。マイナスの遅延時間では，プリパルスが干渉パルスの後に入射している事を意味するが，同様にグレーティングが観察される。干渉光パルスだけではグレーティングは書き込まれないことから，干渉パルスによって過渡的に誘起された自由電子のグレーティングが，後から照射されたプリパルスによって現像・定着したと考えられる。これらの結果は，プリパルス照射によって明らかに書き込む閾値が低くなることを示している。

図12には遅延時間とグレーティングの回折強度の関係を示した。回折光の強度は0～1 psにかけて急速に減少し，その後15ps以上まで，非常に弱い回折光が観測される。遅延時間マイナスの領域でもほぼ同じ結果が観察されている。1 psまでに観測される急速な回折光の現象は，SiO_2ガラス中における早い伝導帯電子の再結合時間（～150fs）が理由と考えられる。一方，数十psにわたって観測されている弱い回折光は，過渡的に誘起された欠陥や元からある点欠陥などに捕獲された電子が原因と推測される。つまり観測された回折強度の変化はキャリアのダイナミクスを反映していると考えられる。

プリパルス照射で生成する自由電子の空間分布を利用して，マイクログレーティングの形状を制御した結果を図13に示す。プリパルスで生成した自由電子分布を潜像とし，干渉パルスでそ

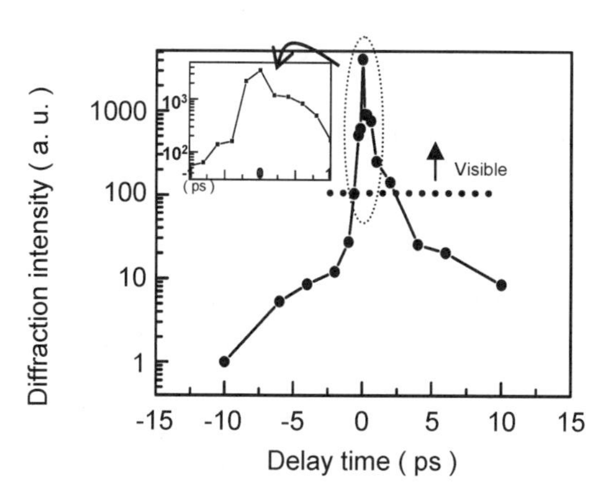

図 12　遅延時間変化によるマイクログレーティングの回折強度変化

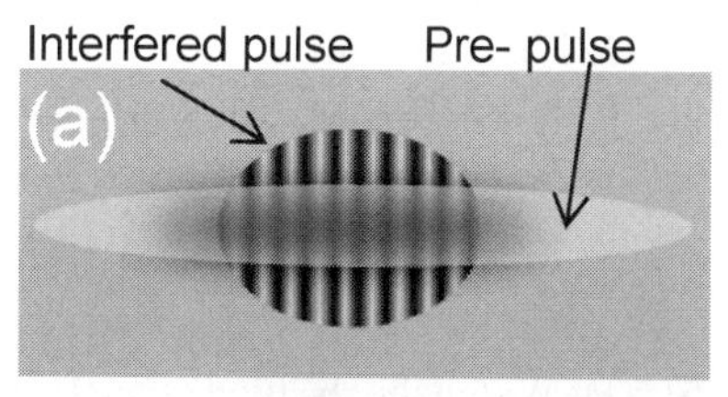

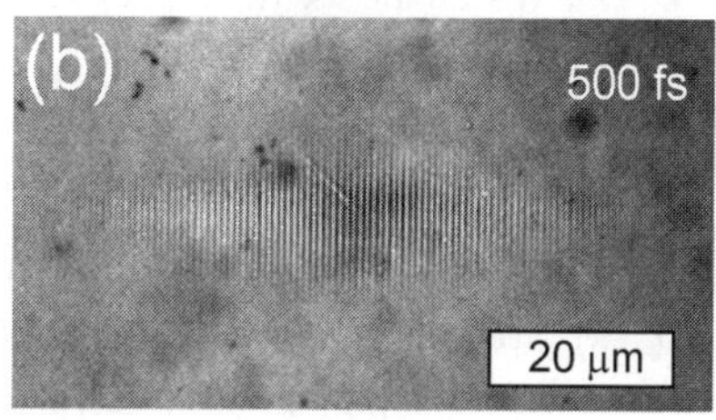

図 13 (a)　プリパルスによるマイクログレーティング形状制御の概念図
(b)　遅延時間 500fs で作製したマイクログレーティングの光学顕微鏡写真

の潜像を現像・定着させている。ここではプリパルスをシリンドリカルレンズで集光し，細長い帯状に自由電子を生成させている。一方，干渉光は凸レンズで集光しており，そのビームパターンは円形であるにも関わらず，横長のグレーティングが書き込まれていることが分かる。

4.6　おわりに

本稿においては，フェムト秒パルスの干渉光を使った透明材料へのグレーティング書き込みについて述べた。この手法は，フェムト秒レーザー光のもつ高エネルギー密度性，超短時間性，および高可干渉性を最大限活用した新しい材料加工技術である。この方法の最大の特徴は，感光性の有無に関わらず，ほとんど全ての材料に回折格子を記録できることである。本手法によって LiF 結晶のように，今まで実現が困難であったデバイスや光通信分野といったさらに広い分野への応用ができる大きな可能性を秘めている。

文　　献

1)　B. C. Stuart, M. D. Feit, S. Herman, A. M. Rubenchik, B. W. Shore and M. D. Perry, *J. Opt. Soc. Am. B*, **13**, 459 (1996)
2)　D. Ashkenasi, A. Rosenfeld, H. Varel, M. Wähmer and E. E. B. Campbell, *Appl. Surf. Sci.*,

120, 65 (1997)
3) E. N. Glezer, M. Milosavljevic, L. Huang, R. J. Finlay, T. -H. Her, J. P. Callan and E. Mazur, *Opt. Lett.*, **21**, 2023 (1996)
4) K. Kawamura, N. Sarukura, M. Hirano, N. Ito and H. Hosono, *Appl. Phys. Lett.*, **79**, 1228 (2001)
5) M. Watanabe, S. Juodkazis, H. Sun, S. Matsuo, H. Misawa, M. Miwa and R. Kaneko, *Appl. Phys. Lett.*, **74**, 3957 (1999)
6) K. M. Davis, K. Miura, N. Sugimoto and K. Hirao, *Opt. Lett.*, **21**, 1729 (1996)
7) V. R. Bhardwaj, E. Simova, a! P. B. Corkum D. M. Rayner, C. Hnatovsky, R. S. Taylor, B. Schreder, M. Kluge and J. Zimmer, *J. Appl. Phys.*, **97**, 083102 (2005)
8) M. Streltsov and N. F. Borrelli, *Opt. Lett.*, **26**, 42 (2001)
9) V. Apostolopoulos, a) L. Laversenne, T. Colomb, C. Depeursinge, R. P. Salathé, M. Pollnau, R. Osellame, G. Cerullo and P. Laporta, *Appl. Phys. Lett.*, **83**, 1122 (2004)
10) K. Kawamura, M. Hirano, T. Kurobori, D. Takamizu, T. Kamiya and H. Hosono, *Appl. Phys. Lett.*, **84**, 311 (2004)
11) M. Kamata, M. Obara, R. R. Gattass, L. R. Cerami and Eric Mazur, *Appl. Phys. Lett.*, **87**, 051106 (2005)
12) Y. Lia, W. Watanabe, K. Yamada, T. Shinagawa, K. Itoh, J. Nishii, Y. Jiang, *Appl, Phys. Lett.*, **80**, 1508 (2002)
13) K. Kawamura, M. Hirano, T. Kamiya and H. Hosono, *Appl. Phys. Lett.*, **81**, 1137 (2002)
14) E. P. Ippen, C. V. Shank: Ultrashort Light Pulses, Chapt. 3, ed. by S.L. Shapiro, Springer, New York (1997)
15) K. Kawamura, N. Ito, N. Sarukura, M. Hirano and H. Hosono, *Rev. Sci. Instrum.*, **73**, 1711 (2002)
16) K. Kawamura, T. Ogawa, N. Sarukura, M. Hirano and H. Hosono, *Appl. Phys. B*, **71**, 119 (2000)
17) H. Hosono, K. Kawamura, S. Matsuishi and M. Hirano, *Nucl. Instr. and Meth. B*, **191**, 89 (2002)
18) H. Hosono, *J. Appl. Phys.*, **69**, 8079 (1991)
19) K. Kawamura, N. Sarukura, M. Hirano, H. Hosono, *Appl. Phys. Lett.*, **78**, 1038 (2001)
20) K. Kawamura, N. Sarukura, M. Hirano, N. Ito, H. Hosono, *Appl. Phys. Lett.*, **79**, 1228 (2001)
21) T. Kurobori, K. Kawamura, M. Hirano and H Hosono, *J. Phys. : Condens. Matter*, **15**, L399 (2003)
22) T. Kurobori, T. H. Hibino, Y. Q. Chen and K. Inabe, *Japan. J. Appl. Phys.*, **34**, L894 (1995)
23) B. C. Stuart, M. D. Feit, A. M. Rubenchik, B. W. Shore and M. D. Perry, *Phys. Rev. Lett.*, **74**, 2248 (1995)

第5章　$12CaO \cdot 7Al_2O_3$(C12A7)

1　概要

平野正浩*

$12CaO \cdot 7Al_2O_3$(C12A7)は，クラーク数上位の典型元素（Ca：5位，Al：3位，O：1位）のみからなる金属酸化物であり，従来より，アルミナセメントの一成分として用いられてきた[1]。しかし，他のアルミナ・カルシア化合物に比べて，融点が低い，密度が小さい，熱伝導率が小さい，比較的長波長の紫外線に対して不透明である，ガラス相が容易に形成されるなどの特徴を有している。これらの特徴は，すべて，C12A7の結晶構造に由来している。結晶格子は，図1に示すように直径約0.4ナノメートルの空隙を持つ籠状構造（ケージ）からなる。さらに，この結晶格子（フレームワーク）は正電荷を帯びているので，ケージ内部に陰イオンを，取り込む（包接）ことができる。これは，ゼオライトのような自然ナノポーラス結晶が，陽イオンを包接した形態で生成するのと対照的である。ストイキオメトリー組成では，ケージ中に包接される陰イオンは酸素イオンであり，この酸素イオンがケージ間を移動し，イオン伝導性を与える。

さらに，酸素イオンを，他の陰イオンで置換することによって，C12A7では，様々なユニークな機能が発現する。例えば，酸素雰囲気中で熱処理したC12A7は，ケージ内部に強力な酸化力をもつ活性酸素を大量に取り込む[2]。また水素雰囲気の還元下で処理したものは，強力な還元性をもつH^-をとりこみ，かつ紫外線照射によって電子伝導性を示す[3]。

C12A7はコングルーエント組成の高温安定相で，チョコラルスキー法（Cz），フローテング

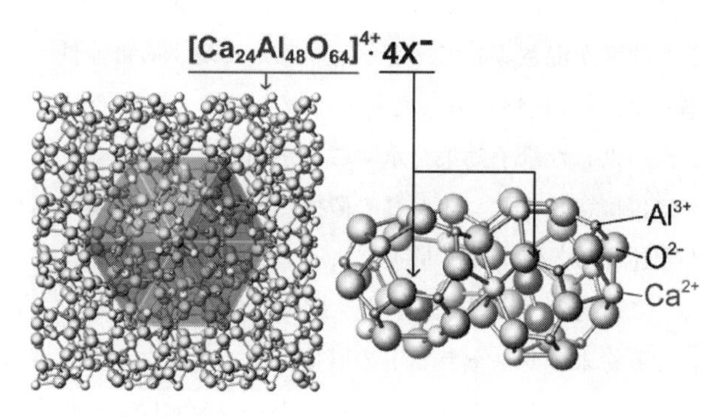

図1　C12A7の結晶構造と，ケージ中への陰イオン（O^-とO_2^-）の包接
結晶格子は，1ケージあたり+1/3の電荷を持つため，一部分のケージに陰イオンを包接することで，結晶の電気的中性が保たれる。

*　Masahiro Hirano　㈱科学技術振興機構　研究開発戦略センター　フェロー

ゾーン法（Fz）により，液相からケージ構造を持つ単結晶が育成可能である[4]。また，パルスレーザー蒸着法などの気相法を用いてエピタキシャル単結晶薄膜を育成することも可能である。

ケージに包接された酸素イオンを電子で置換した化合物は，ケージの壁を形成する（フレームワーク）分子と（最小のアニオンである）電子がイオン結合した化合物であるとみなすことができる。イオン結晶は，カチオンとアニオンがクーロン相互作用で結びつくことで出来上がっており，電子はマイナスの電荷をもつので究極のアニオンとみなすことができるからである。こうした，イオン結晶中のアニオンが化学量論的に電子と置き換わったものを「エレクトライド」と称している。これは，1983年に米国ミシガン州立大学化学科のDye博士によって，初めて合成され，命名された[5]。もちろん，NaCl結晶のCl^-を全て電子に置き換えると金属ナトリウムになってしまい，エレクトライドは得られない。博士は，Csなどのイオン化傾向の高いアルカリ金属を，クラウンエーテルやクリプタンドなどのポリエーテルの溶液に溶かし，溶媒を飛ばすと固体の結晶が得られることを見出し，X線回折で電子がアニオンとなってイオン結晶ができていることを発見した。約200年前にM. Faradayの師匠としても有名なH. Davy卿は，金属Caをアンモニア蒸気にさらすと金色がかったブルーに着色することを見出した。そして約100年経って，C. Krausは液体アンモニアにアルカリ金属を溶かして生じる色の原因は，金属がイオンと電子に解離し，アンモニア分子によって電子が溶媒和されるものによることを提案した[6]。Dye博士はこの現象に魅了されて，エレクトライドやアルカリ金属がマイナスイオンとなる結晶であるアルカライドの研究を開始し，ポリエーテルという錯形成剤を用いることでそれを実現したのである。Dye博士が合成したエレクトライドは，熱的には比較的不安定な有機物であるのに対し，C12A7エレクトライドは，熱的に安定な無機化合物である。

電子はマイナスの電荷をもつという意味では1価のアニオンと同じであるが，質量が桁違いに小さいために量子力学的に振舞うので，エレクトライドには興味深い物性が現われる。たとえば，ケージ中の狭い空間に閉じ込められた電子は，そのエネルギー状態が高くなり，仕事関数が小さくなる角運動量の大きな状態が混ざるので，超伝導状態が実現する可能性が生じる。また，見方を変えると，ケージ構造は，「周期性を有した量子ドット構造」とみなせるので，ケージに存在する電子は，量子構造に由来した量子効果を示すことが期待される。

この章では，ケージに包接されたアニオン種の置換だけでなく，フレームワーク中のカチオン置換の効果に関しても記述する。カチオン置換により，アニオン濃度およびイオン伝導率が向上することが期待される。こうした成果をO^-イオン放出により実証する。エレクトライドに関しては，高電子濃度を有する粉末エレクトライドの直接合成，エレクトライドの超伝導および低仕事関数について述べる。また，エレクトライド中電子のもつ還元機能を化学プロセスへ応用する試み，低仕事関数を活用した，蛍光灯，冷陰極管など放電管電極材への応用を紹介する。

文　　献

1）Calcium Aluminate Cement 2001, Edited by R. J. Mangabhai, F. P. Glasser, IOM communications Ltd. (2001)
2）K. Hayashi, M. Hirano, S. Matsuishi, H. Hosono, *J. Am. Chem. Soc.*, **124**, 736 (2002)
3）K. Hayashi, S. Matsuishi, T. Kamiya, M. Hirano, H. Hosono, *Nature*, **419**, 462 (2002)
4）S. Watauchi, I. Tanaka, K. Hayashi, M. Hirano, H. Hosono, *J. Cryst. Growth*, **237**, 496 (2002)
5）J. L. Dye, *Science*, **247**, 663 (1990)；*Inorg. Chem.*, **36**, 3817 (1997)
6）N. F. Mott, 金属と非金属の物理, 小野, 大槻訳, pp.273-287 (1997)　丸善にはこの系の金属 — 絶縁体転移に関して記されている。

2　カチオン，アニオン置換 $12CaO \cdot 7Al_2O_3$ 化合物と機能発現

林　克郎*

2.1　陽イオン置換 $12CaO \cdot 7Al_2O_3$（C12A7）

2.1.1　はじめに ― より大きなケージを持つ $12SrO \cdot 7Al_2O_3$(S12A7) ―

C12A7の特異なナノ結晶構造は，様々な機能性をもたらす場として利用できる事が示されてきた。特に，本来不安定な陰イオンがケージ内で安定化できる特性を利用した，様々な陰イオン置換に焦点が置かれてきた。一方で，この特異な結晶構造を生かしつつ，格子を構成する陽イオンを置換することで，新たな機能性を探索し，一連のC12A7系材料のより深い理解を目指すことも有用であると考えられる。しかし，これまでに報告されてきた陽イオン置換は数例に留まる。IrvineとWest[1]は Al^{3+} サイトの Zn^{2+} および P^{5+} による部分置換によって，ケージに包接される O^{2-} イオンの量を変化させることで酸化物イオン伝導性への影響を検討した。この系における単位格子は，$[Ca_{24}(Al_{28-2x-2y}Zn_{2x}P_{2y})O_{64}]^{(4-2x+4y)+} \cdot (2-x+2y)O^{2-}$ と表され，単相が得られた範囲は，$0 < x < 0.6$，$0 < y < 0.4$ の範囲と報告されている。Feng[2]らは，ケージ内の陰イオンを全て Cl^- に置き換えつつ，その導入量を増やすために Al^{3+} サイトを Si^{4+} で置換して，$[Ca_{24}(Al_{28-x}Si_x)O_{64}]^{(4+x)+} \cdot (4+x)Cl^-$ の組成を持つ置換体を得ている。x の最大値は，6.8であった。Caサイトの部分置換については，Mgによる $[Ca_{22}Mg_2Al_{24}O_{64}]^{4+} \cdot 2O^{2-}$ の化学式で表されるものが報告されている[3]。

これまで陽イオンサイトの完全置換は，1987年に山口[4]らによって報告された $12SrO \cdot 7Al_2O_3$（S12A7）のみであった。その合成は，特別に合成したアルコキシドを原料にした前駆体を900℃で焼成するものである。さらに約1000℃まで加熱すると $SrO \cdot Al_2O_3$(SA）と $3SrO \cdot Al_2O_3$（S3A）に分解することから，S12A7は標準状態では準安定相である事が示唆された。また，X線回折からC12A7と同一の結晶構造を持つ事が示唆され，その室温での格子定数は，C12A7の～1.2Å（包接イオンなどに依存する）に対して，12.325Åとされた。より大きな格子を持つことから，包接陰イオンの取り込み・放出が容易であったり，より優れた電気特性などが期待できる。そこでS12A7を対象材料として，①利用しやすい固相反応法によるS12A7セラミックスの作成，②結晶構造の確認，③酸素ラジカル陰イオン O^-，O_2^- の導入，④薄膜合成，⑤薄膜へのイオン注入法による，H^- イオン，電子のドーピングについて試みた。

2.1.2　固相反応法によるS12A7セラミックスの作成[5]

アルコキシド原料を用いず，$Sr(OH)_2 \cdot 8H_2O$ および $Al(OH)_3$ を原料として選択した。これらを，エタノールを溶媒として不活性雰囲気中で混合した。さらに不活性雰囲気中で乾燥，圧粉成型後，大気中もしくは加湿 N_2 中で600-1000℃の範囲で焼成することで，最大で，98%程度の純度のS12A7が得られた。不活性雰囲気は，CO_2 により $SrCO_3$ が生成する事を防ぐためであり，一旦これが生成されてしまうと，その後の反応で，S12A7に変換されない。十分な混合と焼結

＊　Katsuro Hayashi　東京工業大学　応用セラミックス研究所　准教授

前の静水圧プレスが収率に影響を及ぼす。これは焼成が比較的低温であるため，反応中の化学種の十分な拡散長が望めないためである。また，1000℃以上では，SA と S3A 相に分解することが確認された。

2. 1. 3　S12A7 の結晶構造[5)]

X 線回折の結果，S12A7 は C12A7 と同一の結晶構造を持つ事が確認された。OH^-イオンを包接している場合について，C12A7 とケージの寸法を比較したものを図1に示す。S12A7 の格子定数は，C12A7 と比較して約3％大きい。各ケージの格子は局所的には S_4 の点対称性を持ち，その回転軸上の（極上）陽イオン間距離は，内部に包接される陰イオンに強く影響を受ける事が分かっており，C12A7 系材料の特性を計るための一つの指標である。極上陽イオン間距離は，空のケージではほぼ同一であり，OH^-イオンが包接されたケージでは Ca^{2+} と Sr^{2+} イオンのイオン直径の違いにほぼ相当する分だけ S12A7 の方が長くなる。また，ケージの中心から際近接の O^{2-}イオンまでの距離は，約3％長くなっているため，ケージの形状は，より扁平になっていると解釈できる。この距離は，ケージ中に OH^-イオンが包接されている場合プロトンと水素結合する O^{2-}イオンまでの距離に直接影響する。距離が長くなったことで，O-H 伸縮波数は C12A7 における～3550cm^{-1} から S12A7 の 3565cm^{-1} へと増加している。このような状態の OH^-は固体中では稀な，極めて水素結合の弱い（むしろ無いと言うべき）孤立した状態である。

2. 1. 4　酸素ラジカル陰イオン O^-，O_2^-の導入[5)]

上記の手順で得られた S12A7 を粉末化して，乾燥酸素中で熱処理する事によって，酸素ラジカル陰イオン O^-，O_2^-をケージ内に生成させた。酸素ラジカル陰イオンの検出と定量は，電子スピン共鳴（EPR）を用いて行った。熱処理中ではケージ内の OH^-イオンが脱水分解によって，O^{2-}イオンが形成される過程が反応速度を律速して，その後の冷却過程で速やかに O^-，O_2^-イオンが生成されている事が推察された。従って，酸素熱処理は高温であるほど酸素ラジカル陰イオンの生成には有利である。しかし 900℃で 96h の熱処理で S12A7 の分解が見られたため，これが実用的な上限温度といえる。この熱処理法による，最大の酸素ラジカル陰イオンの総濃度は $7\times10^{20}cm^{-3}$ であった。

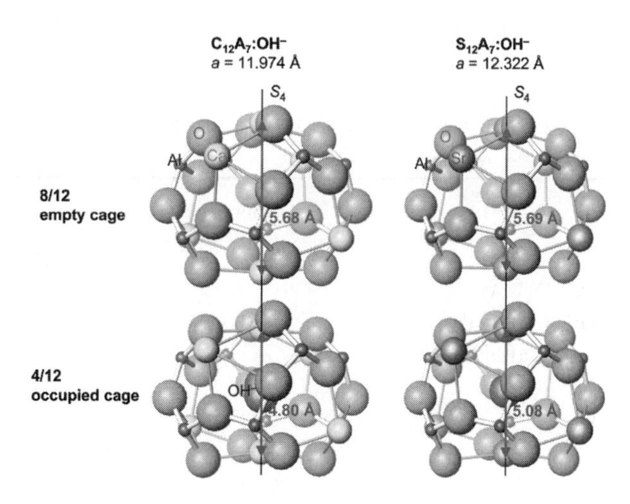

図1　空および OH^-イオンを包接した C12A7 および S12A7 のケージ構造

EPR スペクトルの例を図2に示す。粉末パターンから得れらた O_2^-および O^-イオンの g 値の主値を表1に示す。特に O_2^-イオンにおけるg_{zz}およびO^-イオンにおける$g_{\perp}$がケージ内で配位する極上陽イオンとの静電的結合強度の指標である。いずれの値もC12A7の場合と比較して小さな値になっていることは，結合強度が大きくなっている事を示している。しかし，直感的にはCa^{2+}からSr^{2+}の置換によって電荷は同じでイオン半径だけが大きくなっているのだから，この結合強度はむしろ弱くなるべきである。この一見した矛盾は，C12A7の場合O_2^-，O^-イオンが片方のCa^{2+}イオンに吸着しているような状態[6]であるのに対して，S12A7の場合は，両方のSr^{2+}イオンに挟み込まれているような状態であるとすると，よく理解できる。またX線回折の結果もこの解釈と矛盾しない。即ちこれらの陰イオンにとっては，C12A7のケージの環境は緩やかであり，S12A7の環境は丁度ないしは窮屈な環境であるといる。

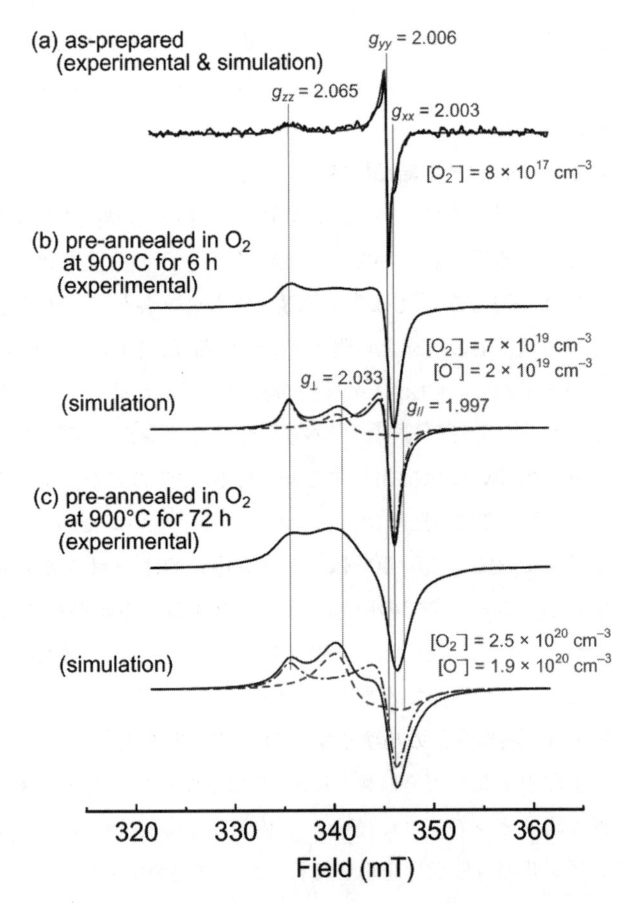

図2　S12A7中のO_2^-とO^-イオンのEPR粉末パターン
(a)　低濃度O_2^-イオンのスペクトル。(b)，(c)　酸素熱処理によって，O_2^-とO^-イオンの総濃度が増えた場合のスペクトルと，シミュレーションによるO_2^-イオンとO^-イオンへの分離。

表1　C12A7およびS12A7に包接されるOH^-イオンおよびO_2^-，O^-イオンを特徴づけるパラメーターの比較

		O_2-annealed C12A7		fully hydrated C12A7	O_2-annealed S12A7	fully hydrated S12A7
temp (K)		4.2	77	298	77	298
O3－O1 (Å)				3.23		3.34
OH stretch (cm^{-1})				3540-3555		3565
Ca1－Ca1 or Sr1－Sr1 (Å)				5.68		5.69
Ca2－Ca2 or Sr2－Sr2 (Å)				4.80		5.08
O_2^-	g_{xx}	2.002(1)	2.002(1)		2.003(1)	
	g_{yy}	2.009(1)	2.008(1)		2.006(1)	
	g_{zz}	2.081(1)	2.074(1)		2.065(1)	
O^-	$g_{//}$		1.994(10)		1.997(10)	
	$g_{\perp}$		2.036(5)		2.033(5)	

2. 1. 5　S12A7 薄膜の作成[7)]

電気特性と光学特性の評価，さらには電子機能の応用を考えると薄膜合成が重要である。当初ゾルゲル法による前駆体合成が試みられているため，それを経由した合成法も考え得るが，より高品質な薄膜を得るためにパルスレーザー蒸着（PLD）法を用いる事とした。

ArF レーザーを備えた PLD チャンバーを用いて，S12A7 の焼結体をターゲットとして，MgO(100) および $Y_3Al_5O_{12}$(YAG)(100) 基板に室温でアモルファス膜を堆積した。その後，加湿雰囲気中，840℃で 1 h 結晶化熱処理を施すことで，S12A7 薄膜を得た。X 線回折により S12A7 相の生成を確認した。薄膜は透明ではあるが多結晶体であり，優先成長方向は確認できなかった。

2. 1. 6　薄膜へのイオン注入法による，H^-イオン，電子のドーピング[7)]

上記のプロセスで得られた 1 μm 厚の S12A7 薄膜にイオン注入装置を用いて，H^+イオンを打ち込んだ。基板温度は 600℃であり，加速電圧は 60kV，電流密度が $2\,\mu A \cdot cm^{-2}$，照射量は $2\times10^{17}cm^{-2}$ である。注入された H^+イオンは，注入前にケージ内に包接されていた O^{2-} や OH^-イオンを一部膜外に排出し，注入された H^+イオン自体は H^-イオンに変換されると考えられる。

図 3 にイオン注入後，紫外線照射を行った前後の薄膜の透過スペクトルおよび電気伝導特性を示す。僅かに 0.4eV 付近に吸収の増大が見られ，同時に絶縁体から，室温で $1\times10^{-3}S \cdot cm^{-1}$ の伝導度を持つ導体となった。H^-イオンを包接した C12A7[8)] と同様に光誘起絶縁体 — 導電体変換が可能である事が示された。

また，薄膜に化学的に電子を高濃度にドーピングして C12A7 と同様にエレクトライドの薄膜[9)] を得るために，以下のプロセスを試みた。背圧を 10^{-6}Pa 以下にした PLD チャンバー内に，結晶化した S12A7 薄膜を設置し，室温で C12A7 をアブレーションさせることで，S12A7 結晶層の上に C12A7 アモルファス層を形成した。超高真空中で生成したプルームは高い還元性を持ち，それが堆積したアモルファス層は，高い酸化物イオン伝導性を持つと推測される S12A7 結晶層から O^{2-} イオンを引抜く。その結果 $10^{21}cm^{-3}$ オーダーの高い電子濃度を持つ S12A7 エレクトライド薄膜が得ら

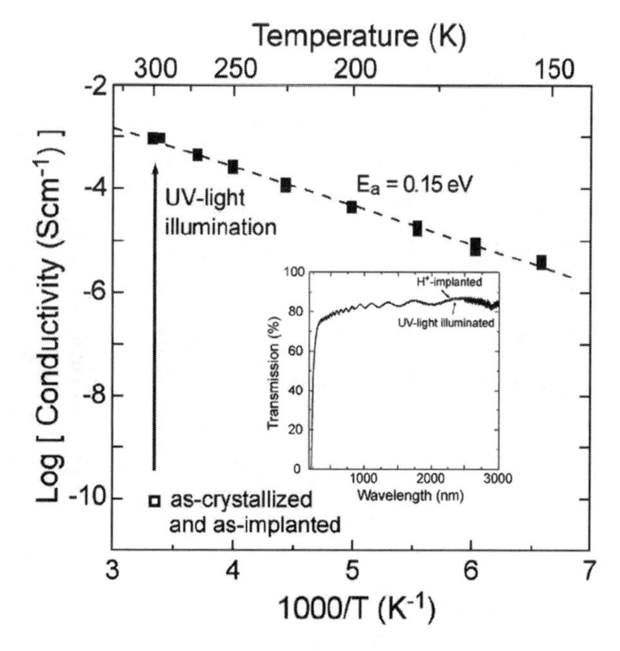

図 3　H^+をイオン注入した S12A7 薄膜の紫外線照射前後の電気伝導度
内挿図は光吸収スペクトル。

れた。その抵抗 ― 温度特性を図4に示す。金属的伝導特性が観測され，室温のホール測定から，試料A，Bの電子の移動度は，0.97および1.2$cm^2 \cdot V^{-1} \cdot s^{-1}$であった。ケージ中の電子の遷移による$F^+$吸収帯のエネルギーはC12A7エレクトライドで2.71eV[9]でありS12A7では，2.45eVに低下した。これはケージの寸法が大きくなった事に対応しており，より優れた電子特性が期待される。以上のようにS12A7はC12A7系材料の展開の新しい舞台となることが示された。

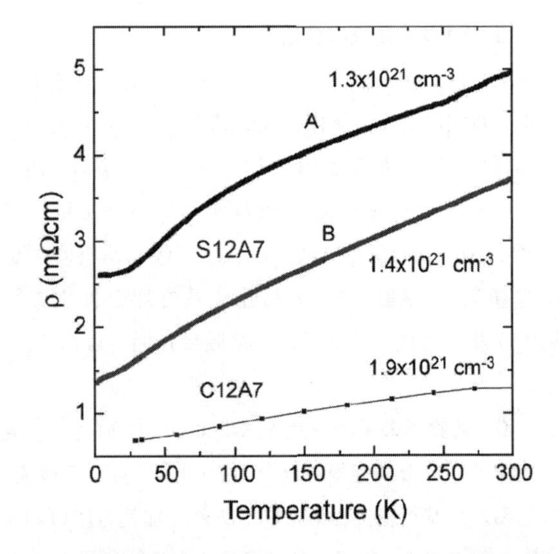

図4　高電子濃度S12A7およびC12A7薄膜の電気伝導度

2.2　Cl^-イオンを包接したC12A7系材料の湿度感受電気伝導[10]

$[Ca_{24}(Al_{28-x}Si_x)O_{64}]^{(4+x)+} \cdot (4+x)Cl^-$系では，$0 \leq x \leq 3.4$の範囲の相領域が存在する。$x=0$がいわばクロロ・マイエナイトに，$x=3.4$がワダライトに相当する。この組成範囲の焼結体を$CaCO_3$，$Al_2O_3$，$SiO_2$，$CaCl_2$を原料とした固相反応法によって作成した。1200℃の大気圧焼結とスパーク・プラズマ焼結機（SPS-515S，Sumitomo Coal Mining Co.）を併用して，焼結密度を70%から98%の間で制御した。

これらの焼結体は白色の絶縁体であるが，テスターを当てると電流が初期だけ流れることが見出された。これはイオン伝導とその直流分極を示唆している。この伝導特性の詳細を明らかにするために，25℃において湿度を10-90%に変化させ，電気伝導度を交流インピーダンス法によって評価した。その結果を図5に示す。伝導度は湿度に強く依存し，またCl^-濃度が高いほど，また焼結体の空孔率が大きいほど全体の伝導度が高くなる事が明らかとなった。さらに，水蒸気分圧を一定にした雰囲気で伝導度と重量変化を測定したところ，重量の減少に伴って伝導度の減少が確認された。これらの結果から，観測されたイオン

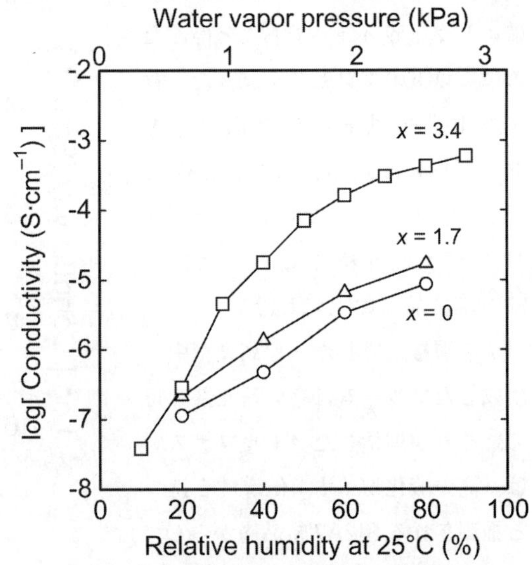

図5　$[Ca_{24}(Al_{28-x}Si_x)O_{64}]^{(4+x)+} \cdot (4+x)Cl^-$セラミックスにおける湿度感受電気伝導特性
セラミックスの気孔率は30%。

伝導は表面の水分子の吸着に依存していると結論できる。焼結体へのCl^-添加量が多いほど，その表面に露出するCl^-イオンの量が多く，これが化学吸着した水から可動のH_3O^+イオンを形成すると考えられる。湿度が高いほど，化学吸着層の上に厚い物理吸着層が形成されることでH_3O^+イオンの伝導パスが形成され，巨視的な伝導度の増加に繋がる。ゆえに本材料系の結晶格子は，表面に強固にCl^-イオンを保持するホストとして機能していると考えられる。

湿度10-90%の間での抵抗率変化は最大4桁であり，実用的にも高い感度を有している。さらに，ありふれた元素のみの簡単な焼結体でよいため，低コストで安全な湿度センサーとしての応用が期待できる。

2.3　C12A7系材料からのO^-イオン放出

2.3.1　O^-イオン生成の研究背景

C12A7でのケージ内で生成するO^-イオンではあるが，気相中で生成されるO^-イオンは，プラズマ工学分野などでは，非常に重要な化学種である。例えば，酸素プラズマを用いた，シリコン表面陽極酸化プロセスによる酸化絶縁膜形成では，O^-イオンが酸化に主要な役割を果たしている事が知られている[11]。一般に選択的な負イオン（真空工学分野では，陰イオンを負イオンと呼ぶ）の発生は技術的に難しいが，特殊なイオン源を用いることで可能になる。例えば，Csをスパッタリングによって電極表面に連続的に活性な状態を作っておき，そこにプラズマによって生成した酸素原子を付着させることでO^-を生成させ，それを電界によって引き出すことで，高密度のO^-イオンビームが得られる[12]。Csは，核融合用の超高電流密度H^-イオン源にも不可欠であり，負イオン発生の鍵となる元素になっている。しかし，Csは空気中に放置するだけで，燃焼し爆発に至る極めて活性な金属である上に，資源的には希少な部類に入る。従って，Csを用いない負イオン発生技術が求められている。

一方で従来の気相法とは全く異なるO^-負イオンの発生手法が試みられてきた[13]。真空中で加熱したイットリア安定化ジルコニア固体電解質からなるセラミックス管の内部に酸素ガスを供給し，管の外側を真空に保持し，その表面と対向電極との間に1 $kVcm^{-1}$程度の電場を印加することによって，固体電解質から真空中に，選択的にO^-を引き出すというものである。ジルコニアは，O^{2-}イオンがイオン伝導するため，放出される化学種は，等モルのO^-と電子であるとされた。この手法は，固体から直接的に負イオンを取り出すという点において画期的であるが，800℃程度にジルコニアを加熱した際に得られたイオン電流密度は，$nA \cdot cm^{-2}$程度と小さく，原理実証に留まっていた。ところがO^-イオンを高濃度に包接したC12A7について同様の検討を行ったところ，$\mu A \cdot cm^{-2}$オーダーの，ジルコニアに比べて3桁も高密度のO^-イオン電流が得られる[14]ことが分かり，本材料に対する期待が高まった。

しかしこのように高いイオン電流密度を得るには，あらかじめ酸素ラジカル陰イオンを包接させておく必要があり，かつ$\mu A \cdot cm^{-2}$以上の電流密度の持続時間は，800℃程度で数10分程度である。O^-負イオンの起源は，ラジカル陰イオンとして包接された，過剰な酸素によるものであり，これを外部から供給する必要がある。そこで酸素供給のため，一端を閉じた管状に整形した緻密なC12A7を用い，内部から酸素ガスを供給する手法が検討されている。しかし，C12A7の機械的強度や，やはり長時間運転の際にイオン電流が低下するという事が指摘されている。機械的強度は，ジルコニアのタンマン管を基材として用い，その表面にC12A7をプラズマ溶射することで改善が試みられているものの，イオン電流密度は，1～10nA·cm^{-2}のオーダーに落ちてしまう。この原因は，ジルコニア中の伝導キャリアーがO^{2-}イオンのみであり，物質移動の収支保存の制限から，C12A7からO^-と電子の等モル放出を強いてしまうためであると想像されている。1～10nA·cm^{-2}のオーダーではあるが，本手法でO^-イオンを，100℃のSi基板へ照射したところ，600-700℃での乾燥酸素中の熱酸化と同等の速度の酸化絶縁膜形成が確認されており[15]，この手法の可能性が示されている。また，最近CeO_2系の酸素イオン伝導体からの同様のO^-イオン放出が報告されている[16]。この系では900℃に加熱した場合最大で10μA·cm^{-2}の電流密度が得られているが，電子放出の寄与の割合など不明な点も残されている。

2. 3. 2　C12A7からの定常的なO^-イオン放出評価[17]

従来の過渡的な高密度のO^-イオン放出の計測は，その放出特性や放出機構を把握するために十分な評価法ではなかった。特に同時に放出される電子を定量することが重要であると考えられる。そこで，図6に示すような評価系を用いて，O^-イオン放出の定量的評価を行った。四重極質量分析計と共に，磁気フィルターを組み合わせたファラデーカップにより，O^-および電子の放出量を定量した。また，放出面と反対側の試料面を1-40Paの酸素雰囲気に保持する事により，定常状態を得て，供給酸素圧力による依存性も評価できるようにした。

図7にC12A7の加熱温度825℃における，O^-イオンおよび電子放出強度の酸素圧力依存性を示す。酸素圧力が増加するにつれて，O^-イオン放出強度は増大し，一方で電子放出強度が減少する。定常的に得られるO^-イオン電流密度は，40Pa供給時に1nA·cm^{-2}であった。装置の仕様上実証できないが，供給酸素圧が仮に大気圧程度であってもO^-イオン電流密度は3nA·cm^{-2}程度と予想されるため，実用条件でμA·cm^{-2}を得ることは難しそうである。

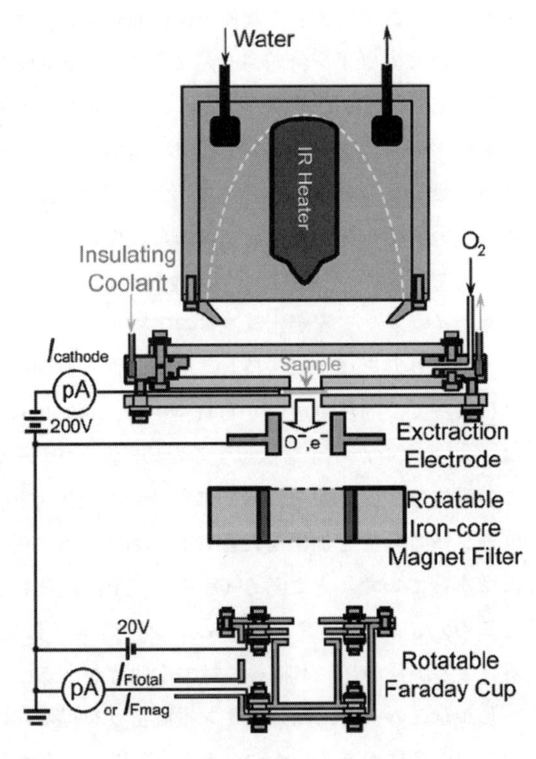

図6　O^-イオンおよび電子の放出を定量するための真空実験系の概要

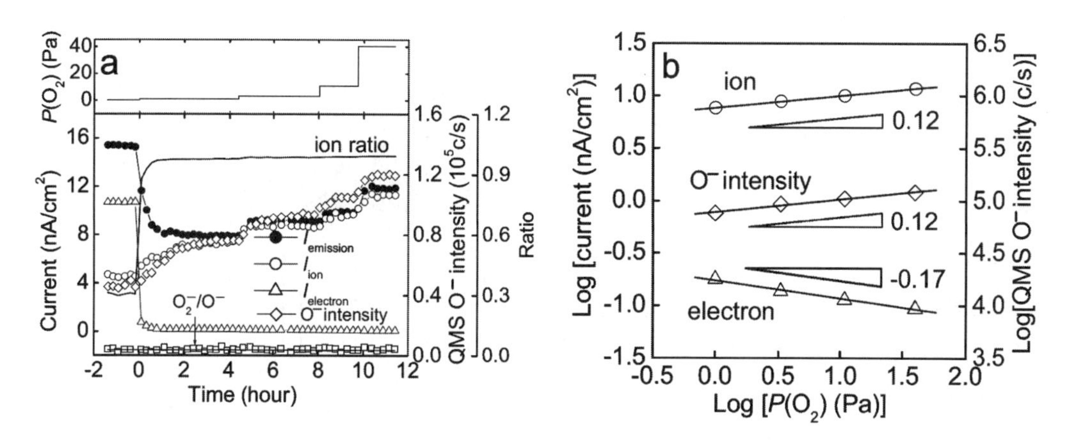

図7　化学量論組成に近いC12A7からのO$^-$イオンおよび電子の放出特性
(a)　段階的に供給酸素分圧を上昇させた際の特性，(b)　その結果に基づくアレニウスプロット。

図8に放出強度の温度依存性を示す。観測された活性化エネルギーはO$^-$イオンが，1.7-2.4eV電子が4.1-4.6eVであった。電子放出に関しては，測定中のC12A7の状態が電子伝導特性においては絶縁体であり，そこから予想される仕事関数の値と一致することから単純な熱電子放出の過程によると考えられる。O$^-$イオンの放出挙動は，電子のそれと全く別個の特性を示していることから，バルク中のO^{2-}イオンの拡散とその後のO$^-$と電子への解離が放出を制限しているということは考え難い。観測された酸素分圧依存性と活性化エネルギーは，それぞれ，放出面上でのO$^-$イオンの生成と，その脱離過程に関連した値が観測されていると考えられる。

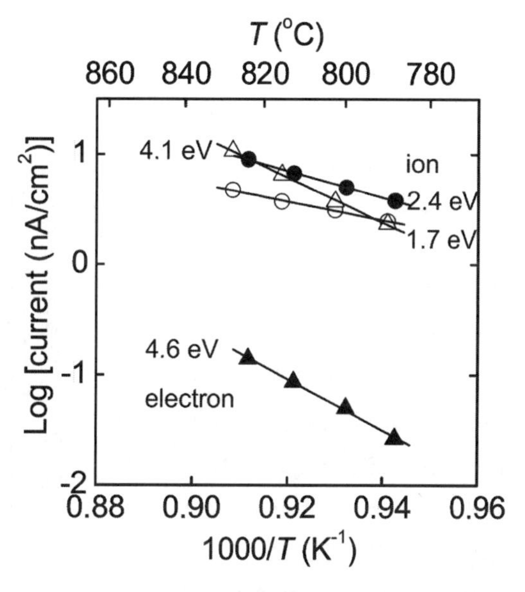

図8　O$^-$イオンおよび電子放出強度の温度依存性
白抜きのデータは，酸素ガス供給なしの場合，塗りつぶしデータは，3.3Paの酸素ガスを供給した場合。

2.3.3　F$^-$イオン添加によるC12A7の安定化[18]

O$^-$イオンの放出は，約2eVの大きな活性化エネルギーを持つことから，その放出密度を向上させる最も有効な手段が温度を上げることである。この活性化エネルギーは，いくつかのO$^-$生成と放出に拘わる過程の総和であり，正の活性化エネルギーに寄与する主要な過程が真空への脱離過程である。従って放出面の温度を上げることは，表面に形成されたO$^-$イオンの脱離を促進させる事に他ならない。しかし無添加のC12A7では，真空中での850℃程度の真空加熱で，顕著な分解が起こり温度を十分に上げることはできない。そこで，ケージ内に部分的にF^-イオンを添加することで熱的安定性を向上させる事とした。

$CaCO_3$，Al_2O_3，CaF_2粉末を原料として1350℃の固相反応法によって$[Ca_{24}Al_{28}O_{64}]^{4+}\cdot(2-2x)O^{2-}\cdot4xF^-$ (x=0-0.8)，の組成を持つ焼結体試料を作成した。これらの試料を1000-1400℃の真空中で熱処理することで，C12A7相の安定性を評価した。図9に熱処理後の相をまとめた。x=0.2までは，1200℃付近で，$5CaO\cdot3Al_2O_3$ (C5A3) 相の生成による完全分解が認められた。この分解はx=0.4程度，もしくはそれ以上のF^-イオンの導入で抑える事ができる。よって，真空中でO^-放出源として用いる際も，F^-イオン添加量が多いほど高い熱的安定性が期待できる。

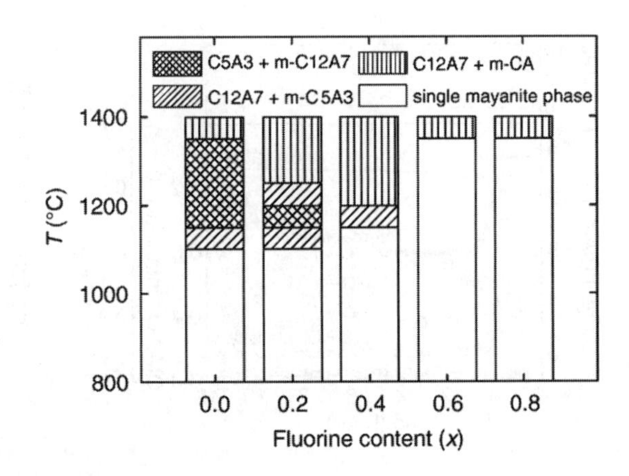

図9　真空中での$[Ca_{24}Al_{28}O_{64}]^{4+}\cdot(2-2x)O^{2-}\cdot4xF^-$系の熱安定性
m-は微量生成相を表す。

x=0.4，0.5，0.6の試料について前節と同様の測定系を用いて，イオン放出の評価を行った。同一条件で得られた放出負イオンスペクトルを図10に示す。xの増大と共に，O^-イオン放出強度は減少し，さらに相対強度0.05-0.5のF^-イオン放出が観測された。C12A7相の熱安定性とのバランスを鑑みてx=0.4の試料を選択して，温度特性も詳細に評価したところ，x= 0の場合に比較して，O^-イオン放出量は半分程度の減少に抑えられることが分かった。装置の仕様上実証はできなかったが，900℃以上で運転することで，この減少分を補うO^-イオン放出密度を，より高い安定性と共に実現できると予想される。

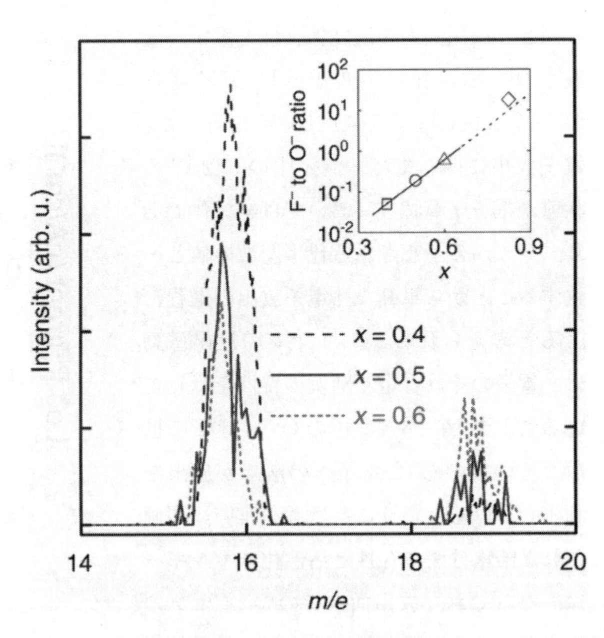

図10　引き出し電圧250Vcm^{-1}，酸素供給圧20Pa，表面温度800℃の場合の四重極質量分析計による質量スペクトル

2.4　超高温ジルコニア表面を用いた活性酸素放出[19]

O^-イオン放出技術としてのC12A7は，熱的安定性による制限があり，また当初の高いイオン電流密度も定常状態では，ジルコニア系材料を大きく上回るものではないことも明らかとなった。そこで実用的な活性酸素源（ここでは原子状酸素，O*）を得るために，放出源の材料をジルコニアとして，図11に示す構造を持つ，超高温自己発熱型の活性酸素源を新たに提案し，その動作を実証した。この手法の当初の意図は，O^-イオンの高効率な発生であったが，評価を進めていくうちに，O^-イオンの放出は期待通りの強度が得られない代わりに，強い強度の原子状酸素の放出が得られる事が分かった。即ち，超高温のジルコニア表面から，原子状酸素が独占的に脱離することを新たに見出した。

高温の3％Y_2O_3を添加された正方晶ジルコニア微細管（直径2mm）の中央部表面が放出面となる。ジルコニアセラミックスは，室温では絶縁体であるが，高温で高い酸化物（O^{2-}）イオン伝導性をもつ。技術上のポイントは，予熱によって導電性をもったジルコニアセラミックスを直接通電して加熱することにより，1400-1800℃の高温を，僅か数十ワットの省電力で得られることである。原子状酸素の放出流束は，評価した条件に限ると，最大で10^{17}atoms cm^{-2} s^{-1}であり，等モルのO^-イオン放出に換算して，10mA・cm^{-2}にも達する。O^-イオン放出は，放出源側に負のバイアスを印加することで最大1μA・cm^{-2}の電流が得られるが，正バイアスの印加によって完全に抑制することも可能である。

原子状酸素とO^-イオンは共に強力な酸化力をもつ化学種であり，特に加速されたイオンによるダメージを嫌うような酸化プロセスに有用である。その生成は，一般的には高周波プラズマを用いた手法[20]が利用されるが，本手法は投入エネルギー密度当りで比較するとプラズマによる生成法よりも効率的である。また放電を用いない固体源であるため，超高真空から低圧の広い圧力範囲で運転する事が可能であり，広い用途が期待できる。耐久性についても，数十回の起動・停止を挟んで，合計700時間以上運転する事が可能であった。冷却系も不要であり，電源も50～1kHz程度の数十Vの交流でよく，安全性や取り扱いにも優れている。

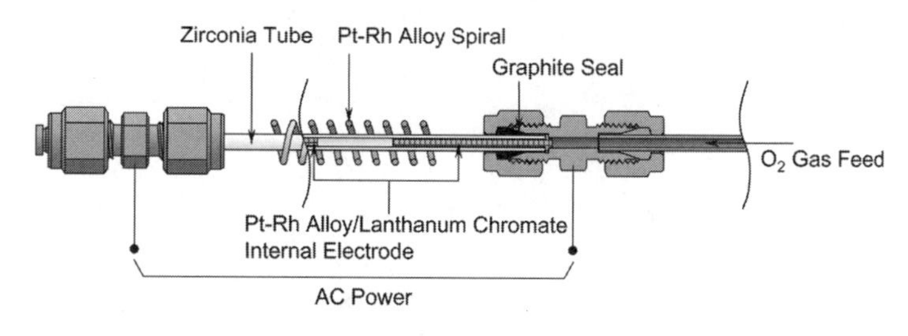

図11　ジルコニアを用いた省電力・高密度O*放出源の構造

文　　献

1) J. T. S. Irvine, A. R. West, *Solid State Ionics*, **40/41**, 896 (1990)
2) Q. Feng, F. P. Glasser, R. Alan-Howie, E. E. Lachowski, *Acta Crystallogr.*, **C44**, 589 (1988)
3) M. I. Bertoni, T. O. Maison, J. E. Medvedeva, A. J. Freeman, K. R. Poepplemeier, B. Delley, *J. Appl. Phys.*, **97**, 103713 (2005)
4) O. Yamaguchi, A. Narai, K. Shimizu, *J. Am. Ceram. Soc.*, **69**, C-36 (1986)
5) K. Hayashi, N. Ueda, S. Matsuishi, M. Hirano, T. Kamiya, H. Hosono, *Chem. Mater.*, **20**, 5987 (2008)
6) S. Matsuishi, K. Hayashi, M. Hirano, I. Tanaka, H. Hosono, *J. Phys. Chem. B*, **108**, 8920 (2004)
7) M. Miyakawa, N. Ueda, T. Kamiya, M. Hirano, H. Hosono, *J. Ceram. Soc. Jpn.*, **115**, 567 (2007)
8) K. Hayashi, S. Matsuishi, T. Kamiya, M. Hirano, H. Hosono, *Nature*, **419**, 462 (2002)
9) M. Miyakawa, T. Kamiya, M. Hirano, H. Hosono, *Appl. Phys. Lett.*, **90**, 182105 (2007)
10) K. Hayashi, H. Muramatsu, S. Matsuishi, T. Kamiya, H. Hosono, *Electrochem. Solid State Lett.*, **12**, J11 (2009)
11) S. Taylor, W. Eccleston, K. J. Barlow, *J. Appl. Phys.*, **64**, 6615 (1988)
12) J. Ishikawa, *Rev. Sci. Instrum.*, **67**, 1410 (1996)
13) Y. Torimoto, A. Harano, T. Suda, M. Sadakata, *Jpn. J. Appl. Phys.*, **36**, L238 (1997)
14) Q. Li, K. Hayashi, M. Nishioka, H. Kashiwagi, M. Hirano, M. Torimoto, H. Hosono, M. Sadakata, *Appl. Phys. Lett.*, **80**, 4259 (2002)
15) M. Nishioka, H. Nanjyo, S. Hamakawa, K. Kobayashi, K. Sato, T. Inoue, F. Mizukami, M. Sadakata, *Solid State Ionics*, **177**, 2235 (2006)
16) T. Sakai, Y. Fujiwara, A. Kaimai, K. Yashiro, H. Matsumoto, Y. Nigara, T. Kawada, J. Mizusaki, *J. Alloys Comp.*, **408-412**, 1127 (2006)
17) J. Li, K. Hayashi, M. Hirano, H. Hosono, *J. Electrochem. Soc.*, **156**, G1 (2009)
18) J. Li, K. Hayashi, M. Hirano, H. Hosono, *Solid State Ionics.*, **180**, 1113 (2009)
19) K. Hayashi, T. Chiba, J. Li, M. Hirano, H. Hosono, *J. Phys. Chem. C*, **113**, 9436 (2009)
20) J. P. Locquet, E. Mächler, *J. Vac. Sci. Technol*, **10**, 3100 (1992)

3 C12A7エレクトライドの電気特性と超伝導

金　聖雄*

3.1 結晶構造の特徴と電子状態

3.1.1 結晶構造

$12CaO \cdot 7Al_2O_3$(C12A7）は，典型的な絶縁体であるCaOとAl_2O_3の整数比で構成されているいくつかの化合物の一種類で，速乾性，耐熱性などに優れたアルミナセメントとして古くから広く使われている[1~4]。C12A7の結晶構造を図1に示す。単位格子には，2化学式量が含まれ，$2[12CaO \cdot 7Al_2O_3] = [Ca_{24}Al_{28}O_{64}]^{4+} \cdot 2O^{2-}$と表すことができる。$[Ca_{24}Al_{28}O_{64}]^{4+}$が格子骨格（フレームワーク）を形成し，その中に内径0.4nm程度の空隙（ケージ）を12個含んでいる。すなわち，ケージの平均電荷は，$+4/12 = +1/3$である。この結晶の大きな特徴は，図1のようにプラスに帯電されているケージがお互いに面を共有して空間的に密につながって構成されていることである。残りの酸素イオンは電気的な中性を保つためにケージ内に包接され，フリー酸素と呼ばれている。従って，12個あるケージのうち，2個のみにフリー酸素イオンが包接され，残り10個のケージは空である。フリー酸素イオンは，ケージの壁を構成する6つのCa^{2+}イオンと配位しているが，イオン間距離はCaO結晶のそれより約50%大きく，ケージに緩く束縛されているとみなされる。このフリー酸素イオンは，適切な熱処理により，いろいろな不安定なマイナス

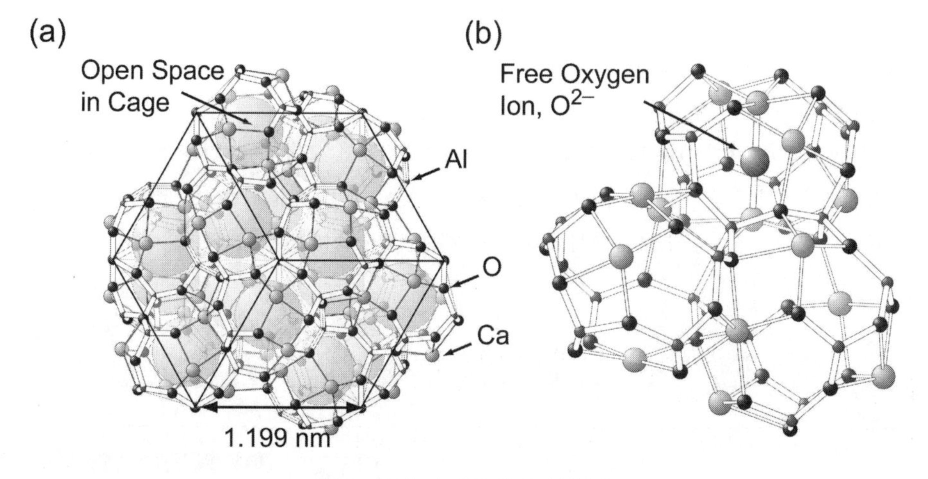

図1　$12CaO \cdot 7Al_2O_3$結晶構造

(a)C12A7結晶の単位格子。ケージ構造が，1原子層を介して連続して存在している。単位格子は，近似的に立方結晶（格子定数：~1.199nm）で，12個のケージを含む。そのうちの2つのケージに自由酸素イオンが包接されている。(b)3つの近接したケージを拡大したもの。自由酸素を包接したケージは，ケージ壁の頂点にあるCa^{2+}イオンが内側に引き込まれている。自由酸素イオンを包接したケージが規則的に配列すると，こうした歪により，格子は正方晶になる。

---

* Sung Wng Kim　東京工業大学　フロンティア研究機構　特任准教授

イオンおよび電子で置換することができ，それぞれのアニオンに基づく特異な機能が発現する[4~16]。たとえば，O^-/O^{2-}で置換したC12A7は，強い酸化機能を示すし[4]，H^+置換C12A7では，紫外光照射により電気伝導が誘起される[5]。電子で置換した場合は，置換の程度，すなわち電子濃度による金属 — 絶縁体転移がみられる[7,13]。

3. 1. 2 電子構造

この特異なナノ構造の特徴は電子状態に反映される[17~19]。図2はC12A7の電子構造を模式的に表したものである。価電子帯は結晶の格子骨格のカルシウム，アルミニウム及び酸素の原子軌道がイオン性結合した結果，形成されたバンドであり，主に酸素の2p軌道から構成されている。一方，伝導体は主にカルシウムの4sや3d準位で作られている。これらのバンドをそれぞれフレームワーク価電子帯(Framework Valence Band，FVB)とフレームワーク伝導帯(Framework Conduction Band，FCB）と呼ぶ。また，ケージの中に包接されているフリー酸素の2p準位からなるバンドはFVBから1 eV程度高エネルギー側に位置している。また，FVBとFCBの間には，3次元的につながった，プラスに帯電している空のケージに基づく新たな伝導体が生じる。このバンドをケージ伝導帯（Cage Conduction Band，CCB）と呼ぶことにする。C12A7のCCBは電子に占有されておらず，このため，C12A7はバンドギャップが6.5eVのバンド絶縁体になっている。フリー酸素を電子で置換するとCCBが電子で占有され，電気伝導性が生じることになる。

3. 2 電子ドーピングと電気特性

3. 2. 1 電子ドーピング方法

電気絶縁性C12A7のフリー酸素を電子に置換する方法は，化学的プロセスと物理的プロセスに分けられる[12]。主として，化学的プロセスはC12A7バルク絶縁体に，物理的プロセスはC12A7薄膜に使われる。表1に，各種電子ドープ法をまとめてある。

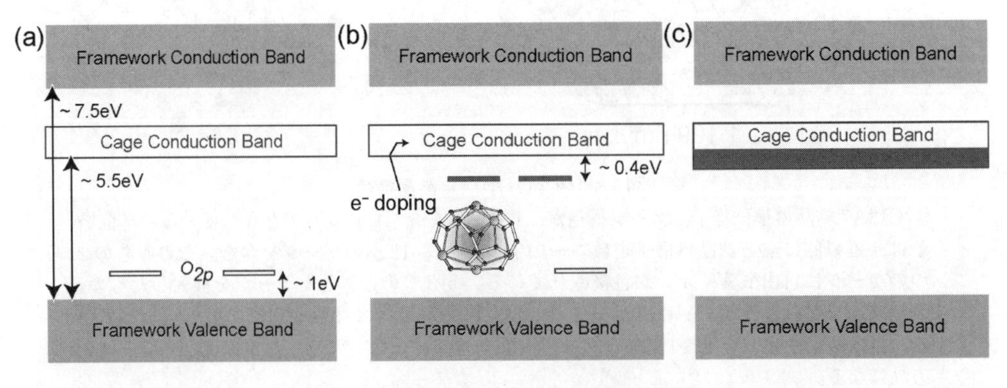

図2　$12CaO \cdot 7Al_2O_3$電子構造の模式図
(a)絶縁体，(b)一部のケージに電子が包接された半導体，(c)すべてのフリー酸素を電子に置き換えた金属の電子状態

化学的プロセスは還元雰囲気中での熱処理，還元雰囲気中での融解—凝固などの方法がある[7~10]。代表的な化学的プロセスである金属蒸気中熱処理法を図3に示す。絶縁体C12A7単結晶と金属CaないしTiを石英ガラス管に真空封入し，700～1100℃で加熱することで，フリー酸

表1　C12A7絶縁体に電子をドープする方法と特徴

	Process	Precursor	Reacting Process	N_e(cm^3)
Chemical Process	Ca vapor treatment	Single Crystal	$C12A7:O^{2-}+2Ca \rightarrow C12A7:e^-+2CaO$	~10^{21}
	Ti vapor treatment	Single Crystal / Powder	$C12A7:O^{2-}+Ti \rightarrow C12A7:e^-+TiO_X$	~10^{21}
	Melt-solidification	No specific one	C_2^{2-}(melt) $\rightarrow C12A7:C_2^{2-}$ $\rightarrow C12A7:e^-+2C$ or $C_2^{2-}+O^{2-} \rightarrow C12A7:e^-+2CO$	~10^{19}
	Glass-ceramics	No specific one	C_2^{2-}(glass) $\rightarrow C12A7:e^-+2C$ or $C_2^{2-}+O^{2-} \rightarrow C12A7:e^-+2CO$	~10^{19}
	Reducing treatment in CO gas	Single Crystal / Powder	$C12A7:O^{2-}+CO \rightarrow C12A7:e^-+CO_2$	~10^{20}
	a-C12A7 deposition	Thin Film	$C12A7:O^{2-}$ + reduced a-C12A7 $\rightarrow C12A7:e^-$ + a-C12A7	~10^{21}
Physical Process	Ion Impantation	Thin Film	$C12A7:O^{2-} \rightarrow C12A7:e^-+1/2O_2$ or $C12A7:OH^- \rightarrow C12A7:H^-+1/2O_2$ $\xrightarrow{UV} C12A7:e^-+H_2$	~10^{21}

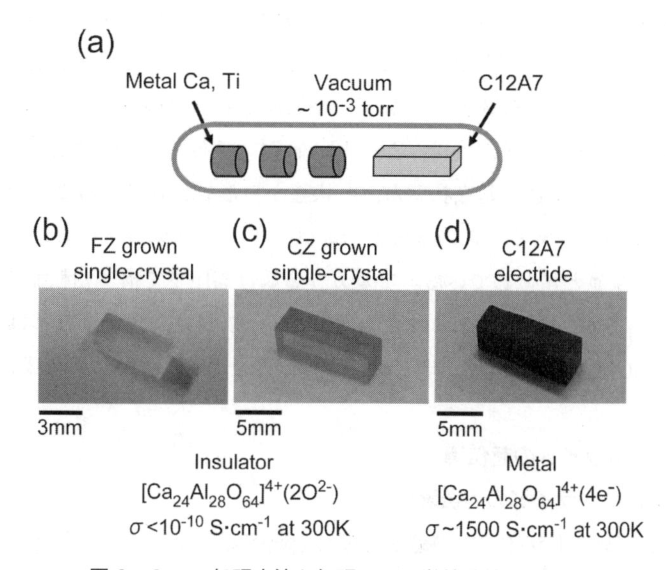

図3　Ca, Ti処理方法と処理による単結晶外見の変化

(a) C12A7単結晶をCa，Ti金属片とともに，石英管中に真空封入して，～1,100℃に加熱する。(b)，(c)フローテングゾーン法（FZ）とチョクラルスキー法（CZ）で作成した単結晶。(d) (b)，(c)の単結晶を(a)方法で作成した単結晶エレクトライド。

素を電子で置換することができる。金属処理により，C12A7表面に金属CaないしTiが蒸着し，C12A7結晶内のフリー酸素イオンと反応して，CaO及びTiO_Xが生成される[7,13]。C12A7は高いイオン伝導性を示すので，結晶内部のフリー酸素イオンは，表面まで拡散して，CaないしTi金属との反応が継続する。フリー酸素が引き抜かれる過程で，C12A7結晶の電気的中性を保つため，ケージ中に電子が残される。化学的プロセスでは，処理温度と時間を調節することで，ドープされる電子濃度を制御できる。特に，金属Tiを用いた場合，ほぼすべてのフリー酸素イオンを電子に置換できる[13]。

薄膜に対しては，非平衡プロセスであるイオン打ち込みで電子をドープすることが可能である[11]。しかし，イオン打ち込みでは高濃度の電子をドープすることは難しい。最近，薄膜に対しても，化学的プロセスで高濃度電子をドープする方法が見出された[20]。この方法では，C12A7薄膜の上に還元雰囲気で作ったa-C12A7膜を堆積し，a-C12A7膜の還元力を利用して，C12A7薄膜中に電子をドープする。

3.2.2 電気特性

フリー酸素を置換した電子はCCBを占めるが，電子濃度が少ないときは，バンド伝導することはできない。それは，電子とケージの間に強い電子・格子相互作用が働き，格子緩和（ケージの変形）を伴って電子は特定のケージに局在してしまうからである。言い換えれば，電子はポーラロン状態になっている。この結果，電子濃度が少ないときは，電気伝導は熱エネルギー活性型となる。しかし，電子濃度が増加するにつれて，電子の遮蔽効果のため格子緩和が減少してケージの変形は小さくなる。この結果，電子はバンド伝導を示すようになり，温度の低下とともに伝導度が増加する金属的伝導が実現する[13]。電子濃度増加と電子・格子間相互作用減少（結果としての電子移動度の増加）が相乗的に寄与するため，電子濃度がある臨界値を超えると電気伝導は相転移的に増加し，金属 — 絶縁体転移（MIT）が観測される（図4）。このMITの臨界電子濃度は$\sim 1\times10^{21}\mathrm{cm}^{-3}$（最大の電子濃度は，$2.3\times10^{21}\mathrm{cm}^{-3}$）であり，その濃度以上では，金属的伝導を示す[13,22]。C12A7のCCBの基底状態が，s-状態から形成されていることから金属伝導を担う電子はs-状態であるといえる。この金属的伝導は，主にs-状態電子により形成されたバンドで伝導するアルカリ金属と類似している。アルカリ金属は高圧下で構造相転移を伴う超伝導転移が多く報告されているが，常圧下ではLi金属（0.4mK）以外は，超伝導転移は発見されていない[23]。この点から，C12A7エレクトライドが超伝導転移を示すか否かは興味深い。

3.3 C12A7エレクトライドの超伝導

3.3.1 C12A7エレクトライドの超伝導転移

金属状態C12A7エレクトライドでの超伝導転移を調べるために，チョクラルスキー（CZ）法とフローテングゾーン（FZ）法で作成した単結晶から得られた金属的伝導を示すエレクトライドの低温での電気抵抗を測定した。測定したサンプルは，室温の電気伝導度が$1500\mathrm{S}\cdot\mathrm{cm}^{-1}$であるCZ単結晶エレクトライドと，電気伝導度が$810\mathrm{S}\cdot\mathrm{cm}^{-1}$であるFZ単結晶エレクトライドを用いた。図5に電気抵抗の温度依存性を示す。CZ法単結晶エレクトライドは85mKまでゼロ抵抗を示さないが，FZ法単結晶エレクトライドは低温でゼロ電気抵抗となり，超伝導転移を示す[14, 24]。CZ法単結晶では，磁性をもつIr^{4+}イオン（結晶成長中にIr金属るつぼから混入）が含まれ，そのイオンが伝導電子を散乱させるため，超伝導転移を示さないと考えられる。この仮定

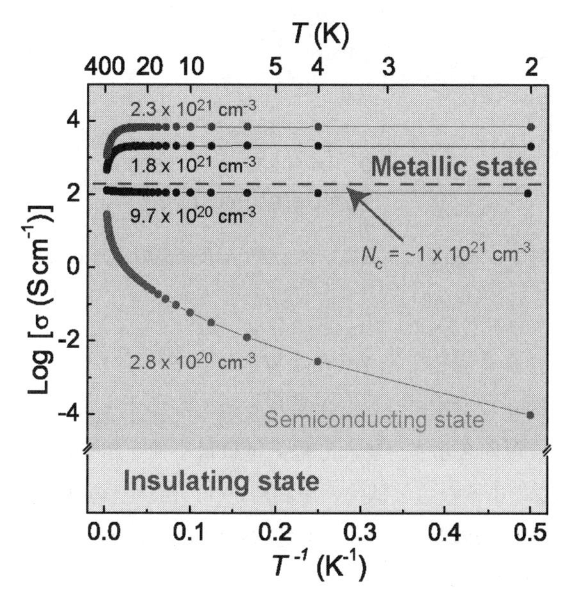

図4　様々な電子濃度による電気伝導度の温度依存性
電子濃度の増加によって臨界電子濃度（～$1\times10^{21}cm^{-3}$）を超えると電気伝導は増加し，その濃度以上では，金属的伝導を示す。

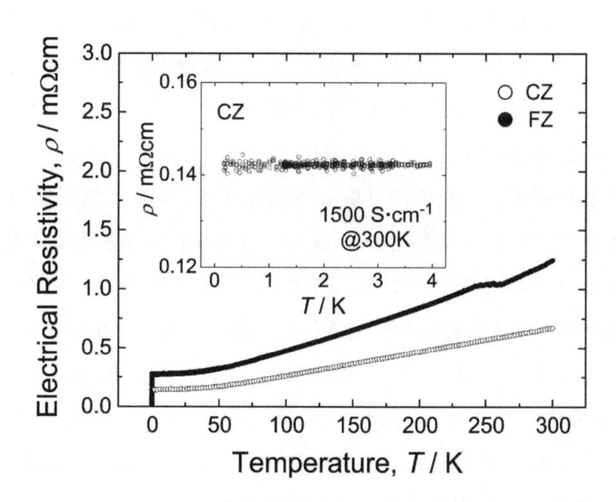

図5　チョクラルスキー法（CZ）とフローテングゾーン法（FZ）の単結晶から作成した金属的伝導を示すC12A7エレクトライドの電気抵抗の温度依存性

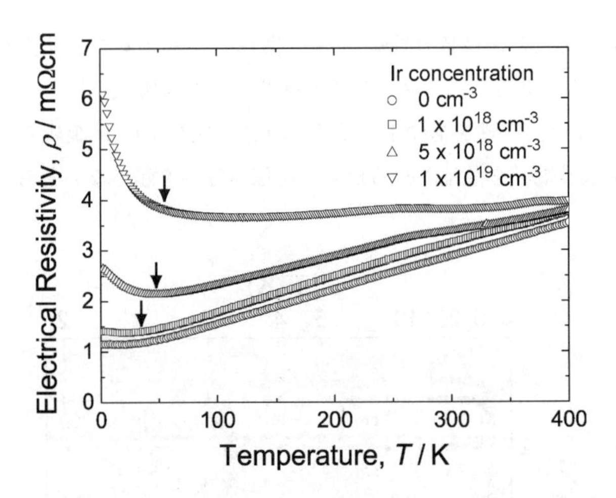

図6　Ir 不純物の添加量によるエレクトライド多結晶の電気抵抗の温度依存性

を確認するために，Ir 含有濃度を変化させた金属エレクトライド多結晶体を作成し，それらの電気抵抗を測定した。図6に示すように，Ir 濃度が高くなるとともに，低温ではエレクトライドの電気抵抗が増加する傾向を示す。また，電気抵抗最小値を示す温度が Ir 濃度によって増加する傾向もみられる。このような電気抵抗の振る舞いは，磁性不純物による伝導電子の散乱，すなわち近藤効果による現象と類似しており，不純物磁性イオンの存在により，超伝導転移が抑制されていることを強く示唆している。

3. 3. 2　C12A7 エレクトライドの超伝導特性

図7に，2 K 以下での金属 C12A7 エレクトライドの超伝導転移特性を示す。試料は，単結晶エレクトライドと薄膜エレクトライド（(c)~1.6×10^{21}cm^{-3} と(d)~2.0×10^{21}cm^{-3}）である。単結晶エレクトライドでは，それぞれ 0.2K と 0.19K 付近で急激に電気抵抗が減少し，それ以下の温度では，抵抗がゼロになる。また，抵抗が減少する温度は磁場を加えると低温側にシフトする。また，薄膜試料では，0.16K と 0.4K 付近で超伝導転移を示した。これらの結果から，電子濃度が増えるとともに，超伝導転移温度（T_c）が増加することを示している。

超伝導体であることを確認するために，単結晶試料（図7(a)）の低温での磁化率を測定した。磁化測定は，相互インダクタンス法を用い，Al，Ti 金属を標準試料として用いて，絶対値を補正した。図8に示すように，0.2K 付近から，磁化率が急激に減少し，マイナスの値となり，やがて飽和する，明確なマイスナー効果が観測された。飽和値は，完全反磁性の値と一致する。すなわち，C12A7 エレクトライドは，バルク超伝導体であることが確認された[14]。また，比熱の測定から C12A7 超伝導体は BCS 超伝導体であることがわかる[21]。図9に単結晶 C12A7 超伝導体において低温での比熱測定結果を示す。比熱のピークは電気抵抗，磁化率の結果と同じく，0.2K 付近に見られており，0.1T の磁場で完全に消失した。比熱ピークの温度変化とピーク高さから求めた $\Delta C_p/\gamma\cdot T_c$ の値（1.22）が BCS 超伝導の値とほぼ一致していることから，C12A7 超

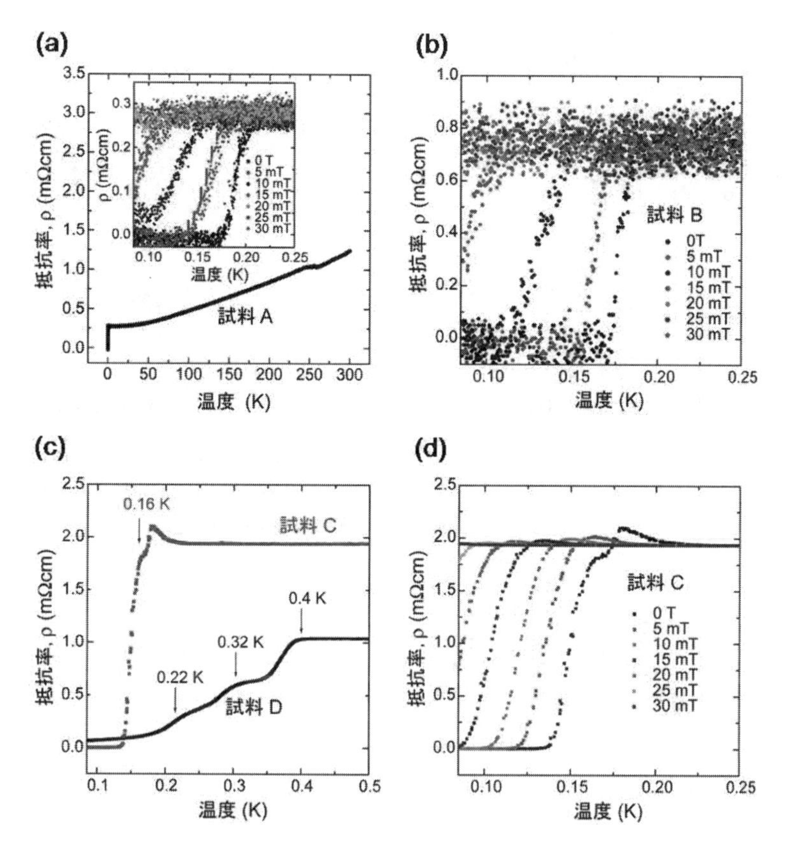

図7　C12A7エレクトライドの超伝導状態への転移

(a), (b)単結晶の電気抵抗率（ρ）の温度変化。0.2K付近に超伝導転移が観測される。外部磁場の印加により転移温度が低温側にシフトすることが観測される。(a)：試料A：室温での電気伝導度810S/cm, (b)：試料B：室温での電気伝導度770S/cm。(c), (d)薄膜エレクトライドの電気抵抗率（ρ）の温度変化。(c)：キャリア電子濃度～$1.6\times10^{21}cm^{-3}$, (d)：電子濃度～$2.0\times10^{21}cm^{-3}$。(b), (d)外部磁場の印加時での電気抵抗率の温度変化。磁場印加により，転移温度が低温側にシフトする。

伝導体はBCS超伝導体であることが確認された。BCS理論でのMcMillan式を用いて，T_c, デバイス温度（Θ_D），フェルミ準位付近の電子濃度（N_e）から求めた，電子―格子結合定数（$\lambda=N_e\times\mu$，μは電子―格子相互作用）[25]は，0.45となった。この値は，高温T_cを有するBCS型超伝導体であるMgB_2などに比べると，小さい値である。C12A7超伝導体では，λ値が小さいが，電子濃度が少ないので，μの値は大きいことになる。すなわち，C12A7の超伝導の実現は，少ない電子濃度を補うだけの大きな電子―格子相互作用に由来していると考えられる。

3.3.3　今後の展開

C12A7はありふれた元素で構成される典型的な絶縁体であるが，これを母体としたエレクトライドで金属伝導，さらには超伝導を実現できた。結晶中にある空間に存在する電子による超伝導は，エレクトライドが超伝導体の新しい物質群としての可能性を秘めているともいえるだろ

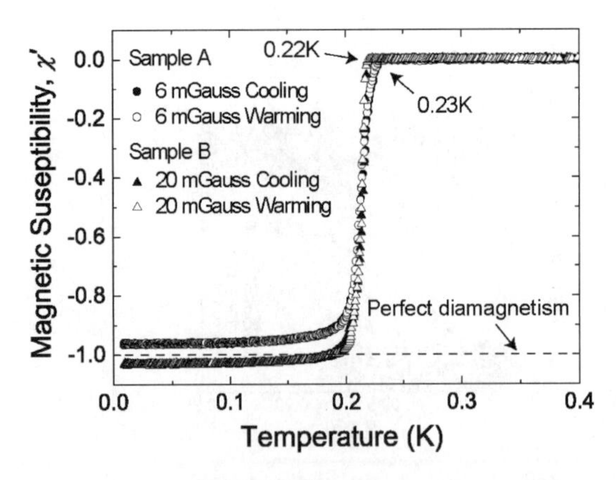

図８　単結晶超伝導体の帯磁率の温度変化
0.2K 未満では完全反磁性を示す。

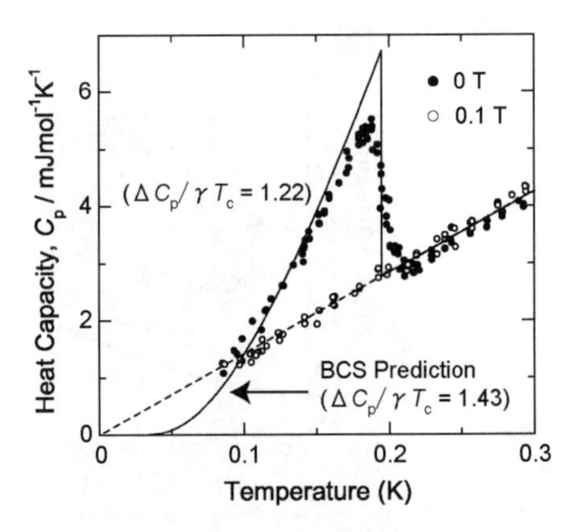

図９　単結晶超伝導体の比熱の温度変化
比熱のピークは C12A7 超伝導体は BCS 超伝導体であることを示す。

う。また，常圧では，ほとんど超伝導を示さないアルカリ金属が高圧下では相転移を伴い，カルシウムのように 20K 以上の高い超伝導転移温度を示すことから，C12A7 エレクトライドの高圧下での超伝導転移温度の上昇が期待される。

文　　献

1）H. B. Bartl and T. Scheller, *N. Jb. Miner. Mh.* **35**, 547 (1970)
2）J. A. Imlach, L. S. D. Glasser, and P. F. Glasser, *Cement Conc. Res.* **1**, 57 (1971)
3）H. Honoso, Y. Abe, *Inorg. Chem.* **26**, 1192 (1987)
4）K. Hayashi, M. Hirano, S. Matsuishi, H. Hosono, *J. Am. Chem. Soc.* **124**, 738 (2002)
5）K. Hayashi, S. Matsuishi, T. Kamiya, M. Hirano, H. Hosono, *Nature* **419**, 462 (2002)
6）K. Hayashi, S. Matsuishi, N. Ueda, M. Hirano, H. Hosono, *Chem. Mater.* **15**, 1851 (2003)
7）S. Matsuishi, Y. Toda, M. Miyakawa, K. Hayashi, T. Kamiya, M. Hirano, I. Tanaka, and H. Hosono, *Science* **301**, 626 (2003)
8）Y. Toda, S. Matsuishi, K. Hayashi, K. Ueda, T. Kamiya, M. Hirano, H. Hosono, *Adv. Mater.* **16**, 685 (2004)
9）S. W. Kim, M. Miyakawa, K. Hayashi, T. Sakai, M. Hirano, and H. Hosono, *J. Am. Chem. Soc.* **127**, 1370 (2005)
10）S. W. Kim, Y. Toda, K. Hayashi, M. Hirano, and H. Hosono, *Chem. Mater.* **18**, 1938 (2006)
11）M. Miyakawa, Y. Toda, K. Hayashi, M. Hirano, T. Kamiya, N. Matsunami, and H. Hosono, *J. Appl. Phys.* **97**, 023510 (2005)
12）S. W. Kim, S. Matsuishi, M. Miyakawa, K. Hayashi, M. Hirano, and H. Hosono, *J. Mater.*

Sci.: Mater. Electron. **18**, 5 (2007)

13) S. W. Kim, S. Matsuishi, T. Nomura, Y. Kubota, M. Takata, K. Hayashi, T. Kamiya, M. Hirano, H. Hosono, *Nano Lett.* **7**, 1138 (2007)

14) M. Miyakawa, S. W. Kim, M. Hirano, Y. Kohama, H. Kawaji, T. Atake, H. Ikegami, K. Kono, H. Hosono, *J. Am. Chem. Soc.* **129**, 7270 (2007)

15) Y. Toda, H. Yanagi, E. Ikenaga, J. Kim, M. Kobata, S. Ueda, T. Kamiya, M. Hirano, K. Kobayashi, H. Hosono, *Adv. Mater.* **19**, 3564 (2007)

16) H. Buchammagari, Y. Toda, M. Hirano, H. Hosono, D. Takeuchi, K. Osakada, *Org. Lett.* **9**, 4287 (2007)

17) P. Sushko, K. Shluger, K. Hayashi, M. Hirano, and H. Hosono, *Phys. Rev. Lett.* **91**, 126401 (2003)

18) P. Sushko, K. Shluger, K. Hayashi, M. Hirano, and H. Hosono, *Thin solid films.* **445**, 161 (2003)

19) P. Sushko, K. Shluger, M. Hirano, and H. Hosono, *J. Am. Chem. Soc.* **129**, 942 (2005)

20) M. Miyakawa, M. Hirano, T. Kamiya, and H. Hosono, *Appl. Phys. Lett.* **90**, 182105 (2007)

21) Y. Kohama, S. W. Kim, T. Tojo, H. Kawaji, T. Atake, S. Matsuishi, H. Hosono, Phys. Rev. B Accepted.

22) S. Matsuishi, S. W. Kim, T. Kamiya, M. Hirano, H. Hosono, *J. Phys. Chem. C.* **112**, 4753-4760 (2008)

23) J. Tuoriniemi *et al., Nature* **447**, 187 (2007)

24) S. W. Kim, M. Miyakawa, M. Hirano, Y. Kohama, H. Kawaji, T. Atake, H. Ikegami, K. Kono, H. Hosono, *Mater. Trans.* **49**, 1748-1752 (2007)

25) W. L. McMillan, *Phys. Rev.* **167**, 331 (1968)

4　C12A7エレクトライド粉末の合成と包接電子・酸素濃度の定量

松石　聡*

4.1　はじめに

$12CaO \cdot 7Al_2O_3$(C12A7) は典型的な絶縁体であるCaOおよびAl_2O_3を構成要素として形成されているのにも関わらず，酸素欠損の導入により半導体そして金属状態へと変化する。一般に，酸化物で酸素欠陥が生成された場合，酸素 (O^{2-}イオン) が抜けた分の電気的中性を保つために，余分な電子が結晶に導入される。しかしCaOのような高度な絶縁性結晶では電子は酸素空孔に強く束縛されてしまうために，伝導のキャリアには成り得ない。それにも関わらずC12A7で電子伝導[1~3]が実現できるのは，C12A7結晶がナノメートルサイズの正に帯電したケージ構造の充填でできているためである。正に帯電したケージは1単位格子(組成式 $[Ca_{24}Al_{28}O_{64}]^{4+}(O^{2-})_2$) 中に12個存在するが，このうち2個のみが酸素イオン (O^{2-}) によって占有されている。したがって，12個中残り10個のケージは空であり，ケージ1個あたりの正電荷は+1/3に過ぎない。ケージ中の酸素を引き抜くと，電子がケージに導入されるが，ケージの正電荷が小さく，また隣からケージ (一種の酸素空孔) までの距離が近いため，電子は容易にケージ間を移動することができ，電子伝導が実現する。結晶が元々，酸素空孔の集まりでできているという特徴がC12A7独特の性質の起源になっている。

C12A7から電子を引き抜く方法はいくつかあるが[2~5]，100％近い包接酸素を引き抜くためには，CZ法やFZ法など溶融固化状態から育成した単結晶を，CaやTiなどの金属と一緒に石英ガラス管中に真空封止し，これを加熱保持することで還元処理する必要がある。C12A7表面に真空蒸着された金属は，C12A7内部から表面に移動してきた酸素イオンと反応してCaOやTiO_xといった酸化物を作り，この反応は包接酸素イオンがなくなるまで継続する。こうして合成される包接酸素をほとんど含まないC12A7 (C12A7エレクトライド[6~8]) は，アルカリ金属並の低い仕事関数[9]，超伝導[10]といった興味深い物性をもつだけにとどまらず，そのケージに緩く束縛された電子を用いた還元剤として有機合成への応用が検討されている[11]。合成化学などへの応用の場合，試料の形状は粉末であることが要求されるが，これまでの合成法で粉末を得るには，せっかく作った単結晶を還元した後に粉砕する必要がある。今後の応用を考えた場合，C12A7粉末から，溶融固化プロセスを経ず，直接C12A7エレクトライド粉末が合成できることが望ましい。そこで本研究でC12A7の還元方法を見直し，粉末でも適応できる方法を探索した。一方，C12A7中の包接電子濃度あるいは酸素濃度は，これまで光吸収 (透過・反射スペクトル測定) などの間接的な方法で行われてきたが，この方法を粉末試料に適応するのは難しい。そこで合成したC12A7エレクトライド粉末について，酸素ガス中での熱重量測定と中性子回折測定を行って[12]，包接酸素量を見積もったのち，拡散反射測定による簡便な電子濃度定量法について検討した。

*　Satoru Matsuishi　東京工業大学　応用セラミックス研究所　助教

4.2　C12A7エレクトライド粉末の合成

C12A7粉末をCaで還元する場合，C12A7にCaO・Al$_2$O$_3$(CA) を加えて加熱保持することで，C12A7エレクトライドの単相を得ることができる。反応式としては，

$$0.8Ca_{12}Al_{14}O_{33} + 1.4CaAl_2O_4 + Ca \rightarrow Ca_{12}Al_{14}O_{32}$$

と表すことができてC12A7のCaによる還元により生じたCaOとCAが反応することで，全体の組成が$Ca_{12}Al_{14}O_{32}$となるように調整する。実際の合成手順としては次のようになる。(1)炭酸カルシウムとアルミナを11：7のモル比で混合し，1300℃，6時間ほど加熱しC12A7とCAの混合粉末（C12A7+CA）を得る。

$$11CaCO_3 + 7Al_2O_3 \rightarrow 0.8Ca_{12}Al_{14}O_{33} + 1.4CaAl_2O_4 + 11CO_2\uparrow$$

(2)合成したC12A7+CA粉末をボールミル等で粉砕したのち，(3)余分な水分やボールミル用ポットから混入したナイロンの成分等を取り除くため700℃で2時間加熱する。(4) C12A7+CA粉末を片側を閉じた石英ガラス管にいれ，そのまま真空ポンプ（ターボ分子ポンプ，10^{-4}Pa程度までの排気能力をもつ）に接続し，真空引きをしながら，ガラス管を電気炉で1100℃，15時間加熱する。このプロセスにより，表面に付着した水分が取り除かれ，粉末の還元反応が表面で停止してしまうことを防いでいる。(5)室温まで冷却したのち，ガラス管に所定の2倍量の金属カルシウム片を投入したのち，真空封止し，700℃，15時間加熱保持する。(6)ガラス管を一度，Arガスで満たされたグローブボックス内で開封し，粉末を乳鉢を使ってよく混ぜる。(7)再度ガラス管に真空封止し，1100℃で2時間加熱保持し，急冷すると黒色の粉末（図1中の写真を参照）を得ることができる。粉末の化学組成は蛍光X線測定によりCa：Al：O＝11.9±0.1：14.0：31.0±0.7と求められた。Ca/Al比に関してはC12A7エレクトライド（$Ca_{12}Al_{14}O_{32}$）のものに一致しているが，酸素に関しては誤差が大きく，この方法では組成が確定できなかった。

4.3　構造解析と包接酸素・電子濃度の測定

図1(a)は合成した粉末のX線回折パターンであり，C12A7（マイエナイト型）の属する空間群I43dと格子定数a＝1.1999nmを仮定することですべての回折線を説明することができた。リートベルト解析[13]の結果（表1）はC12A7の結晶骨格からすべての包接酸素イオンが取り除かれていることを示唆していた。包接酸素に関する解析の精度を高めるために，酸素などの軽元素からなる物質の構造解析に有利な中性子回折を行った。実験は10gの試料を用意し，日本原子力研究開発機構のJRR-3研究炉に付設された高分解能粉末回折装置（HRPD）を用いて行った（ビームコリメーション35'-20'-(試料)-6'，中性子の波長λ＝0.18234nm）。大量の試料を作る際に，微量な3CaO・Al$_2$O$_3$(C3A）相が異相として混入してしまっているものの（質量分率＜5 wt.%），主相の回折パターンはXRDの結果と同様に包接酸素を含まないケージだけの構造を仮定したシミュレーションパターンとよく一致した。確認のために包接酸素（分率座標及び原子

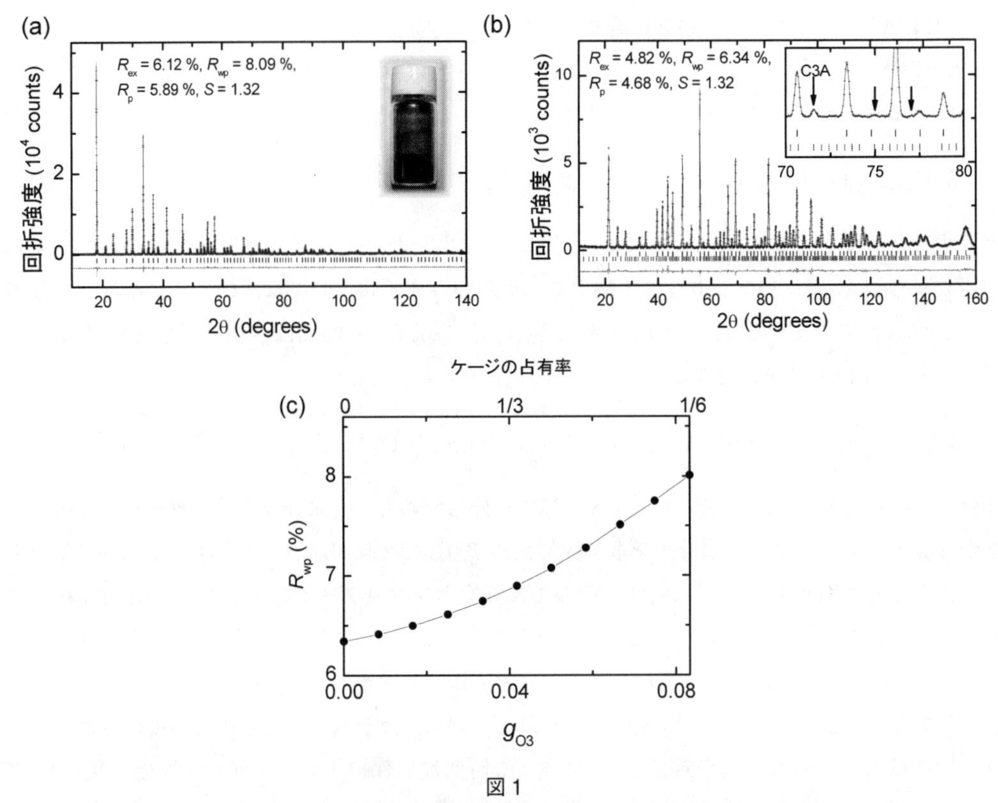

図1

粉末合成したC12A7エレクトライドのX線回折(a)および中性子回折パターン(b)。(a)中の挿入図はC12A7エレクトライド粉末の写真。+が実測の回折強度，黒の実線と灰色の線がフィッティングパターンと残差を表している。パターンの下部の棒は主相および異相の回折位置を表している。(b)中の挿入図は75付近の拡大図で僅かな$Ca_3Al_2O_6$（C3A）相が異相として含まれていることを示している。中性子回折パターンのリートベルト解析の際，ケージ中の酸素占有率（g_{O3}）を変化させると，g_{O3}= 0で残差因子R_{wp}が最も小さくなる(c)。

変異パラメーターを（x, y, z）=（0.337, 1/4, 0），B_{eq} = 1.15Å^{2}に固定[14]）の占有率（g_{O3}）をすこしずつ変え，リートベルト解析[15]を行ったが，g_{O3}= 0の場合が最もフィットがよく（R_{wp} = 6.34%），占有率がほとんどゼロであることが確定した。

図2は合成した試料（30mg）の酸素雰囲気（80%-He/20%-O_2）中でのTG/DTA測定の結果を示している。水分の影響を抑えるために，雰囲気ガスの露点を−56℃（14ppm）に抑えて実験を行った。測定時に放出されるガスの分析・定量はQ-Massによって行った。300℃以下では0.03%の重量減に相当する水の放出が見られたが，これは試料表面に吸着した水分子の脱離に帰属された。一方，420℃と585℃では発熱反応のピークに伴ない1.7%の重量増が確認された。これは過去の報告にも見られるピークであり[16]，酸素の包接によるものと考えられる。さらに775℃以上に加熱すると，重量の減少が見られ，実験開始時点からの最終的な重量変化は+1.2%となった。またTG/DTA測定後の試料のXRDパターンは通常のC12A7のものであり，黒色

表1　X線回折および中性子回折パターンのリートベルト解析により得られたC12A7エレクトライド粉末の結晶構造パラメーター

X線回折　　$a=11.998560(13)$ Å

Species	Site	x, y, z	g	B_{eq} (Å^2)
$Ca1/Ca^{2+}$	24d	0.141528(42), 0, 1/4	1	0.684(10)
$Al1/Al^{3+}$	16c	0.017333(41), x, x	1	0.398(18)
$Al2/Al^{3+}$	12b	7/8, 0, 1/4	1	0.135(20)
$O1/O^{2-}$	48e	0.149301(81), 0.963910(77), 0.055868 (93)	1	0.539(24)
$O2/O^{2-}$	16c	0.935557(98), x, x	1	0.448(48)

中性子回折　　$a=12.00472(24)$ Å

Species	Site	x, y, z	g	B_{eq} (Å^2)
Ca1/Ca	24d	0.14017(14), 0, 1/4	1	0.697(27)
Al1/Al	16c	0.01794(12), x, x	1	0.210(54)
Al2/Al	12b	7/8, 0, 1/4	1	0.558(62)
O1/O	48e	0.15042(08), 0.96429(08), 0.0559(08)	1	0.583(18)
O2/O	16c	0.93407(08), x, x	1	0.905(33)

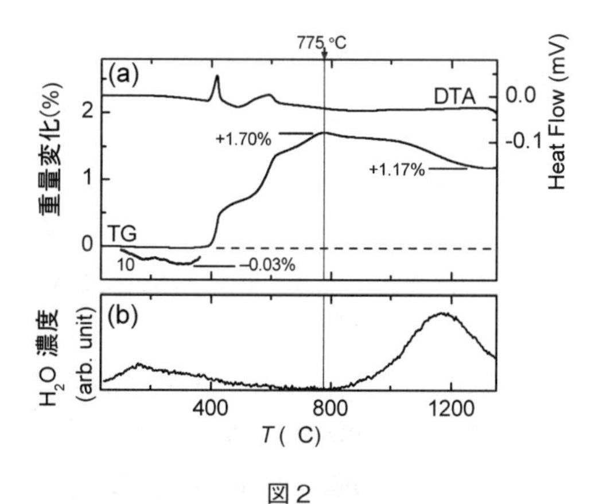

図2
(a)酸素雰囲気下（80%-He/20%-O_2）でのC12A7エレクトライド粉末のTG/DTAプロファイル（昇温速度：$20K \cdot min^{-1}$）。(b) Q-Massで測定した雰囲気ガス中のH_2O濃度。

だった外観は白色になっていた。重量増の値は純粋なC12A7エレクトライドが酸化されてC12A7に戻る場合

$$[Ca_{24}Al_{28}O_{64}]^{4+}(e^-)_4 + O_2 \rightarrow [Ca_{24}Al_{28}O_{64}]^{4+}(O^{2-})_2$$

に想定される重量変化と一致しており，合成された粉末が，ほぼ完全に酸素が引き抜かれたC12A7エレクトライド（包接電子濃度$2.33 \times 10^{21}cm^{-3}$）であることが確認できた。775℃を頂点とする0.53%の過剰な重量増のうち，この温度以上で水の放出が見られることから，一部は

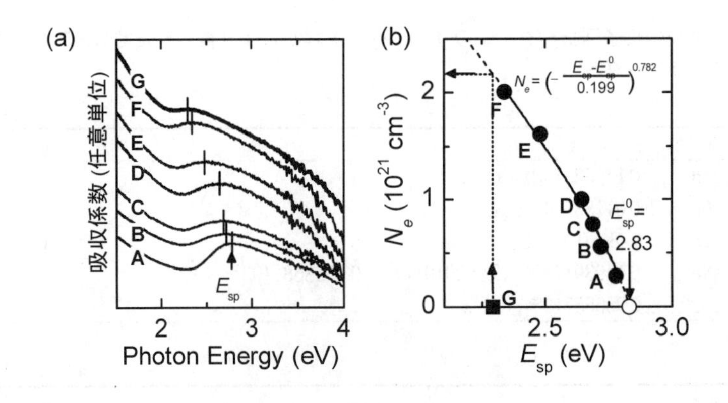

図３

(a)様々な電子濃度を包接するC12A7の光吸収スペクトル（A：N_e＝0.26，B：0.56，C：0.77，D：1.0，E：1.6，F：2.0×10^{21}cm^{-3}）。GはC粉末合成したC12A7エレクトライドの吸収スペクトル。(b)吸収ピークの位置（E_{sp}）と電子濃度N_eの関係。

OH^-が生成するためだと考えられる[17,18]。水素の起源としては，雰囲気ガス中に残留した水分と試料中に不純物として含まれているH^-が有力である[1,19,20]。ただし，Q-Massで測定されたH_2O放出量から見積もられる重量減は多くても0.1％であり（3×10^{20}cm^{-3}のOH^-に相当），残りの大部分は活性酸素であるO^-，O_2^-の生成によるものと考えられる[21〜25]。これらのうちO_2^-の生成が支配的だと考えると775℃のO_2^-濃度は4.3×10^{20}cm^{-3}と求められる。この値は酸素雰囲気中でアニールしたC12A7中のO_2^-と同程度であり，過去の報告例と矛盾しない。

合成した粉末中の電子濃度の決定に対し，拡散反射測定によって得られる光吸収スペクトルから求める方法を検討した。光吸収と電子濃度の関係を求めるために，あらかじめ絶対反射スペクトルを測定・解析することで電子濃度（N_e）を調べておいたC12A7結晶（Ti処理の時間を変えてN_eを調整）を粉砕し[26]，25倍質量のMgO粉末で希釈したのちに，拡散反射測定を行った。図３(a) A〜Fは拡散反射スペクトルをKubelka-Munkの式で変換して得られた吸収スペクトルである。２〜４eV付近のピークはケージに束縛された電子の光学遷移（量子井戸中のs準位-p準位間の遷移に相当）によるものであり[1,27,28]，N_eの増加に伴いピーク位置（E_{sp}）は低エネルギー側に移動する。N_eに対してE_{sp}をプロットすると図３(b)のようになり，$N_e=[-(E_{sp}-E_{sp}{}^0)/0.119]^{0.782}$という関係式が両者の間にあることがわかる。ここで$E_{sp}{}^0=2.83$eVであり，これは電子濃度が十分低い$N_e$（$\sim10^{18}$cm^{-3}）のときの$E_{sp}$の値である[2]。粉末合成したC12A7エレクトライドも同様に拡散反射スペクトルを測定したところ図３(a)のGの吸収スペクトルが得られ，そのE_{sp}を先の関係式に当てはめると$N_e=2.3\times10^{21}$cm^{-3}となり包接酸素濃度が０($g_{O3}=0$)の場合の電子濃度（2.33×10^{21}cm^{-3}）に一致した。以上の結果により包接酸素濃度，電子濃度の両面から，C12A7エレクトライド粉末が合成されたことを確かめることができた。

4.4　まとめ

粉末原料（$CaCO_3$ と Al_2O_3）と金属カルシウム片を原料として，溶融固化プロセスを経ずにC12A7エレクトライド粉末を合成することに成功した。今後，還元試薬や電子放出源としてC12A7エレクトライド粉末を用いる際の合成法として利用されることを期待している。

文　　献

1）K. Hayashi, S. Matsuishi, T. Kamiya, M. Hirano, H. Hosono, *Nature*, **419**, 462 (2002)
2）S. Matsuishi, Y. Toda, M. Miyakawa, K. Hayashi, T. Kamiya, M. Hirano, I. Tanaka, H. Hosono, *Science*, **301**, 626 (2003)
3）S-W. Kim, S. Matsuishi, T. Nomura, Y. Kubota, M. Takata, K. Hayashi, T. Kamiya, H. Hososno, *Nano Lett.*, **7**, 1138 (2007)
4）M. Miyakawa, Y. Toda, K. Hayashi, M. Hirano, T. Kamiya, N. Matsunami and H. Hosono *J. Appl. Phys.*, **97**, 023510 (2005)
5）S. Kim, M. Miyakawa, K. Hayashi, T. Sakai, M. Hirano, and H. Hosono, *J. Am. Chem. Soc.*, **127**, 1370 (2005)
6）J. L. Dye, *Science*, **247**, 663 (1990)
7）J. L. Dye, *Inorg. Chem.*, **36**, 3816 (1997)
8）A. S. Ichimura, *et al,, J. Am. Chem. Soc.*, **124**, 1170 (2002)
9）Y. Toda, H. Yanagi, R. Ikenaga, J-J. Kim, M. Kobata, S. Ueda, T. Kamiya, M. Hirano, K. Kobayashi, H. Hosono, *Adv. Mater.*, **19**, 3564 (2007)
10）M. Miyakawa, S-W. Kim, M. Hirano, Y. Kohama, H. Kawaji, T. Atake, H. Ikegami, K. Kono, H. Hosono, *J. Am. Chem. Soc.*, **129**, 72 (2007)
11）H. Buchammangani, *et al., Org. Lett.*, **9**, 4287 (2007)
12）S. Matsuishi, *et al., Chem. Mater.*, **21**, 2589 (2009)
13）TOPAS, Version 3; Bruker AXS: Karlsruhe Germany (2005)
14）H. Bartl, T. Scheller, *Neues Jahrb. Mineral. Monatsh.*, **35**, 547 (1970)
15）F. Izumi, T. Ikeda, *Mater. Sci. Forum*, **321-324**, 198 (2000)
16）O. Trofymluk, Y. Toda, H. Hosono, A. Navrotsky, *Chem. Mater.*, **17**, 5574 (2005)
17）K. Hayashi, M. Hirano, H. Hosono *J. Phys. Chem. B*, **109**, 11900 (2005)
18）K. Hayashi, P. V. Sushko, D. M. Ramo, A. L. Shluger, S. Watauchi, I. Tanaka, S. Matsuishi, M. Hirano, H. Hosono, *J. Phys. Chem. B*, **111**, 1946 (2007)
19）S. Matsuishi, K. Hayashi, M. Hirano, H. Hosono, *J. Am. Chem. Soc.*, **127**, 12454 (2005)
20）K. Hayashi, *et al., J. Phys. Chem. B*, **109**, 23836 (2005)
21）H. Hosono, Y. Abe, *Inorg. Chem.*, **26**, 1192 (1987)
22）K. Hayashi, M. Hirano, S. Matsuishi, H. Hosono, *J. Am. Chem. Soc.*, **124**, 738 (2002)
23）S. Matsuishi, *et al. J. Phys. Chem. B*, **108**, 18557 (2004)

24) K. Hayashi, S. Matsuishi, M. Hirano, H. Hosono, *J. Phys. Chem. B*, **108**, 8920 (2004)
25) K. Kajihara, *et al.*, *J. Phys. Chem. C*, **111**, 14855 (2007)
26) S. Matsuishi, *et al.*, *J. Phys. Chem. C*, **112**, 4753 (2008)
27) P. V. Sushko, *et al.*, *Phys. Rev. Lett.*, **91**, 126401 (2003)
28) P. V. Sushko, *et al.*, *Thin Solid Films*, **445**, 161 (2003)

5　C12A7エレクトライドの仕事関数と表面の電子構造

戸田喜丈*

5.1　はじめに

物質内部から電子を真空中に取り出すのに必要なエネルギーは仕事関数と呼ばれ，物質に固有な物理量であり，物質表面の物性や化学的性質を探る手がかりとなっている。近年，次世代の表示素子として電界放射型ディスプレイ（FED）や有機ELディスプレイ（OLED）が有望視されている。これらの実現と高性能化には導電性を持ち，仕事関数が小さく，且つ化学的に安定である材料が必要である。しかしながら“低い仕事関数”を持つ材料は，アルカリ金属が代表例として挙げられるように，一般的には“化学的安定性”とは相容れない特徴を有する。ところが，$12CaO \cdot 7Al_2O_3$(C12A7）に導電性の電子を添加したC12A7：e^-[1~4]は化学的に安定であると同時に，非常に小さな仕事関数を有することが明らかになった。本節では，実験により求めたC12A7：e^-の仕事関数及びエネルギーバンド構造の観点から，その低仕事関数の要因を明確にし，化学的安定性の由来を考察する。

5.2　C12A7：e^-の電子構造：バンドギャップとケージ伝導帯の実験的観測

C12A7は正に帯電した12個のケージ（直径約0.4 nm）が特定の面を共有して3次元的につながる事により，$[Ca_{24}Al_{28}O_{64}]^{4+}$で表される結晶骨格を形成している。C12A7全体では，ケージ内に緩く包接されたフリー酸素イオン（O^{2-}）の負電荷と結晶骨格の正電荷が電気的に補償されている[5~7]。C12A7：e^-はO^{2-}に代わって，電子がケージ内に包接されている。すなわち，結晶骨格と電子がイオン結合した化合物である（図1）。このように，電子が陰イオンとして機能する（電子陰イオン）化合物は“電子化物”（エレクトライド）と名付けられている[8,9]。一般的なエレクトライドは，環状有機分子[10,11]，またはゼオライト[12~15]にアルカリ金属を付加した構造で，熱的に極めて不安定（最高でも－40℃で分解）[16]で，しかも，低温でも大気に曝すと分解してしまうという欠点があった。しかし，C12A7：e^-は，大気中で400℃まで安定である[17]。

また，母結晶のC12A7は電気的絶縁体であるが，C12A7：e^-は，金属的な電子伝導性を示す[18]。室温における電子伝導度は～1500 Scm^{-1}であり，この値は低温になるほど大きくなる。理論解析により，C12A7：e^-の金属的電子伝導性は，3次元的に隣接したケージが，電子伝導帯（Cage Conduction Band：CCB）を形成し，添加された電子陰イオンが，CCB中を伝播することに起因するとされた[19~22]。このCCBの存在は光電子分光測定により，実験的に示された[23]。更に，この測定により結晶骨格による価電子帯 ― 伝導電子帯間のバンドギャップの絶対値も明らかになった。図2に，C12A7：e^-の正，逆光電子分光スペクトルの測定結果とそれに対応したバンド構造の模式図を示す。光電子分光に用いた光源は表面の影響を小さくできる（バルク敏感）という理由から8 keVの硬X線（Spring-8による放射光）を用いた[24]。バンドギャップ中

＊　Yoshitake Toda　東京工業大学　フロンティア研究機構　研究員

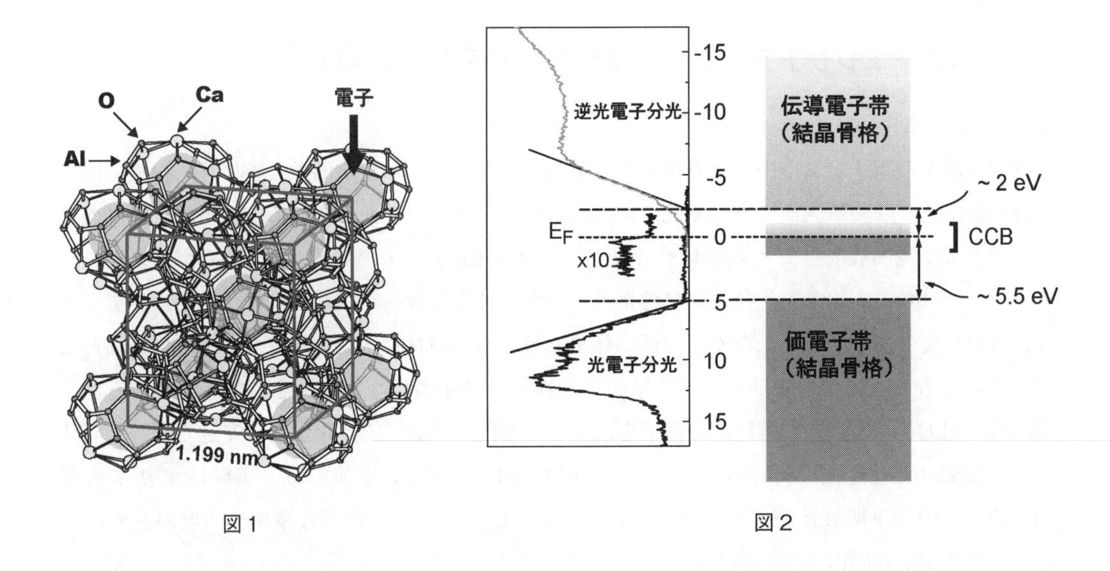

図1　　　　図2

にフェルミ端を有する付加的な電子分布が観測できる。これは，バンドギャップ内に，金属伝導を担うCCBとそのバンドに電子が存在することを直接的に示すものである。また，バンドギャップは約7.5 eVと見積もられ，この値はCaOの値（7.4 eV）[25,26]と良く一致することから$C12A7:e^-$の価電子帯は酸素の2p軌道，伝導電子帯はカルシウムの4s軌道で構成されていることが示唆された。

5. 3　$C12A7:e^-$の電子構造と表面構造

5. 3. 1　仕事関数の測定

仕事関数は，材料の表面状態，測定条件などに大きく依存するので，固有の仕事関数を求めるためには，不確定な要素を取り除いた条件下での測定が必要である。$C12A7:e^-$は特定の面で劈開しないので，1×10^{-7} Pa以下の超高真空下で，単結晶[27]をダイヤモンドやすりにより機械的に研磨し，多結晶化した表面を試料とした。また，仕事関数の測定は，光電子分光法及び，光電子収率法を用いた。

図3に光電子分光法による仕事関数の測定原理を示す。光電子分光のスペクトルは，ある特定のエネルギー（$h\nu$）の光の照射により試料内部から光電効果で放出された光電子の運動エネルギーの分布である。図に示すとおり，試料の表面の非弾性平均自由行程（Inelastic Mean Free Path：IMFP）以内の領域から放出された光電子は価電子帯，内殻準位等の構造を反映した光電子スペクトルを与えるが，IMFPより深い領域から放出される光電子は固体中で散乱され，2次電子として連続的なスペクトルを与える。前述の硬X線がバルク敏感な理由はIMFPが～20 nmということによる（20 eVの紫外光では～1 nm）[28]。仕事関数の測定にはこの2次電子の連続的なスペクトルを用いる。試料の仕事関数より小さい運動エネルギーを持つ電子は試料から放出されないので，観測される2次電子の最小の運動エネルギーが試料の仕事関数と一致する。理想的

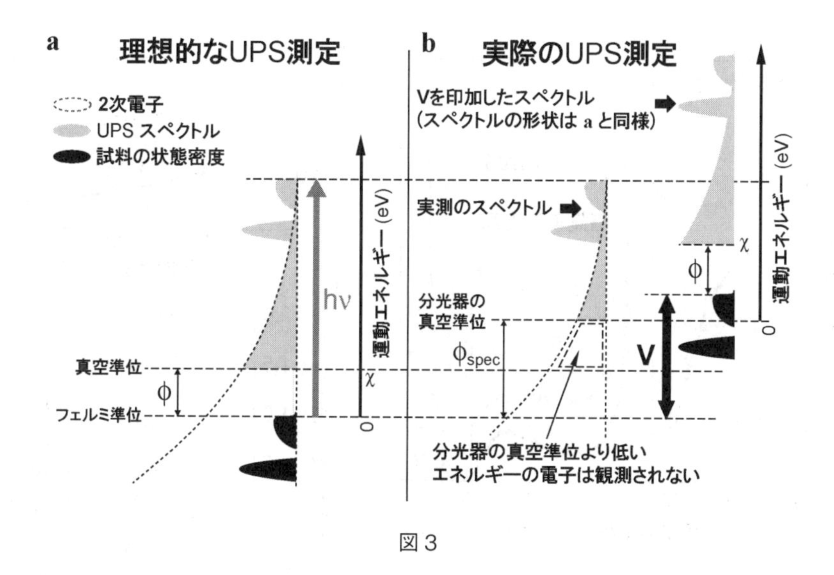

図3

には図3aのように試料のフェルミエネルギーを基準（運動エネルギー＝0）として，スペクトルで一番低い運動エネルギーの値χが試料の仕事関数の値と一致する。しかし，実際の測定では図3bの左のように光電子の運動エネルギーを測定する分光器の真空準位（仕事関数ϕ_{spec}）が基準となってしまう為，試料に適当な電圧Vを印加することで，試料のフェルミエネルギーと分光器のフェルミエネルギーをシフトさせる必要がある（図3b右）。図3b右より試料の仕事関数ϕは分光器の仕事関数ϕ_{spec}を用いて，

$$\phi = \chi - (V - \phi_{spec}) \tag{1}$$

となる。一方，光電子収率法では試料にエネルギー(hυ)の異なる光を照射し，放出電子電流（光電流）の観測されたhυが試料の仕事関数の値と一致する。

5.3.2　光電子分光法による C12A7：e^-の仕事関数の測定

He Ⅰ(21.2 eV）を光源として用いたC12A7：e^-の光電子分光スペクトルを図4aに示す（これ以降の光電子分光スペクトルは横軸を結合エネルギー（＝"運動エネルギー"-V-ϕ_{spec}）に変換している）。結合エネルギーの基準（＝0）は試料のフェルミエネルギーをとっている。χが印加電圧Vと共に変化している為，式(1)を用いて仕事関数を決定出来ないことが分かる。ここで，スペクトルの価電子帯部分に注目すると，価電子帯のスペクトルも電圧の印加により，形状が変化していることが分かる。図4bはHe Ⅱ(40.8 eV）による光電子分光スペクトルで，He Ⅰと比較して電圧印加による価電子帯スペクトルの構造の変化が鮮明に確認できる。これは2次電子によるスペクトルの底上げがHe Ⅰと比べて小さいことによる（He ⅡのIMFPはHe Ⅰと同等で～1 nmと見積もられる為，比較は妥当と考えた）。図中に点線で示したスペクトルは実験結果をピーク分離した結果得られたもので，図4cに示すとおり，このスペクトルのピークトップ（δ）の印加電圧依存性は図4aにおけるχと同様である。このχやδの由来は曲がったバンドか

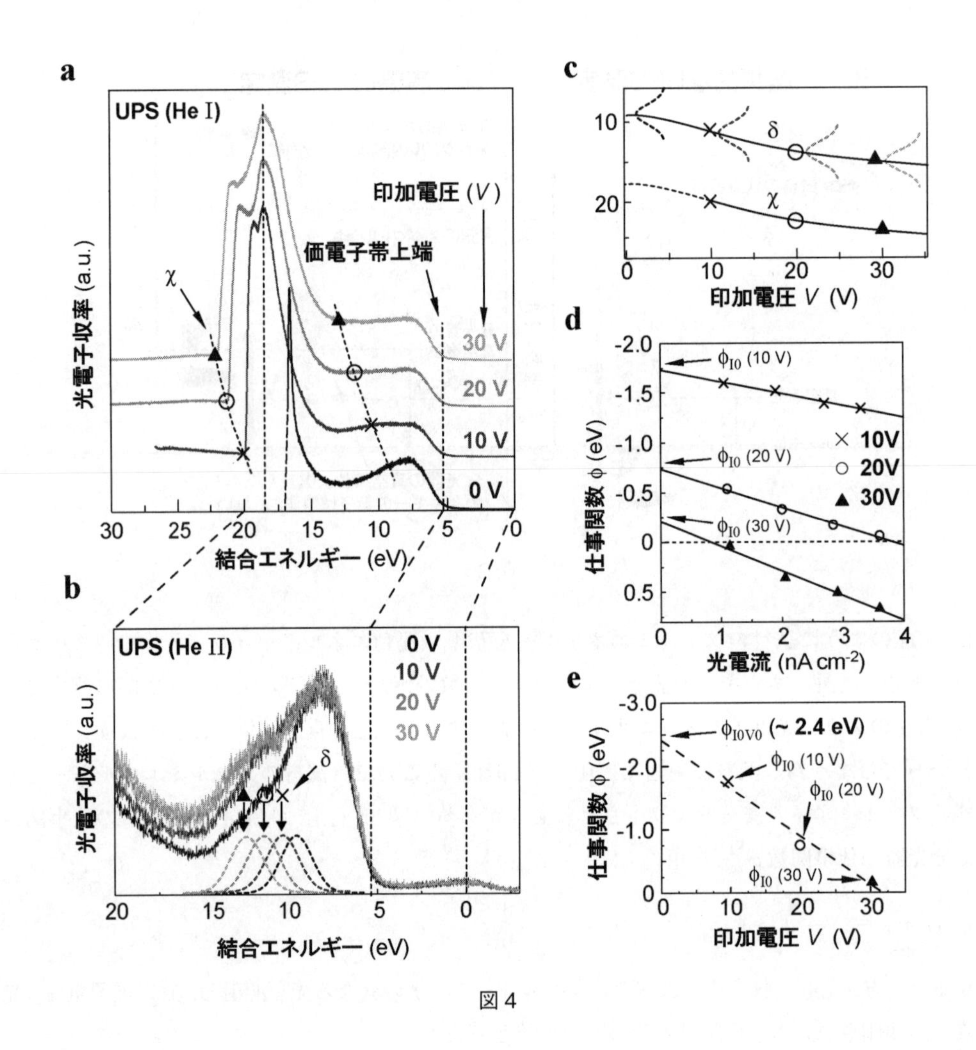

図4

ら放出された電子であると考えられる。仕事関数を決定するにはこのバンドの曲がりの影響を取り除く必要がある。実験結果は電圧印加によりスペクトルが変化（バンドが曲がった）したので，まず印加電圧が0の状況を想定しなければならない。一方で光電子分光において，測定中は常に光電流が流れている。この光電流も電圧の影響で変化するので，光電流及び，印加電圧が0の状況を想定すれば仕事関数が決定できる。まず図4dのようにそれぞれの電圧Vについて，光電流とχの関係から，仮想的な光電流＝0における仕事関数ϕ_{I0}の値を決定した。更に図4eのようにϕ_{I0}と電圧Vの関係からϕ_{I0}を電圧V＝0に外挿したところ，光電流及び，印加電圧が0の状態の仕事関数ϕ_{I0V0}＝～2.4 eVを得た。

5. 3. 3　光電子収率法によるC12A7：e$^-$の仕事関数の測定

光電子収率法ではXeランプからの分光した光（hυ ＝ 2 eVから＋0.1 eV刻みに分光）を照射し，それぞれの光のエネルギーに対する光電流を測定した。鏡像力による放出電子の引き戻しを防ぐため，試料には電圧を印加した。図5aに，一定エネルギーの光照射時における，印加電圧

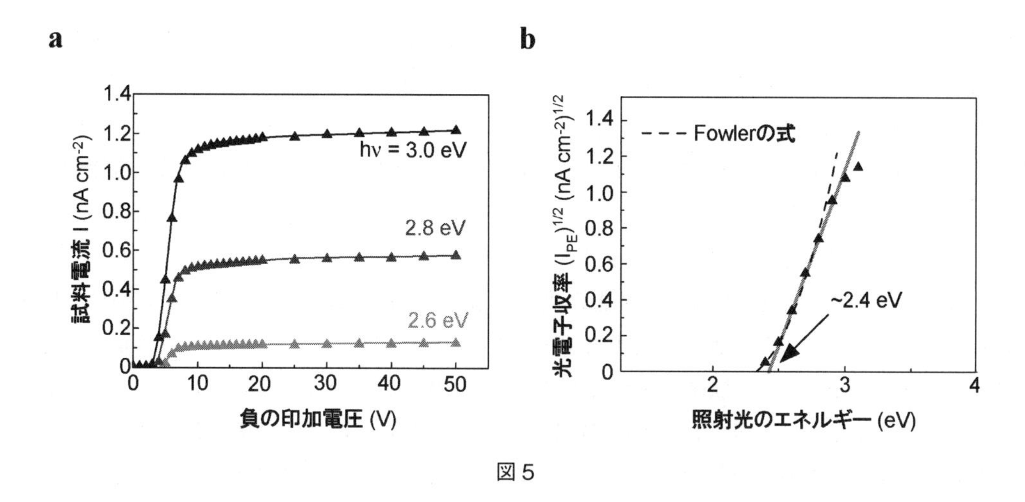

図5

に対する光電流の変化を示す。図より印加電圧が5V以上で，$h\nu=2.5$ eV以上の光が照射されると光電子放出が起こることが確認できる。印加電圧が10Vを超えると，光のエネルギーに対して試料電流が飽和し，最終的に一定値を示す。本実験では，電圧20V印加時の試料電流を光電子収率とした。また，照射光量が小さいため，光電子放出の立ち上がり近傍の試料電流を直接検出するのは困難であった。このため，十分な試料電流が得られている領域での光電子収率と光エネルギーの関係をFowlerの式(2)[29]にフィッティングし，仕事関数～2.4 eVを得た。この値は光電子分光により決定した値と一致している。

$$\ln I_{PE}T^{-2}=\ln F\left(\frac{h\nu-\phi}{k_BT}\right)+Z \tag{2}$$

ここで，

$$F(x)=\int_0^\infty \frac{y}{1+\exp(y-x)}dy \tag{3}$$

I_{PE}；光電子収率，ϕ；仕事関数，k_B；Boltzmann定数，T；温度，Z；定数とする。

図5bは光電子収率の平方根を照射光のエネルギーに対してプロットした結果である。この関係はFowlerの式を簡略化したものであり，直線領域の外挿線が横軸と交差する値と，式(2)のフィッティングから得られた仕事関数の値が良く一致している[30]。

5.3.4　仕事関数の測定結果から考えられるC12A7：e⁻の表面の電子構造

以上の異なる2種類の方法でC12A7：e⁻の仕事関数を測定し，～2.4 eVという共通した結果を得た。しかし光電子分光法では電圧の印加により光電流が増加し，バンドの曲がりが観測されたのに対し，光電子収率法では同様に電圧を印加したにも関わらず図5aに示すように10V以上の電圧の印加で光電流は一定値に飽和した。これらの原因について以下に考察する。

光電流の飽和の原因としては照射する光のエネルギーの違いがあげられる。光電子分光法で用いた光のエネルギーが21.2 eV（He IIでは40.8 eV）であるのに対し，光電子収率法で用いた光のエネルギーは 2 ～3.2 eV である。光電子分光法では少なくとも C12A7：e⁻の価電子帯の電子を励起できるが，光電子収率法では 5. 2 節で示した CCB の電子しか励起できない。C12A7：e⁻の価電子帯を形成する酸素 2p 軌道の電子は閉殻になっているとして単位格子あたり 64×6 = 384 個であるのに対し CCB の電子は 4 個と非常に少ないため，光電子収率法では光電流が飽和したものと考えられる。

また，5. 3. 2 節で C12A7：e⁻のバンドの曲がりを示す結果が得られたことに関しては，C12A7：e⁻の表面での電子陰イオンの低濃度層の形成が示唆される（電子陰イオンの低濃度層のバンドが曲がっている）。図 6 に電子陰イオンの低濃度層が形成した C12A7：e⁻表面の電子構造の模式図を図 4a，b の実験結果と対応させて示す。図では χ 及び δ は表面の曲がったバンドから放出された電子のスペクトルとしている。表面の化学組成に変化が無いことは X 線光電子分光により確認しているが，C12A7：e⁻の導電性の由来はケージ構造に包接された電子陰イオンであるため，ケージ構造が壊れてしまうと化学組成が C12A7：e⁻のままでも電子陰イオンが存在できず，絶縁体化してしまう。本実験では C12A7：e⁻の表面の試料を機械研磨で作製しているため，表面でケージが壊れていることは容易に有り得る。図 6 は C12A7：e⁻の表面に形成する電子陰イオンの低濃度層を図 2 に示した電子構造から CCB が存在しない（最も極端な例として絶縁体化）ものとし，またこの層の厚みは～ 1 nm 未満としている（IMFP～ 1 nm の光電子

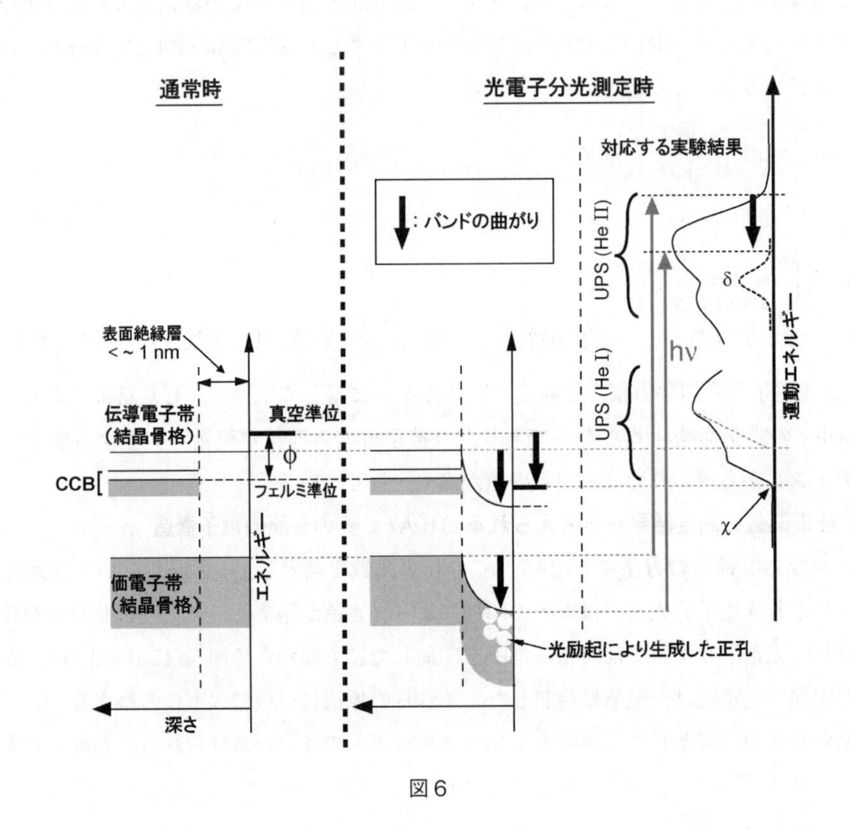

図 6

分光がチャージアップせずに測定出来ていることから)。前述のようにHe Ⅰを用いた光電子分光ではC12A7：e^-の価電子帯も励起する。価電子帯の電子が励起され，光電子として放出されると価電子帯には正孔が生成する。ところがC12A7：e^-の価電子帯は酸素の2p軌道が主であるため，バンドの分散が弱く容易に動き回れないので，この正孔が消失するにはCCBまたは通常の伝導電子帯（結晶骨格による）から遷移してくる電子が再結合する必要がある。CCBが無い領域（この場合表面）では正孔が蓄積してしまうことが容易に推測できる。正孔の蓄積により価電子帯は正に帯電することになり，そこから更に電子を取り出すのに必要なエネルギーは大きくなる。結果として図6の右に示したように正孔が蓄積している価電子帯は高結合エネルギー側にシフト（＝バンドが曲がる）すると考えられる。このような現象は表面光起電力として知られている[31, 32]。

ところで，バンドの曲がりは表面に電子陰イオンの低濃度層がある場合だけではなく，バルクの組成にムラ（C12A7：e^-の場合では電子陰イオンの濃度の変化）がある場合でも起こり得る。この問題を解決するために，通常のC12A7：e^-と電子陰イオン濃度が1/100のC12A7：e^-（低濃度C12A7：e^-：単位格子25個あたり1個の電子陰イオン）の表面とバルクの価電子帯のスペクトルを，それぞれHe Ⅱ（IMFP～1 nm），硬X線（IMFP～20 nm）を用いた光電子分光で測定し，比較した。図7はその結果で硬X線（バルク）のスペクトルは通常のC12A7：e^-と低濃度C12A7：e^-で変化が無いこと，及びHe Ⅱ（表面）のスペクトルにおいては低濃度C12A7：

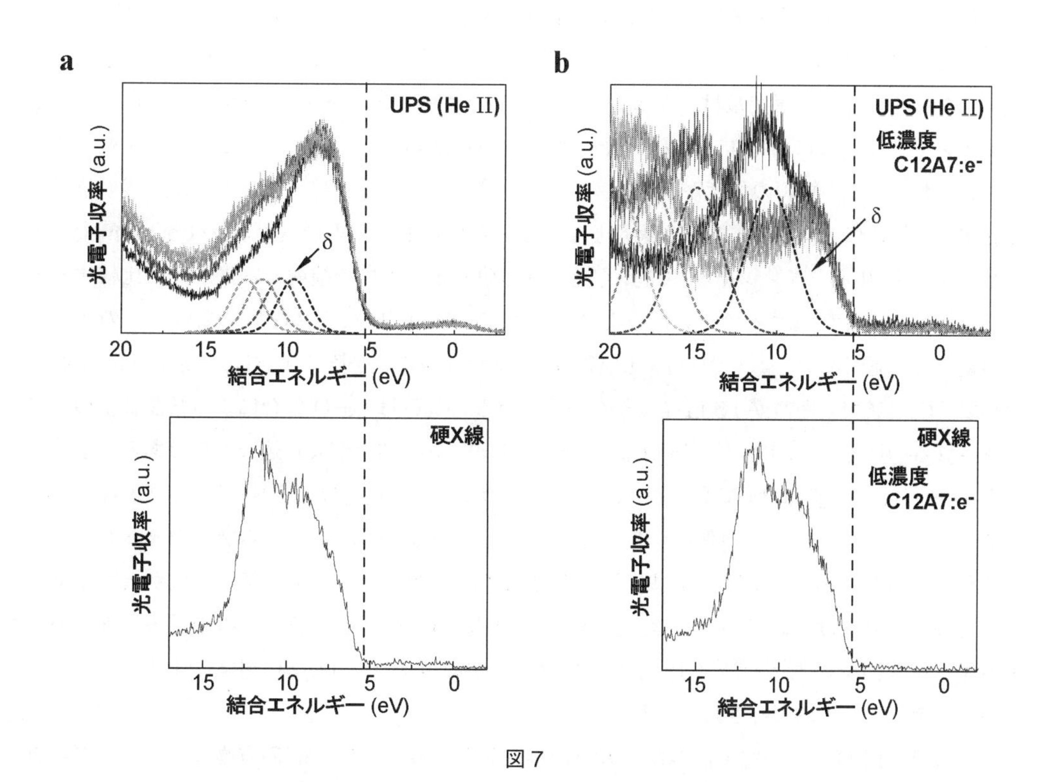

図7

e^-でδの存在が顕著であり，電圧印加によるδのシフトも大きいことが確認できた。バルクのスペクトルに違いが確認できない事から1/100程度の濃度差ではC12A7：e^-のバンドは曲がらない，又はバンドの曲がりが測定できないということになる。一方で，表面のスペクトルの違いは明確である。これはC12A7：e^-の表面～1 nm未満に電子陰イオン濃度が通常の1/100よりも少ない領域が存在することを示している。また，低濃度C12A7：e^-で，表面におけるδの存在が顕著であり，印加電圧によるシフトも大きいことの原因としては，通常のC12A7：e^-と比較して正孔の消失速度が遅いことが考えられる。5. 2節で述べたとおり通常のC12A7：e^-の室温での電子伝導度は～1500 Scm^{-1}で金属的であるが，低濃度C12A7：e^-のそれは～0.1 Scm^{-1}で半導体的である。

5. 4　低い仕事関数のオリジン

得られた仕事関数（～2.4 eV）は，アルカリ金属のCs（～2.1 eV），Rb（～2.2 eV），K（～2.3 eV），Na（～2.8 eV）[33]に匹敵する低い値である。アルカリ金属単体は灯油中などに保存されていることからも分かるように，大気中では，窒素，酸素および水分と容易に反応してしまい，金属的性質を保持することはできない。一方，既に述べたようにC12A7：e^-は大気中に放置してもその金属的な材料特性は保持される。すなわち，C12A7：e^-は“低い仕事関数”と“化学的安定性”を併せ持つ初めての金属的導電性物質である。

それではなぜ，低い仕事関数と化学的安定性を併せ持つことができるのであろうか？　その原因はC12A7：e^-の規則的に配置されたケージ構造という特異な結晶構造に由来すると考えられる。すなわち，低い仕事関数は，フェルミ準位の電子がC12A7：e^-のケージ中に存在する電子陰イオンであることに由来する。電子陰イオンはC12A7：e^-のケージによるポテンシャルに束縛されており，その束縛の程度が小さい（＝ケージのエネルギー準位が真空準位から浅い位置に存在する）ために，低い仕事関数が実現している。その理由は，NaCl型構造のCaOの酸素欠損を補償するF^+中心（イオン結晶中に良く見られる陰イオン欠損を補償する電子）と比較すると明確である。6個のCa^{2+}イオンに配位している点で，CaO中のF^+中心とC12A7：e^-のケージ中の電子は共通している。しかし，C12A7：e^-のケージ中の電子陰イオンは，CaOのF^+中心に比べて，Ca^{2+}までの距離が1.5倍程大きくなっている。CaOはCa-O結合による結晶骨格のみで構成されるのに対し，C12A7：e^-はCa-O結合の間にAl-O結合が入り込むからである。また，CaOのF^+中心の電荷は2＋であるが，C12A7：e^-のケージの電荷は1/3＋（ケージ12個で4＋）となっている。以上の2つの理由からC12A7：e^-のケージのMadelungポテンシャルは，CaOのそれと比較して小さくなり，結果としてC12A7：e^-のケージのエネルギー準位が真空準位に近い方向へ引き上げられていると考えられる。図8に，CaOとC12A7：e^-の価電子帯近傍のエネルギー準位図を示す[23, 25, 26]。C12A7：e^-のケージ中の電子はCaOのF^+中心と比較して3.6eV程浅いポテンシャルに束縛されている。

ところでC12A7：e^-の電子伝導性や低い仕事関数などのC12A7：e^-固有物性は，ケージに包

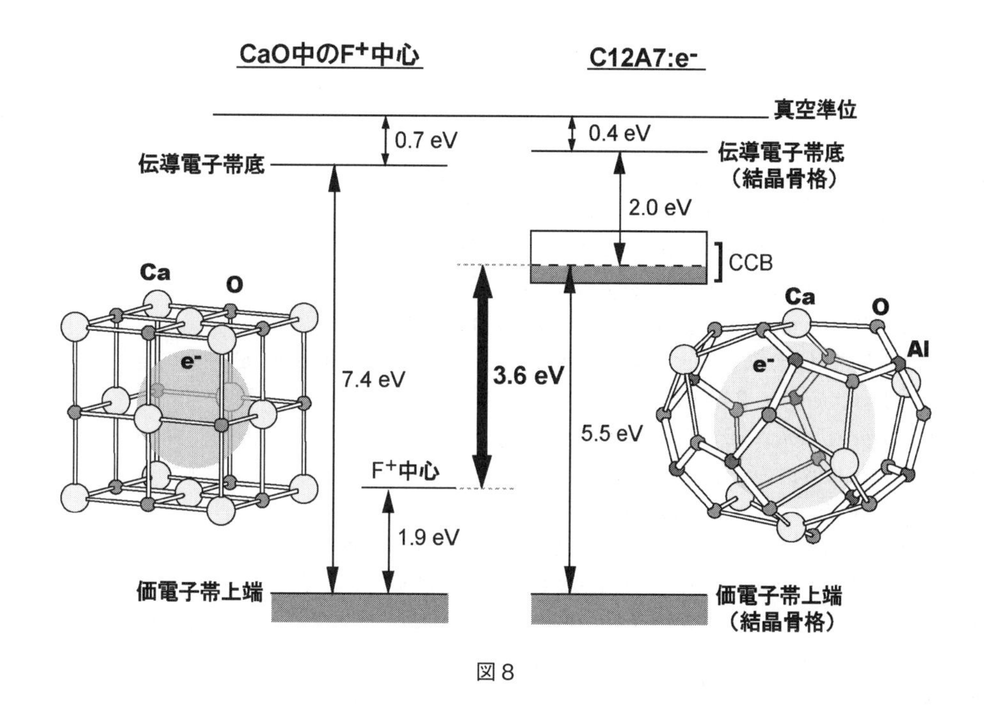

図8

接された電子陰イオンが存在する限り保持される。5. 3. 4節で考察したようにケージ構造が壊れたり，ケージ内部に酸素などが拡散したりすると，これらの固有物性は消失してしまう。結晶最表面ではケージ構造は保たれておらず，また，例え保たれていたとしても，水や酸素が表面に吸着すると電子陰イオンはそれらに吸い取られ，電子伝導性は消失してしまうと考えられる。実際C12A7：e$^-$はバルクの性質として金属的導電性を示すが，他の金属とのオーミックコンタクトは取れていない。しかし，セメントや耐火物などの構造材料などセラミックス材料でよく見られるCa-OとAl-Oの結合により構成されている結晶骨格が，室温で，窒素や酸素と反応したり，酸素が結晶骨格内部に拡散したりしてしまうことは考えにくい。結晶最表面は不明であるが，強固な結晶骨格がC12A7：e$^-$のバルクの化学的安定性の由来となっていると考えられる。

5. 5　まとめと今後の展望

本節では化学的に安定なC12A7：e$^-$の固有仕事関数を，光電子分光法及び光電子収率法により測定し，固有仕事関数が～2.4 eVというアルカリ金属に匹敵する低い値であることを示した。また，C12A7：e$^-$のエネルギーバンド構造から，小さな仕事関数が実現するメカニズムを明らかにした。

小さな仕事関数を有する特徴を活用して，C12A7：e$^-$は，FED[34, 35]やOLED[36, 37]，また，プラズマディスプレイの誘電バリア層であるMgO膜の代替[38]としても，有望であると考えられる。さらに，C12A7：e$^-$は，水中などアルカリ金属が使えない環境下での化学反応[39]や表面を利用した触媒反応など，化学反応分野での応用も大いに期待される。

文　献

1) S. Matsuishi *et al., Science,* **301**, 626 (2003)
2) M. I. Bertoni *et al., J. Appl. Phys.,* **97**, 103713 (2005)
3) L. Palacios *et al., Inorg. Chem.,* **46**, 4167 (2007)
4) D. K. Lee *et al., Phys. Chem. Chem. Phys.,* **11**, 3105 (2009)
5) H. Bartl *et al., Mineral. Monatsh.,* **35**, 547 (1970)
6) A. K. Chatterjee *et al., J. Mater. Sci.,* **7**, 93 (1972)
7) H. F. W. Taylor, "Cement Chemistry, 2nd ed." Thomas Telford (1997)
8) J. L. Dye, *Science,* **247**, 663 (1990)
9) J. L. Dye, *Science,* **301**, 607 (2003)
10) J. L. Dye, *Prog. Inorg. Chem.,* **32**, 327 (1984)
11) J. L. Dye, *Inorg. Chem.,* **36**, 3816 (1997)
12) R. M. Barrer *et al., J. Phys. Chem. Solids,* **29**, 1755 (1968)
13) V. I. Srdanov *et al., Phys. Rev. Lett.,* **80**, 2449 (1998)
14) V. Petkov *et al., Phys. Rev. Lett.,* **89**, 075502 (2002)
15) A. S. Ichimura *et al., J. Am. Chem. Soc.,* **124**, 1170 (2002)
16) M. Y. Redko *et al., J. Am. Chem. Soc.,* **127**, 12416 (2005)
17) O. Trofymluk *et al., Chem. Mater.,* **17**, 5574 (2005)
18) S. W. Kim *et al., Nano Letters,* **7**, 1138 (2007)
19) P. V. Sushko *et al., Phys. Rev. Rett.,* **91**, 126401 (2003)
20) Z. Li, J. Yang *et al., Angew. Chem. Int. Ed.,* **43**, 6479 (2004)
21) P. V. Sushko *et al., J. Am. Chem. Soc.,* **129**, 942 (2007)
22) J. E. Medvedeva *et al., Phys. Rev. B.,* **76**, 155107 (2007)
23) Y. Toda *et al., Adv. Mater.,* **19**, 3564 (2007)
24) K. Kobayashi *et al., Appl. Phys. Lett.,* **83**, 1005 (2003)
25) H. H. Glascock *et al., Phys. Rev.,* **131**, 649 (1963)
26) J. Carrasco *et al., J. Chem. Phys.,* **125**, 074710 (2006)
27) K. Kurashige *et al., Cryst. Growth Design,* **6**, 1602 (2006)
28) NIST Standard Reference Database 71, NIST Inelastic-Mean_Free-Path Database: Ver. 1.1 (http://www.nist.gov/srd/nist71.htm)
29) R. H. Fowler, "Statistical Mechanics", Cambridge Univ. Press (1966)
30) R. Bouwman *et al., J. Catal.,* **19**, 127 (1970)
31) J. E. Demuth *et al., Phys. Rev. Lett.,* **56**, 1408 (1986)
32) M. Alonso *et al., Phys. Rev. Ltee.,* **64**, 1947 (1990)
33) H. B. Michaelson, *J. Appl. Phys.,* **48**, 4729 (1977)
34) Y. Toda *et al., Adv. Mater.,* **16**, 685 (2004)
35) Y. Toda *et al., Appl. Phys. Lett.,* **87**, 254103 (2005)
36) K. B. Kim *et al., J. Phys. Chem. C,* **111**, 8403 (2007)
37) H. Yanagi *et al., J. Phys. Chem. C,* **113**, 18379 (2009)

38) M. Ono-Kuwahara *et al., SID Symposium Digest,* **37**, 1642 (2006)
39) H. Buchammagari *et al., Org. Lett.,* **9**, 4287 (2007)

6　C12A7エレクトライドの化学反応への展開

津田　進*

6.1　はじめに

C12A7エレクトライドは，アルミニウム，カルシウム，酸素から構成され，サブナノサイズのカチオン性のケージ（かご状構造）を有し，このケージ内に対アニオンとして電子が閉じ込められたユニークなセメント材料である[1]。高濃度に電子を保持している結果，高い電気伝導度を有するため，電子材料としての応用が期待される一方，ケージに閉じ込められた電子を，化学反応に対して有効に利用できないかという点で興味が持たれる。

C12A7エレクトライドの化学反応への展開における意義・利点を挙げると，a）ナトリウム，カリウムなどのアルカリ金属と同程度の仕事関数（電子の受渡しやすさ）を持っているにもかかわらず，大気や湿気にも安定であり，安全・簡便に扱うことができる，b）クラーク数上位5番内に含まれる元素（酸素，アルミニウム，カルシウム）から構成されており，近年提唱されているユビキタス元素戦略，持続可能な開発などの社会的な要請に対応している，c）水中で加水分解され，ケージが壊れることにより電子が放出される（すなわち，水を溶媒として用いることによって環境調和型の有機反応を開発することができる），などがある（図1）。

ここでは，C12A7エレクトライドの化学反応への展開について，還元的ピナコールカップリングへの展開に焦点をあてて，当所における最近の研究を紹介する。

6.1.1　還元的ピナコールカップリングとC12A7エレクトライド

基礎的な知見として，C12A7エレクトライドと水を反応させると，水素が発生するということがわかっている。図2には，その際の反応液の様子とpH値の経時変化を示した。

C12A7エレクトライドは黒色から白色へと変化し，反応液はゲル化した。また，反応液は反応直後から大きく塩基性へ変化した。このことから，この反応は図3の反応式で表すことができる。

すなわち，C12A7エレクトライドが加水分解され，放出された電子が水と反応し，水素および水酸化物イオンを生成したと考えられる。したがって，この式の水に相当する基質として，電子を受け取ることのできる適切な有機化合物を基質として用いれば，C12A7エレクトライドを

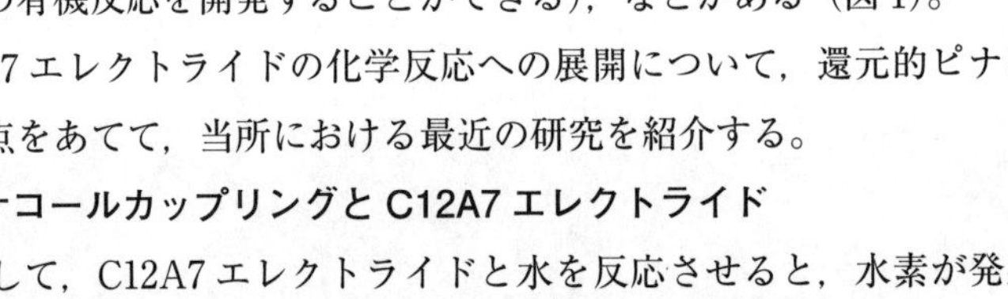

・高い電気伝導性 ⟶ 電子材料
C12A7エレクトライド ……… ユビキタス元素戦略、持続可能な開発
・空気や湿気に対して安定で、簡便に使用可能。
・水で加水分解され電子を放出 ⟶ 試薬

図1　C12A7エレクトライドの利用展開

*　Susumu Tsuda　大阪歯科大学　化学教室　助教

用いて有機反応を見出すことが可能である。

有機合成化学において，炭素―炭素結合形成反応は医薬品や機能性分子を構築する主要ツールとして重要な役割を果たし，その反応開発が精力的になされてきた。カルボニル化合物の還元的な二量化反応，すなわちピナコールカップリングもそのひとつである[2)]。その歴史は古く，19世紀中頃，金属ナトリウムを用いたアセトンの二量化反応が初めての報告である（図4）[3)]。

以来，化学量論量のAl，Sm，V，Ti，In，Ceなどを用いた還元的ピナコールカップリングが開発され，近年では立体選択的かつ触媒的なピナコールカップリング反応が多数開発されている[4,5)]。

図4の反応に代表されるように，アルデヒドやケトンなどのカルボニル化合物は電子を受け取り，ケチルラジカルを経て，ホモカップリングにより二量化することから，これらの電子受容性有機化合物を用いることにより，C12A7エレクトライドを用いた有機反応のプロトタイプを実現することが可能であると考えられる。

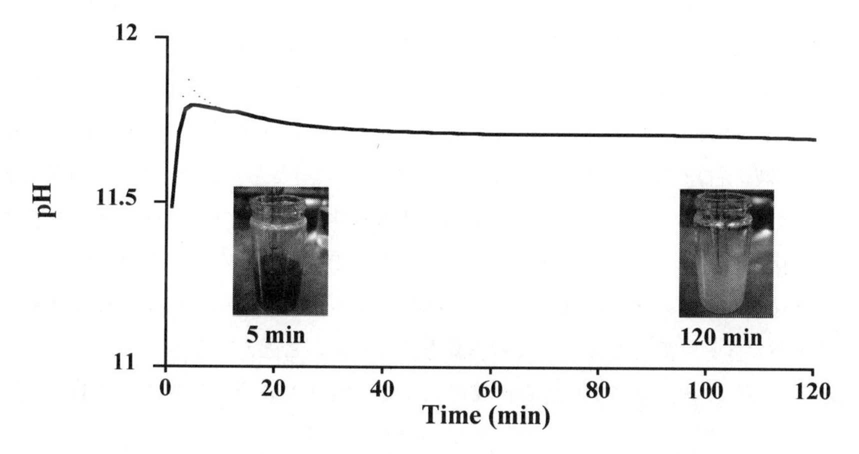

図2　反応液のpH値の変化と反応開始5分および120分における反応液の様子

$$2H_2O \xrightarrow[\text{2e}^-]{\text{(C12A7 electride)}} H_2 + 2OH^-$$

図3　C12A7エレクトライドと水との反応

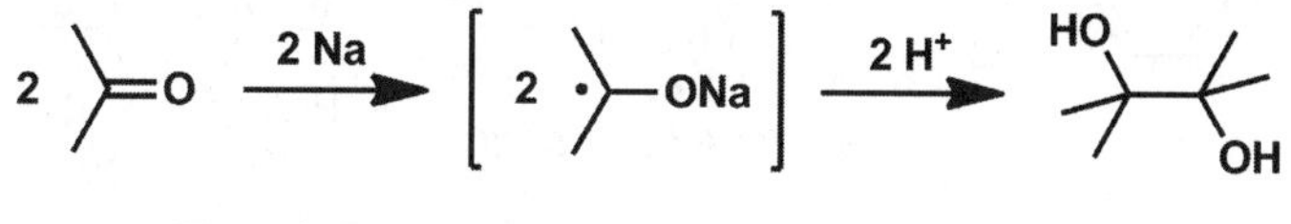

2 (acetone) —2 Na→ [2 •—ONa] —2 H⁺→ HO … OH (pinacol)

図4　金属ナトリウムを用いたアセトンの二量化反応

6.2 C12A7エレクトライドを用いたベンズアルデヒド類およびアセトフェノン類の還元的ピナコールカップリングとその反応機構の考察

2007年，H. Buchammagariらは，図5に示すように，水中でC12A7エレクトライドを用いたベンズアルデヒド類の還元的ピナコールカップリングを見出し，C12A7エレクトライドを還元剤として利用できることを示した[6)]。

残念ながら，脂肪族アルデヒド類では反応が進行しなかったが，最近，図6に示すように，アセトフェノン類を基質に用いた場合，同様に反応することがわかった。これらの還元的ピナコールカップリングの反応メカニズムを考察するため，a）置換基効果，b）溶媒効果，c）ラジカル種の捕捉を検討したので以下に示す。

パラ位が電子求引基および電子供与基で置換されたアセトフェノン類を用いて置換基効果を検討した。その結果，電子求引基ほど生成物の収率が高く，逆に電子供与基ほど生成物の収率が低いことがわかった（表1）。したがって，この反応は遷移状態において電子求引基で安定化されるアニオン性の化学種を経由していることが示唆される。なお，水を溶媒とした場合には，一部の基質の溶解性の悪さから，置換基効果の傾向にばらつきが見られた。

表1に示した水-THF混合溶媒を用いた場合の生成物の収率からハメットプロットを作成した(図7左)。また，同様に反応検討して得られたベンズアルデヒド類のハメットプロットもあわせて示している(図7右)。なお，置換基定数にはσ_pを用いた。どちらもヒドロキシル基を除いて，比較的精度よく直線状にプロットされた。反応液は塩基性であり，フェノールは系中ではフェノラートとして存在し，より電子供与能が増すことによって，ヒドロキシル基の場合のみプロットから大きく外れているものと思われる。また，ベンズアルデヒド類に比べ，アセトフェノン類では直線の傾きが大きく，置換基効果による影響を受けやすいことが示された。

表2に示すように，水，水-THF混合溶媒のほかに，水-DMF混合溶媒や水-CH_3CN混合溶媒

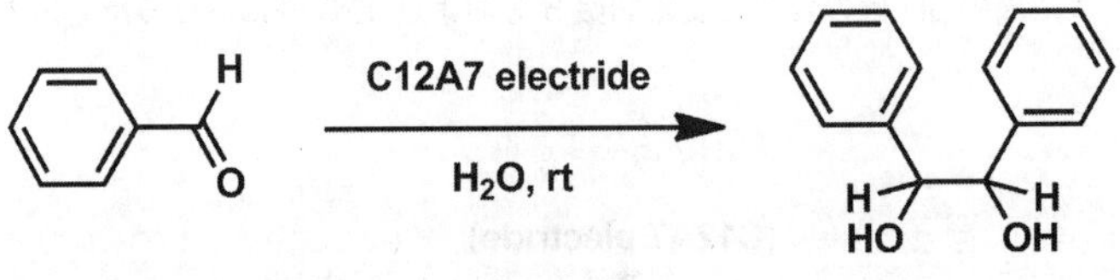

C12A7 electride
H_2O, rt

図5　ベンズアルデヒドの還元的ピナコールカップリング

C12A7 electride
H_2O, rt
or
H_2O/THF (4/1), 50 °C

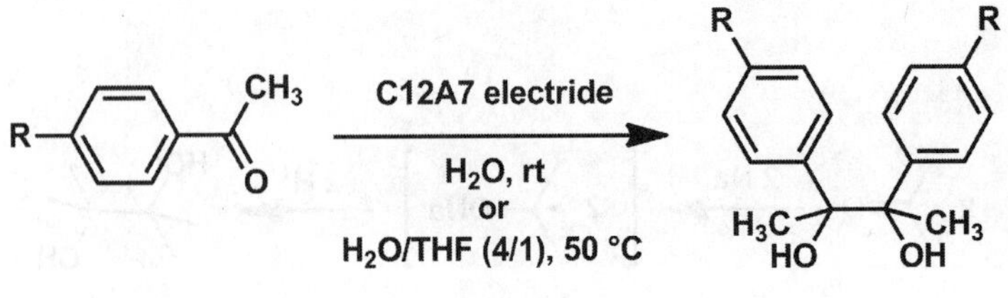

図6　アセトフェノンの還元的ピナコールカップリング

表1　アセトフェノン類の還元的ピナコールカップリングに対する置換基効果の検討

R	in H_2O, rt yield of diols[a]/%	*dl*：*meso*[b]	in H_2O/THF(4/1), 50℃ yield of diols[a]/%	*dl*：*meso*[b]
OH	5.8	55：45	3.1	63：37
OCH_3	21	75：25	18	65：35
$C(CH_3)_3$	24	62：38	25	52：48
CH_3	38	65：35	24	61：39
H	44	51：49	28	53：47
Br	19	66：34	47	69：31
CN	73	28：72	78	24：76

Reaction conditions：*p*-substituted acetophenones = 0.030mmol, electrons/*p*-substituted acetophenones = 2.0, solvent = 1.0mL, reaction time = 4 h. [a] Determined by ^{1}H NMR with 4-methoxybiphenyl as an internal standard. [b] Ratios of the stereoisomers of the products determined by ^{1}H NMR.

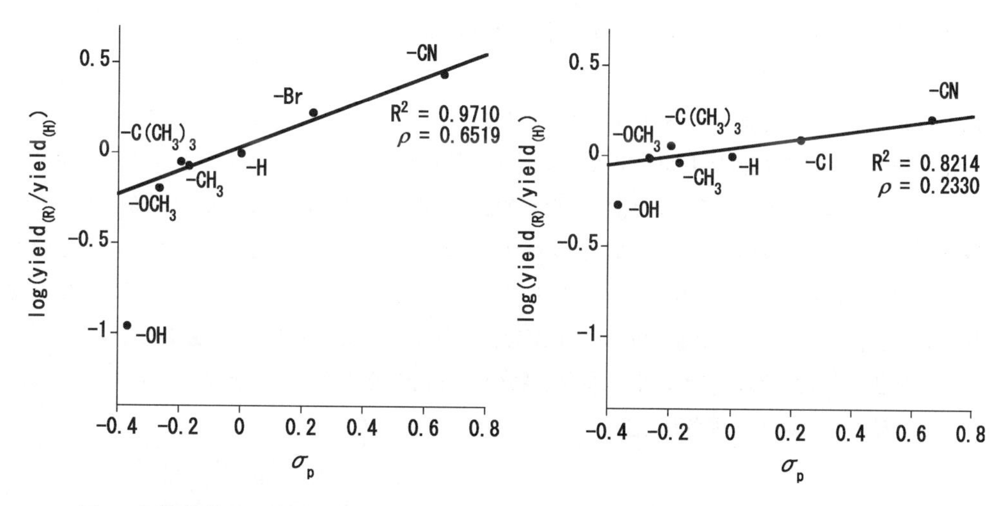

図7　置換基効果の検討で得られたハメットプロット（アセトフェノン類（左），ベンズアルデヒド類（右））

表2　アセトフェノンの還元的ピナコールカップリングに対する溶媒効果の検討

solvent	temp./℃	yield of diols[a]/%	*dl*：*meso*[b]
H_2O	rt	44	51：49
H_2O/DMF (4/1)	50	35	67：33
H_2O/CH_3CN (4/1)	50	27	61：39
H_2O/THF (4/1)	50	28	53：47

Reaction conditions：acetophenone = 0.030mmol, electrons/acetophenone = 2.0, solvent = 1.0mL, reaction time = 4 h. [a] Determined by ^{1}H NMR with 4-methoxybiphenyl as an internal standard. [b] Ratios of the stereoisomers of the products determined by ^{1}H NMR.

において，同様の条件で検討した結果，生成物の収率からは評価できるほどの大きな溶媒効果は観測されなかった。これは，電子移動によって生成したアニオンラジカル（ケチルラジカル）がC12A7エレクトライドの加水分解により生じるアルミニウムイオンもしくはカルシウムイオンと結合し，より中性に近いラジカル種として存在することを示唆している。

2,2,6,6-tetramethylpiperidine 1-oxyl（TEMPO）は，ラジカル発生を探知するプローブとしてよく用いられるラジカル捕捉剤である。表3に示すように，基質に *t*-ブチルアセトフェノンを用いてTEMPOを加えた条件で反応させたところ，TEMPOを0.1および1.0当量加えた場合，基質の転化率および生成物の収率が低下し，TEMPOを2.0当量加えた場合では生成物は得られなかった。また，これらの条件ではTEMPOとケチルラジカルのカップリング生成物は確認されなかった。したがって，TEMPOによってC12A7エレクトライドが消費されるなかで，ケチルラジカルが生成した場合はすばやくケチルラジカル同士で反応することがわかった。すなわち，この反応を成立させるためにはカルボニル化合物同士が近接していることが必須となる。カルボニル基は極性が高いことから，上述の事実はカルボニル化合物がC12A7エレクトライド表面に吸着・凝集していることを示唆している。

以上の実験事実から推測される反応メカニズムを図8に示した。その概要を述べると，カルボニル化合物（ベンズアルデヒド類，アセトフェノン類）が，①C12A7エレクトライド表面に吸着し，②C12A7エレクトライドの加水分解で放出される電子を受け取り二量化する。電子の受け取りから二量化までのルートは，A）2つのカルボニル化合物がそれぞれひとつの電子を受け取り二量化する，B）1つのカルボニル化合物が二つの電子を受け取り，別のカルボニル化合物と反応し二量化する，という2種類のルートが考えられる。なお，溶媒効果が顕著でないことや，ラジカル捕捉の検討においてカルボニル化合物の二量化が速いことを考えると，Aルートのほうが，より確からしいと推測される。

表3　TEMPO存在下での *t*-ブチルアセトフェノンの還元的ピナコールカップリング

TEMPO/eq.	conv.[a]/%	yield of diols[a]/%	*dl*：*meso*[b]
0.0	51	25	52：48
0.1	30	13	59：41
1.0	21	12	54：46
2.1	21	0	—：—

Reaction conditions：*t*-butylacetophenone = 0.030mmol, electrons/*t*-butylacetophenone = 2.0, H_2O/THF (4/1) = 1.0mL, reaction time = 4 h, 50℃. [a] Determined by ^{1}H NMR with 4-methoxybiphenyl as an internal standard. [b] Ratios of the stereoisomers of the products determined by ^{1}H NMR.

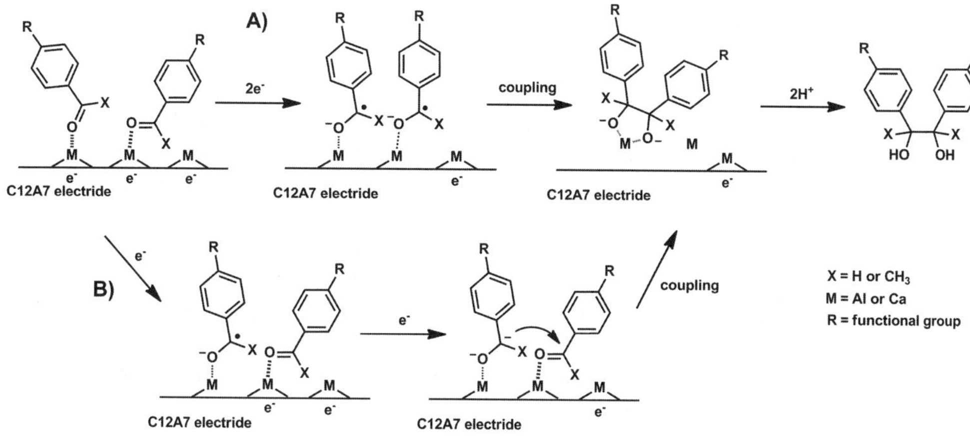

図8　推測される反応メカニズム

6.3 炭酸水素カリウムの添加効果とそのメカニズムの考察

ベンズアルデヒドを用いた反応検討において炭酸水素カリウムを加えた場合に二量体の生成が抑制され，かわりに，還元体であるベンジルアルコールが生成することが見出された（図9）。アセトフェノンでも類似の結果が得られたが，ここでは省略する。反応液の様子を比較すると，上記で述べてきた反応条件ではC12A7エレクトライドが4時間ほどで完全に消費されること（黒色から白色へ変化）が確認されたのに対し，炭酸水素カリウムを加えた場合では48時間たっても完全に消費されないこと（黒色から灰色へ変化）がわかった。また，反応液のpH値は8から9へわずかに変化した。

表4には炭酸水素カリウムを加えた条件における，C12A7エレクトライドを用いたパラ置換ベンズアルデヒド類の反応検討の結果を示した。いずれの置換基でも二量化反応が抑えられ還元反応が10〜20％程度で進行していることがわかる。また，電子求引基および電子供与基を持つベンズアルデヒドのほうが，無置換のベンズアルデヒドよりも，全体の収率が高くなる傾向にあった。現在，この原因は不明である。

推測される反応メカニズムを図10に示した。ベンズアルデヒド類がC12A7エレクトライド表

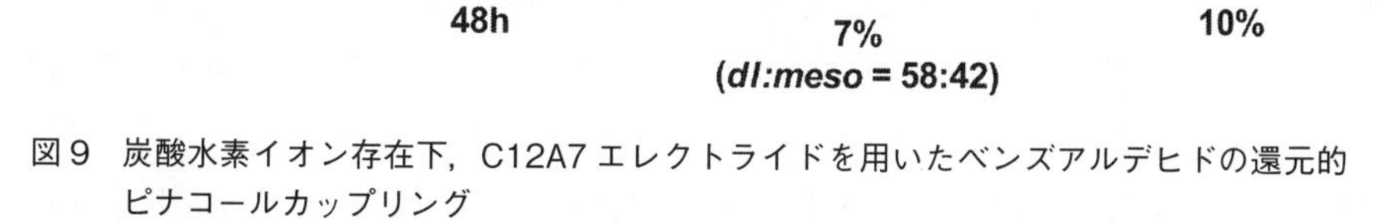

図9　炭酸水素イオン存在下，C12A7エレクトライドを用いたベンズアルデヒドの還元的ピナコールカップリング

表4　炭酸水素イオン存在下，ベンズアルデヒドのピナコールカップリング

R	yield of benzyl alcohol[a]/%	yield of diols[a]/%	*dl*：*meso*[c]
OH	19	0	—：—
OCH_3	13	36	46：54
$C(CH_3)_3$	15	27	56：44
CH_3	10	21	58：42
H	10	7	58：42
Cl	18	31	43：57
CN	16	54	52：48

Reaction conditions：benzaldehydes＝0.03mmol, electrons/benzaldehydes＝2.0, $KHCO_3$/benzaldehyde＝82, H_2O＝1.0mL, reaction time＝48h, rt. [a] Determined by ^1H NMR with 4-methoxybiphenyl as an internal standard. [b] Ratios of the stereoisomers of the products determined by ^1H NMR.

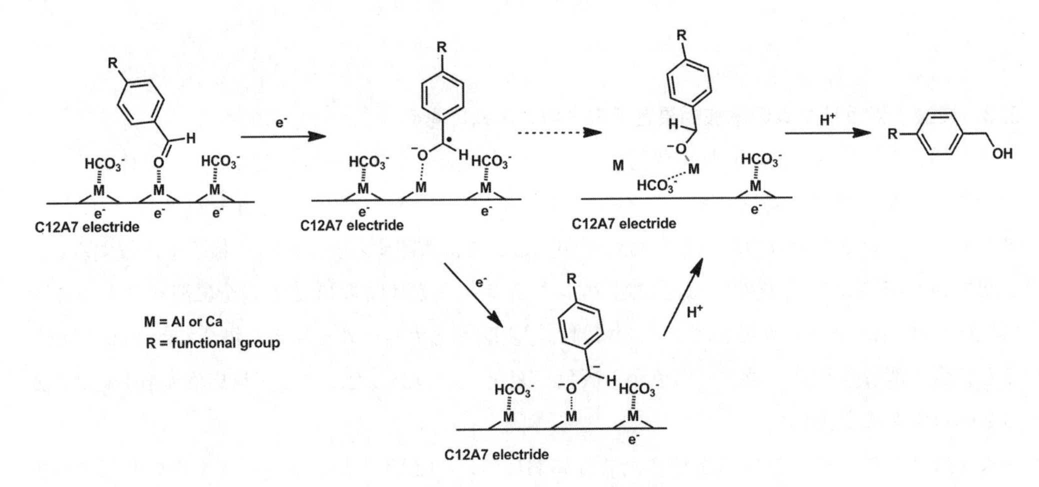

図10　推測される反応メカニズム

面に吸着されるが，このとき表面には炭酸水素イオンがすでに大量に吸着されているものと思われる。そのため，生成するケチルラジカル種もしくはジアニオン種は，近傍に相手となる化合物がないために反応せずに吸着されたままであることが予測される。この系において水素ラジカルの発生は考えにくいため，現在のところ，ジアニオン種を経由した還元反応ではないかと考えている。

6.4　おわりに

以上，C12A7エレクトライドの化学反応への展開についてベンズアルデヒド類，アセトフェノン類を基質として用いた還元的ピナコールカップリングに焦点を当てて，現在までに得られている結果とそこから推測される反応メカニズムについて述べた。反応メカニズムは完全に解明できておらず，特にC12A7エレクトライドから有機物への電子の授受のステップは興味が持たれ

るところであり，その解明は残された大きな課題である。これまでに得られた結果をフィードバックすることにより，ほかの様々なラジカル反応への展開が期待できるが，化学量論量の電子を使うという点がこの反応の弱点である。今後は，C12A7エレクトライドを分解して使うのではなく，C12A7エレクトライドが持つ小さな仕事関数を生かして，これまでにない画期的な固体触媒の開発が望まれる。

文　　献

1) S. Matsuishi *et al.*, *Science*, **301**, 626 (2003)
2) A. Gansauer *et al.*, *Chem. Rev.*, **100**, 2771 (2000)
3) R. Fittig, *Liebigs Ann.*, **110**, 23 (1859)
4) A. Chatterjee *et al.*, *Tetrahedron*, **62**, 12137 (2006)
5) T. Hirao, *Top. Curr. Chem.*, **279**, 53 (2007)
6) H. Buchammagari *et al.*, *Org. Lett.*, **9**, 4287 (2007)

7 C12A7エレクトライドの蛍光灯への応用

渡邉　暁[*1]，宮川直通[*2]，伊藤節郎[*3]

7.1 放電ランプと陰極材料

近年LEDやOLEDなどが注目されているが，一般的な照明用ランプとしては白熱灯と蛍光灯が従来から広く用いられてきた。特に現在では，白熱灯を蛍光灯に置き換える動きが急速で，電球型蛍光灯を初めとした各種照明用ランプに関する技術開発が続けられている。白熱灯では通電加熱により高温となったフィラメントからの発光が利用されている。一方，蛍光灯（蛍光ランプ）は放電ランプの一種であり，白熱灯とは異なる発光機構を持つ。一般的に，放電ランプでは，ガラスやセラミック製の透明容器内に封入された希ガス，水銀などの放電ガス中で，電界印加により発生した放電プラズマからの原子発光，制動放射光などが利用されている。放電ランプは，白熱球と比較すると，フィラメントを常時加熱する必要がないことから，発光効率が良く，輝度，耐久性ともに優れたランプを作製することができる。放電ランプには各種の様式があり，本節では詳細を割愛するが，たとえば水銀ガス中で放電を利用する水銀灯，高速道路照明などに用いられるネオンランプ，アルカリハライド中での放電を利用するHIDランプ（自動車用など）などが放電ランプの一種である。特に，放電ランプの内壁に蛍光体を備えて，照明用の白色光などを得る目的で作製されたランプが，蛍光ランプ（蛍光灯）であり，一般の室内照明用の蛍光灯，液晶バックライトなどに用いられる冷陰極蛍光ランプなどが含まれ，その応用範囲は広い。また薄型テレビなどに用いられているプラズマディスプレイ（PDP）は，ガス中での放電プラズマによる発光を利用するという点で，これらの蛍光ランプと同様の原理が用いられている。

図1に蛍光ランプの仕組みを説明するための概略図を示す。図1(a)が一般照明に多く用いられる熱陰極蛍光ランプ（Hot cathode fluorescent lamp，HCFL），(b)がバックライト用途に多く用いられる冷陰極蛍光ランプ（Cold cathode fluorescent lamp，CCFL）である。HCFLでは電極がフィラメント状であり，CCFLの多くはカップ状であることが大きく異なる点である。HCFLでは，図1(a)に示すフィラメントに通電加熱して，両フィラメント間に電圧を印加することにより放電が開始される。このときのランプ電極間への印加電圧を放電開始電圧という。印加電圧により異なるが，通電加熱されたフィラメント陰極からの熱電子放出により，ランプ管内の一部に電子密度$10^{10\sim11}$cm^{-3}程度の電子が供給されることが放電開始の条件の一つである。一旦放電が開始されると，放電プラズマは導電性となり，管全体の電気抵抗は低下するため，放電開始電圧よりも低い印加電圧で放電を維持することが可能であり，このときのランプ管電圧を放電維持電圧という。また，陰極表面は放電電流によるジュール熱によって十分な熱電子放出が行える温度に保持されるため，フィラメント自体に通電加熱する必要はない。我々が利用する可視光は，放

＊1 Satoru Watanabe　旭硝子㈱　中央研究所
＊2 Naomichi Miyakawa　旭硝子㈱　中央研究所
＊3 Setsuro Ito　東京工業大学　応用セラミックス研究所

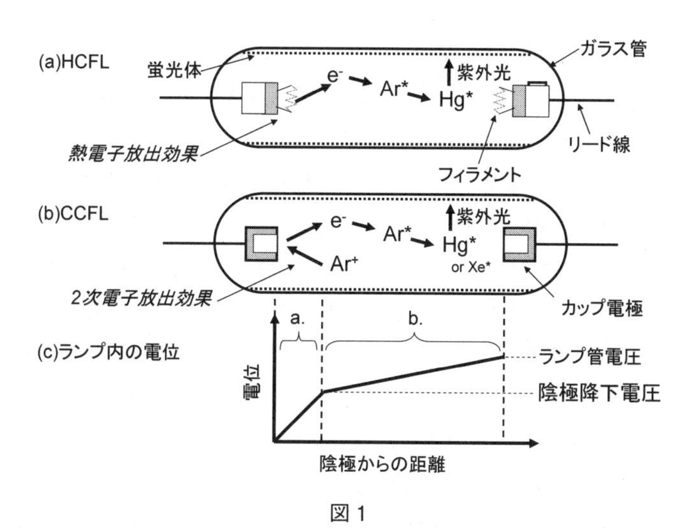

図1
(a)熱陰極蛍光ランプ（HCFL），(b)冷陰極蛍光ランプ（CCFL）の発光方式および(c)ランプ管内の電位勾配

電プラズマ中の水銀からの紫外光によりガラス内壁に塗布された蛍光体が励起されることで得られる。放電ランプ管内で，このように電子放出が行われる極を陰極，電子が注入される極を陽極と呼ぶ。

一方，CCFL（図1(b)）も放電プラズマにより生成した紫外光で蛍光体を励起するという発光方式であり，HCFLと同様であるが，CCFLの電極はカップ状であり，HCFLにおけるフィラメント陰極のような通電加熱機構は備えない。このため，CCFLは管径を小さくすることが可能であり，薄型・小型の必要があるバックライト用途に用いられる理由となっている。CCFLでは，ランプ管内に電子を供給するために，陰極表面へのイオン衝突による電子放出であるイオン励起2次電子放出効果を用いており，高温に保たれた陰極からの熱電子放出を利用するHCFLと異なる。

図1(c)はランプ内での電位の模式図であり，領域aの陰極近傍で生じる電圧降下を陰極降下電圧と呼び，陰極材料の電子放出特性と密接な関係がある。また，領域bではプラズマの本体である陽光柱による電圧降下が生じており，陽光柱降下電圧と陰極降下電圧をあわせたものが上述の放電維持電圧となる。陽光柱降下電圧は，放電ガス中原子の電離電圧とガス圧など主にプラズマの性質により決まる。陰極降下電圧は陰極の形状やガス条件のほか，イオン励起2次電子放出特性に強く関係がある。陰極降下部（領域a）での電力消費は，放電を継続するために必要とされる一方で，直接発光には寄与しないので，陰極降下電圧の大きいランプでは，陽光柱部分での発光効率が同じでも，ランプ全体としての発光効率（輝度／ランプの消費電力）は低下することとなる。一般にHCFLの方が陰極降下電圧が小さいので，発光効率は良い。図1(c)に示す電位勾配図は図左側の極が陰極となったときのスナップショットであり，実際に蛍光灯として用いられるときは交互に陰極となるように交流波形の電圧が印加されてランプが駆動されることから，

放電プラズマの特性変化とともにこのような電位勾配も動的に変化する。直流電圧以外で駆動されるときは，放電維持電圧は，実効電圧で表記される。放電維持電圧は，ガス種，ガス圧，陰極形状，陰極の材料特性により変化するため，これらの適切な選択が必要であり，また，陰極材料に求められる耐久性の程度や質も異なることから，特定の様式のランプで有効な材料が必ずしも他のランプにおいて最適な選択とはならない。しかしながら，一般に陰極材料としては，タングステン，モリブデン，ニッケルなどのレアメタルが使用される場合が多く，資源的な観点からも，仕事関数などの物性が好適で，かつ入手容易な代替材料に対する要求が存在する。

蛍光ランプの放電特性に影響を与える陰極からの電子放出としては，上記の熱電子放出，各種の2次電子放出の他，放電プラズマから生じた光子による光電子があり，また，陰極温度が低温であるときは，電界電子放出も寄与するといわれている。C12A7エレクトライドからの熱電子放出および電界電子放出については前書に詳しいことから，本節ではC12A7エレクトライドのイオン励起2次電子放出特性について説明したのち，イオン励起2次電子放出を利用した蛍光ランプの一種である冷陰極蛍光ランプ（Cold cathode fluorescent lamp，CCFL）へのC12A7エレクトライドの適用例を紹介することとしたい。

7.2 C12A7エレクトライドのイオン励起2次電子放出特性

7.2.1 2次電子放出

固体から真空中へ電子放出が行われる現象のうち，固体表面への粒子衝突により生じる電子放出を2次電子放出という。励起源としては電子，イオン，中性粒子などがあげられる。本節では，特に，正イオンの固体表面への衝突により生じる電子放出をイオン励起2次電子放出（γ作用）と呼ぶこととする。固体表面にイオンが入射すると，入射イオンは固体内部へエネルギーを失いながら侵入するとともに，イオンの持つエネルギーの一部が固体内の電子に移行され，さらに電子の一部は固体内で散乱を受けながら固体表面に到達する。このとき，固体の仕事関数を超えるエネルギーを持つ電子が，真空中に放出されることとなる。よって，2次電子放出の程度は，固体の仕事関数に大きく影響を受けるほか，入射イオンの運動エネルギー，イオン種，イオンの入射角度などにも依存する。2次電子放出量の指標としては，2次電子放出係数（γ係数）が用いられる。これは，一次粒子1個当りの放出された2次電子の数である。

イオン励起2次電子放出は，入射イオンのエネルギーに応じてγ係数が変化するキネティック放出と，入射イオンのイオン化ポテンシャル（電離電圧）が支配的なポテンシャル放出に大別される。キネティック放出では，固体中の電子へのエネルギーの付与は，イオンと固体原子の核衝突を経由するので，γ係数は，固体の仕事関数のほか，イオンの運動エネルギーに依存し，特に高エネルギー領域では，イオンの運動エネルギーの平方根に比例する。一方ポテンシャル放出は固体表面に到達した正イオンへ電子が供給されるオージェ中和過程を経て，固体表面から2次電子が放出される現象であり，γ係数は，イオンのイオン化ポテンシャル（電離電圧エネルギー）に最も影響をうける。このことから，ポテンシャル放出では，キネティック放出よりも，より低速のイオンからも電子放出を得ることができる。一般に蛍光ランプ中の放電ガスプラズマのイオンの運動エネルギー分布の平均は，50eV 以下と考えられていて，特に，放電ランプを低電圧で駆動しようとするときは，ポテンシャル放出特性が良好であることが重要となる。負イオンからの2次電子放出は，蛍光ランプではあまり検討されていないようである。

バルク体の物性値からγ係数を予測することは容易ではないが，式(1)のように，仕事関数（または価電子帯のエネルギー，欠陥準位のエネルギー）などの放出電子の基底状態のエネルギーとイオン化エネルギーのエネルギー差を，2次電子放出特性の指標とすることが提案されている。

$$(\text{イオン化エネルギー}) - 2\times(\text{仕事関数}\,\phi) > 0 \tag{1}$$

この指標では，式(1)を満たす場合にポテンシャル放出が良好となり，また左辺が大きいほどγ係数が増大すると考える。しかし，式(1)のポテンシャル放出のエネルギー要件を満たす物質であっても，前述したようにγ係数は，入射イオンの侵入，イオンから固体中電子へのエネルギー変換，固体内部での電子殻の束縛からの電子の離脱，電子の表面への拡散，表面の電子・化学状態・ポテンシャルに関係し，また，それぞれが異なる深さ依存性を持つことから，特にランプで用いられるような低エネルギーのイオンに対するγ係数の予測は難しい場合が多い。

ランプ内部では陰極の電子放出のほか，陰極形状，陰極の帯電，放電ガスの特性が放電開始電圧，放電維持電圧に作用しており，これらの効果を明瞭に区別することは容易ではないが，特にγ係数と陰極降下電圧が強い相関を持つことは知られている[1]。γ係数および仕事関数と陰極降下電圧の関係については，理論的な取り扱いが提案されているが，一方で，仕事関数が低く，陰極材料として有望と思われる物質について，しばしば以下に示すようなγ係数の直接的な測定が行われる。

7.2.2　2次電子放出係数の測定

図2に示すような，真空チャンバーとイオン銃を用いた測定装置を用いて，雰囲気や陰極形状の影響などを小さくして，材料のγ係数を測定することができる。図2に示す試料配置を用いて，イオン銃により各種のイオンビームを測定試料に照射しながら，図中に示すコレクター電流およびサンプル電流を計測し，以下の式を用いてγ係数を算出できる[2]。

$$\begin{aligned}(\text{2次電子放出係数}\,\gamma) &= (\text{放出電子数})/(\text{入射イオン数})\\ &= (\text{コレクター電流})/(\text{コレクター電流} - \text{サンプル電流})\end{aligned} \tag{2}$$

上記の装置を用いてC12A7エレクトライドのイオン励起2次電子放出係数を測定した。還元試薬としてカーボンまたは金属アルミニウムを使用して，それぞれ電子密度が$3.0\times10^{19}cm^{-3}$，$1.4\times10^{21}cm^{-3}$のC12A7エレクトライドのバルク体を作製し，2次電子放出係数測定用の試料とした。各試料の電子密度は拡散反射率スペクトルおよびEPRを用いて評価した。試料表面の状態を同一とするため，測定面を予めチャンバー外の通常の大気中でダイヤモンドやすりで研削したのち，測定チャンバー内に設置した。測定中はチャンバー内を10^{-5}Paに保ち，Ne^+または

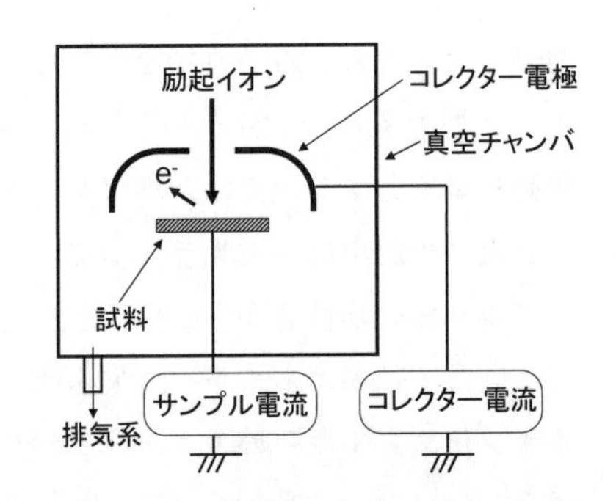

図２　イオン励起２次電子放出係数（γ係数）の測定方法

Xe^+イオンを，イオンの加速電圧を200～600Vの間で変化させながらγ係数を測定した。NeおよびXeのイオン化ポテンシャルは，それぞれ21.6eV，12.1eVである。イオンビームは試料表面に対して垂直入射とした。また，測定中に試料の加熱は行わなかった。

図3(a)にNe^+イオンまたはXe^+イオンを電子密度$N=10^{21}cm^{-3}$の試料にイオン加速電圧600Vで照射した場合の，γ係数のコレクター（捕集）電圧依存性を示す。放出電子を収集するため，コレクター電極は試料に対して負電位となっている（コレクター電圧）。コレクター電圧が低いかまたは負の範囲では，γ係数の測定値が小さくなっているが，この範囲では，コレクター電極に捕獲されない放出電子が存在するためである。本測定法では，コレクター電圧を増大させたときに，測定値が飽和値を示すようなコレクター電圧範囲での測定値を，与えられたイオン種・エネルギーでのγ係数とした。このようなγ係数の測定値のコレクター電圧依存性は，表面近傍の電子構造や，イオン照射によって生じた表面電位に応じて，放出電子の運動エネルギーが分布を持つために生じる。すなわち，図3(b)に示すコレクター電圧-γ係数曲線の１次微分は，放出電子のエネルギーの分布の概略を示している。電子密度$10^{21}cm^{-3}$の場合の放出電子のエネルギーの中心値は，Ne^+照射およびXe^+照射共に5eV前後であり，電子密度の減少とともに増大することが分かる。一般にこの値は金属で数eV程度，絶縁体では10eV以上のことが多く，電子密度$10^{21}cm^{-3}$のC12A7エレクトライドの値は金属のそれに近い。

図4に，電子密度の異なる2種類のC12A7エレクトライドについて，励起イオンをNe^+またはXe^+イオンとして，イオンの加速電圧を変えながら，γ係数を測定した結果を示す[3)]。この測定ではコレクター電圧は80Vとした。C12A7エレクトライドについて実測された，Ne^+による

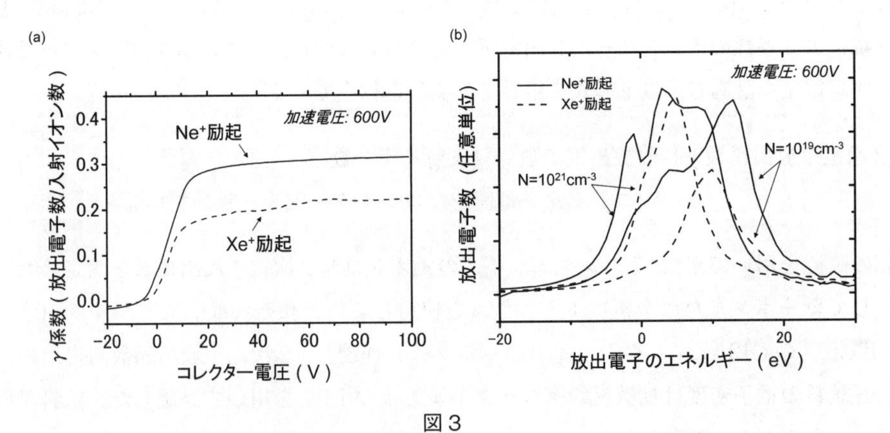

図３
(a)電子密度$N=10^{21}cm^{-3}$試料のγ係数計測値のコレクター電圧依存性および(b)$N=10^{21}cm^{-3}$試料および$N=10^{19}cm^{-3}$試料の放出電子のエネルギー分布

γ係数（γ_{Ne}）は，イオンの加速電圧が600Vであるときに，0.31（放出電子数／入射イオン数，以下単位は省略する）であり，金属W（仕事関数4.5eV）と比較すると，同エネルギーのイオン照射によるWのγ係数は0.25であることから[4)]，ほぼ同等である。一方，Xe^+イオン励起によるγ係数（γ_{Xe}）は，0.17～0.22であり，Wのγ係数0.02と比較すると，1桁大きい。γ_{Ne}は，電子密度$10^{19}cm^{-3}$の試料と$10^{21}cm^{-3}$の試料でほぼ同等であるのに対し，γ_{Xe}は電子密度依存性が大きく，イオンの加速電圧600Vでの値で比較すると，電子密度$10^{19}cm^{-3}$で0.17，$10^{21}cm^{-3}$で0.22である。また，エネルギー依存性については，特にγ_{Xe}では低加速電圧側でエネルギー依存性が小さく（すなわち曲線が寝ており），キネティック放出の寄与が低下して，相対的にポテンシャル放出の寄与が大きいことがわかる。γ_{Ne}については，加速電圧依存性の観点からは上記の現象は明瞭ではない。絶縁体薄膜のγ係数を計測する場合は，薄膜が帯電して，照射されたイオンがクーロン力によって減速されて運動エネルギーが実質0に近くなることによって，キネティック放出の寄与を小さくして，ポテンシャル放出のみを観測可能である。一方，C12A7エレクトライドは導電性であるので，このようなイオンの減速が生じていない。C12A7エレクトライドにおける励起イオン種によるγ係数のエネルギー依存性の違いは，電子の脱出過程，励起過程や表面スパッタリングなどによる表面状態の変化とも関係があると思われるが，未だ不明な点が多い。しかしながら，γ_{Ne}は測定したすべての加速電圧でγ_{Xe}よりも大きく，また，Neのイオン化ポテンシャル（21.6eV）はXeのイオン化ポテンシャル（12.1eV）よりも大きいので，γ_{Ne}へのポテンシャル放出の寄与は明らかである。

上記の観測を，ポテンシャル放出特性の違いと判断すれば，以下のような説明が可能である。図5にC12A7エレクトライドの電子構造の模式図を示す[5~9)]。縦軸は真空準位からのエネル

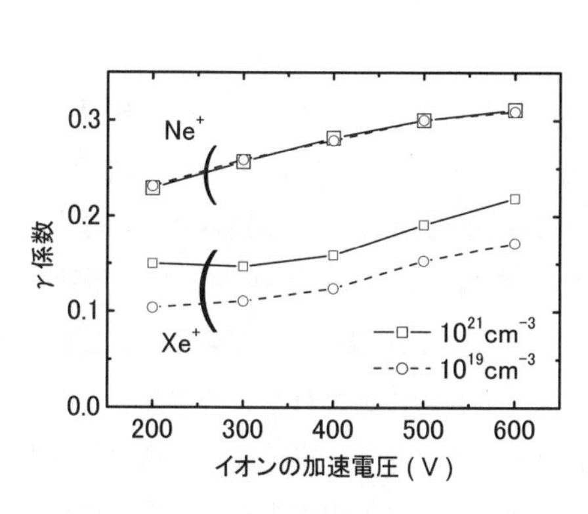

図4　異なる電子密度($10^{21}cm^{-3}$および$10^{19}cm^{-3}$)を持つ試料について測定したγ係数の励起イオン加速電圧依存性

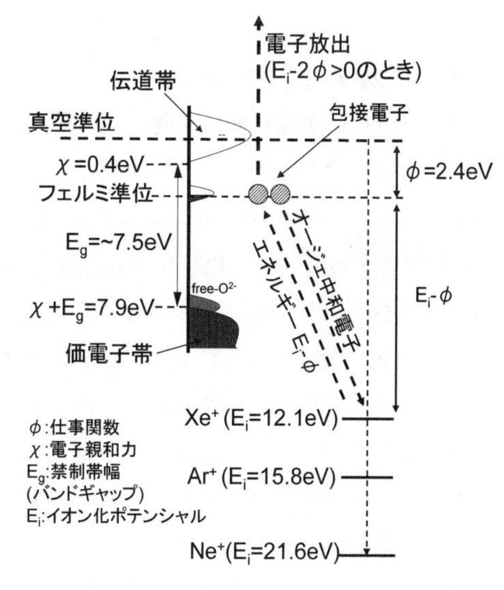

図5　C12A7エレクトライドの電子構造と正イオンによるポテンシャル放出

ギー，横軸は状態密度を示す。図中に示すように，2次電子放出は，i）励起イオンのオージェ中和による固体電子へのエネルギー移動，ii）仕事関数を超えるエネルギーを獲得した電子の物質表面からの放出の，すくなくとも2段階を経る。図からわかるように，この機構で電子放出を継続するには，何らかの形で材料外部からの電子の補給が必要であり，実際の放電ランプでは電極を介してランプ外部から補給されたり，交流駆動により陽極となったときに放電プラズマから補給される。Xeのイオン化ポテンシャルは12.1eVであるから，C12A7エレクトライドの仕事関数2.4eVを与えているケージに包接された電子は，(1)に示すポテンシャル放出のためのエネルギー要件を満たす。一方，価電子帯上端のエネルギー（この場合は電子親和力＋禁制帯幅）は，約7.9eVであるから，上記のエネルギー要件は満たし難い。Xe^+イオンによる包接電子の励起効率は，包接電子密度（包接電子バンドの状態密度）が大きいほど高く，上記のγ係数の電子密度依存性が生じる。一方，Neのイオン化ポテンシャルは21.6eVであるので，包接電子および電子帯上端電子の両方がエネルギー要件を満たし，包接電子密度のγ係数への影響が少ない。Xe^+励起による放出電子のエネルギー分布はほぼ1つのピークを持つのに対し，Ne^+励起ではエネルギー分布に複数のピークが見られることとも整合する。

水銀からの紫外発光を代替するものとして，Xeからの紫外発光の利用が検討されているが，陰極降下電圧が高くなるなどの課題があった。C12A7エレクトライドは，このようにイオン化ポテンシャルの小さい放電ガスを用いる蛍光ランプにも利用可能と考えられる。また，γ係数を測定する上で，低仕事関数の材料は化学的に活性な場合が多く，大気に露出された材料は，吸着または水和などによって急速に劣化し，真空中での熱処理などを行わないと良好なγ係数を測定できない場合が多い。このような表面処理なしでγ効果が得られるC12A7エレクトライドは，電子放出材料としては，表面の化学的活性が相対的に低く，安定な材料であるといえる。

7.3 冷陰極蛍光ランプ用陰極材料としてのC12A7エレクトライド

7.3.1 新しい陰極材料の開発

液晶ディスプレイバックライト用冷陰極蛍光ランプの発光効率の向上のため，陰極材料の適切な選択により，陰極降下電圧の低減が検討されている。実用材料としては，陰極材料をNiからMoに変更することで，陰極降下電圧が低減し，発光効率が向上することが知られている[10)]。新規の陰極材料としては，アルカリ土類酸化物であるBaOを電子源（エミッタ）として通常のNi陰極の表面に設けることにより，陰極降下電圧が低減されることが報告されている[11)]。また，同様に陰極降下電圧の低減を目的としたエミッタとしては，不純物添加されたダイヤモンド薄膜の提案もなされている[12)]。新規の陰極材料には，低仕事関数，すなわち，電子放出特性の優れた物質であり，かつプラズマの暴露に対する耐久性など，長期のランプ使用によっても電子放出特性が低下しないことが求められる。

7.3.2 オープンセルによる放電特性の測定

図6に示す装置を用いると，ランプを作製せずに（すなわちオープンセルで），任意の放電ガ

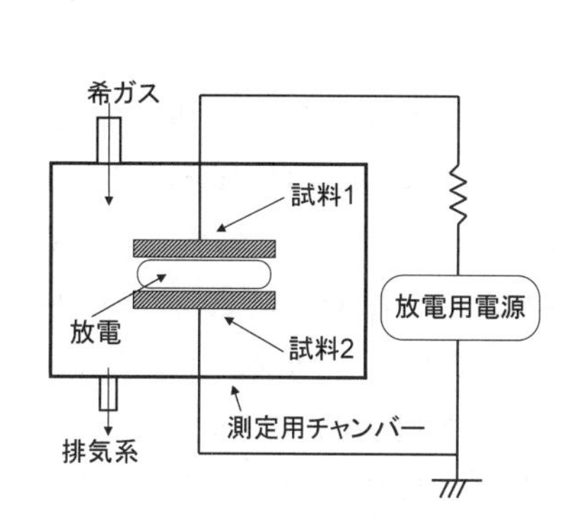

図6　オープンセル放電測定装置の概略

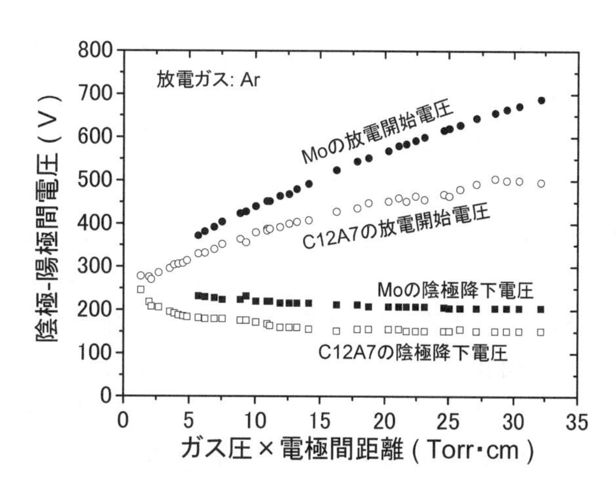

図7　C12A7エレクトライドを塗布した平板試料（Mo基板上）と未塗布Mo平板試料についてAr中で測定した放電開始電圧および陰極降下電圧のガス圧依存性

ス圧のもとで，陰極材料の放電特性を評価することができる[13]。また，陰極を平板として，陰極―陽極間距離を小さくとり，陽光柱を生じないような試料配置とすれば，陰極材料の陰極降下電圧のみを測定することが可能である。本装置を用いて，C12A7エレクトライドのガス中放電特性を測定した。試料はMo基板上にC12A7エレクトライドの厚膜（厚み約20μm）が塗布されたものであり，C12A7の電子密度は約10^{20}cm^{-3}である。対向電極としてC12A7エレクトライドが塗布されていない金属Moを設置して，交互に陰極として用いた。陰極降下電圧は，陰極の表面状態や不純物ガスなど，放電ガスの状態に大きく影響を受けるため，このような配置とすることで，同一の雰囲気下での比較が可能となる。試料をチャンバー内に設置したのち，真空排気・ガス導入を行い，冷陰極として放電させた。放電ガスとして，一般的にランプに利用されているArを選択した。図7にC12A7エレクトライドおよび参照用の金属Moの放電開始電圧および陰極降下電圧を示す。放電電流は1～10mAの一般的なCCFLと同様の電流値とした。この電流範囲では陰極降下電圧の電流値依存性はほとんどなかった。図に示すように，いずれのガス圧領域でも，C12A7エレクトライドの放電開始電圧および陰極降下電圧は，Moよりも低いことがわかる。このような放電開始電圧および陰極降下電圧の差は，C12A7エレクトライドのAr^+に対するγ係数（γ_{Ar}）が，Moのγ_{Ar}よりも大きいことを示している。Arのイオン化ポテンシャルは15.8eVであり，Xeのイオン化ポテンシャル（12.1eV）よりも大きいので，前述のXe^+についてのγの直接測定の結果から，C12A7エレクトライドのγ_{Ar}は0.10以上と考えられる。一方，Moのγ_{Ar}については，0.07（ガス中での放電特性より）との報告があり[14]，図7に示した結果を支持している。

7.3.3　C12A7エレクトライドを陰極に用いた放電ランプの作製

C12A7エレクトライドを冷陰極材料に用いたグロー放電ランプを作製し，放電特性を調べた。

C12A7 エレクトライドのバルク体を，直径 5 mm，深さ 5 mm の窪みを持つ円筒形（ホロー形状）に加工して，陰極として用いて，図 8 に示すような放電ランプを作製した。このような形状の電極を，ホロー電極とよび，陰極表面積が増大し，またホロー内側への放電プラズマの閉じ込めによって，励起イオンや光電子の利用効率が上がり，放電電圧が低下したり，動的な放電特性が良好となるので，CCFL などのフィラメントを使用しない放電ランプではしばしば用いられる。またホロー電極によるこれらの効果をホロー効果と呼ぶ。作製したランプの放電ガスは純 Ar (5Torr) とした。ガラス管の内面には蛍光体は塗布せず，陽極として Ni を用いて，陰極 ― 陽極間の距離を 1 cm とした。比較のために C12A7 エレクトライドに代えて Mo を陰極として用いたランプも作製した。ランプの作製は一般的な工程で行い，以下の通りである。まずランプ管内を真空に保ちながら，400℃で加熱することにより，ランプ管内の吸着ガスを除去した。その後，ランプを室温まで冷却したのちに，所定の圧力の放電ガスを導入し，さらに，ガス封入および排気用のガラス管を封じることにより放電ランプを作製した。作製したエレクトライド陰極放電ランプに 100kΩ の抵抗を直列に接続し，直流電圧を印加して放電ランプを点灯させた。図 9(a)に作製したランプを放電させたときの，陰極の様子を示す。さらに印加電圧を変化させたところ，図 9(c)に示す電流 ― 電圧特性が得られた。図中のプロットの範囲は，最低の電流値未満ではランプが消灯し，最大電流値を超えると陰極ホロー部（窪み）から負グローが漏れることを示す。図中に示すように，測定を行ったすべての電流値の領域で，C12A7 エレクトライド陰極ランプは，同様に測定を行った Mo 陰極ランプと比較して，低いランプ電圧を示すことがわかった。放電を維持するための最小のランプ電圧（最低放電維持電圧）は 110V であり，放電電極の間隔が 1 cm と短い今回作製したランプでは陽光柱も観察されなかったことから，このときの陰極降下電圧は放電維持電圧とほぼ等しく，その最低値は 110V であると判断できる。同様に求めた Mo 陰極ランプの陰極降下電圧は 170V であった。次に印加電圧を 10Hz のパルス状として，放電開始電圧を測定したところ，310V であり，Mo 陰極ランプの場合の 336V と比較して低かった。また，同じ印加電圧では C12A7 エレクトライド陰極ランプの放電電流値は，Mo 陰極ランプのそれと比較して大きいことがわかった。同様の放電ランプを Xe を放電ガスとして用いて作製したところ，図 9(d)に示す特性が得られ，C12A7 エレクトライドを陰極材料とすると，

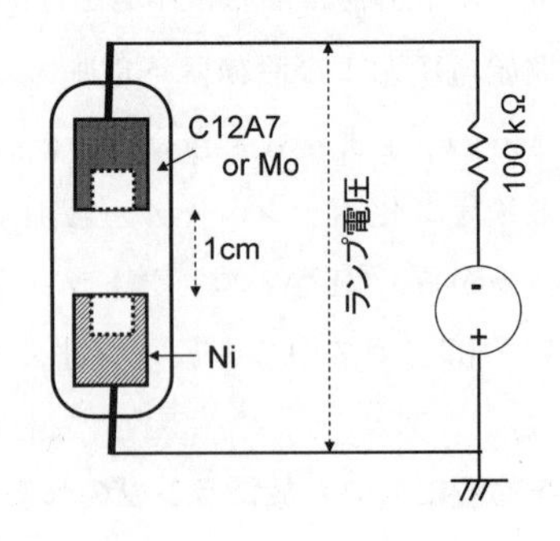

図 8　放電特性の評価用に作製したランプの構造および放電特性の測定方法

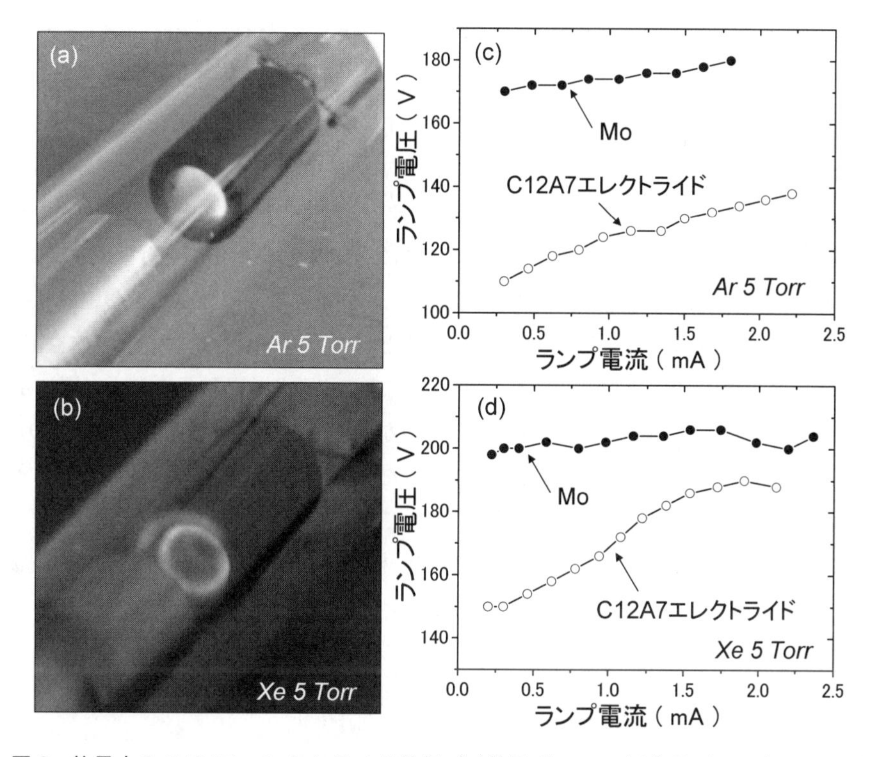

図9　放電中のC12A7エレクトライド陰極（(a)放電ガスAr，(b)放電ガスXe），および C12A7エレクトライドを陰極に用いた放電ランプとMo陰極ランプの電流電圧特性の比較（(c)放電ガスAr，(d)放電ガスXe）

表1　C12A7エレクトライドおよびMoを陰極に用いた放電ランプの放電開始電圧 V_f および陰極降下電圧 V_c
陰極降下電圧はそれぞれのランプの最低放電維持電流での値を示す。

放電ガス	陰極	V_f(V)	V_c(V)
Ar	Mo	336V	170V
	C12A7	310V	110V
Xe	Mo	440V	198V
	C12A7	342V	150V

Xeガス中でも，Moと比較して，低い陰極降下電圧となることがわかった。表1に，C12A7エレクトライドとMoを，それぞれ陰極材料として使用した場合の，放電開始電圧，最低放電維持電流で駆動したときの陰極降下電圧の比較を示す。真空チャンバー内での平行平板での放電特性の測定結果と比較すると，作製したランプでは，陰極降下電圧が全体的に低下しており，上述のホロー効果や，真空加熱排気によって放電ガスの純度が高められたことが要因と考えられる。また，C12A7エレクトライド，Mo共に陰極降下電圧が正の電流値依存性を示すのは，放電電流値

によってホロー効果の程度が異なることに加え，電極自体の電気抵抗の影響も考えられる。

上記のように，C12A7 ランプを陰極材料として用いた放電ランプは，放電特性が Mo よりも良好で，かつ，電極部の溶接，ガラス管への封着工程，加熱排気などのプロセスにも適性があることが分かった。

また，蛍光ランプ用の陰極材料としては，スパッタリング率が低いことなどの放電プラズマに対する耐久性，紫外発光を行う水銀などの放電ガスに対する化学的な安定性なども重要である。これらの特性が不十分であると，放電を続けるうちに，放電ガスの組成が変化して陽光柱の発光特性が低下したり，陰極降下電圧が増大することなどにより，不点灯や輝度低下の原因となる。図 10 に放電ガスを Ar＋Hg として作製したランプを連続放電させた結果を示す。図に示すように，1200 時間経過後も，陰極降下電圧は増大していない。また，水銀からの発光輝度の低下や，ガラス管内壁へのスパッタ痕なども観察されなかった。図 11 には，C12A7 エレクトライドのバルク体を用いて試作した CCFL を市販の回路で駆動させて，試作 CCFL が発光中の様子を示す。

以上のことから，C12A7 エレクトライドを放電陰極材料として用いると，陰極降下電圧の低減，放電電流値の増大などによって，冷陰極蛍光ランプの消費電力低減や発光効率向上が期待できることが分かった。

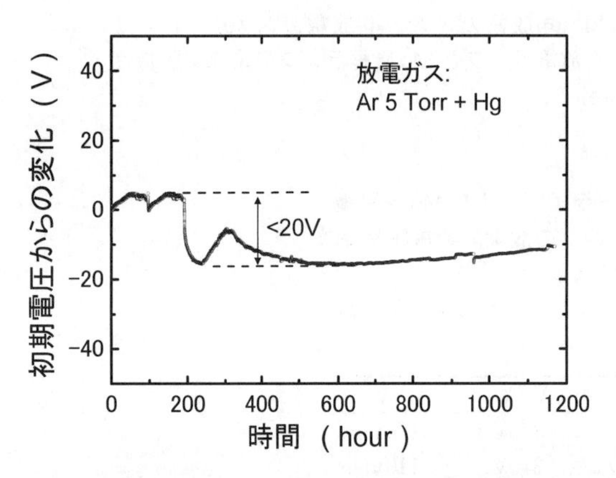

図 10　陰極を C12A7 エレクトライド，放電ガスとして Ar および Hg を用いた放電ランプを連続放電させたときのランプ管電圧変化

図 11　両電極に C12A7 エレクトライドを用いた CCFL を液晶バックライト用の市販の回路にて駆動中の様子

放電ガスは Ar20Torr＋Hg，管径 3 mm で蛍光体付き，電極間距離 25cm，駆動波形は正弦波状で 26kHz，駆動電流は実効値で約 8 mA である。

文　　献

1)　植月唯夫，太平琢磨，武田雄士，福政修，照明学会誌，**92**, 775 (2008)
2)　H. Kajiyama, K. Tsutsumi, T. Fukasawa, M. Ishimoto, G. Uchida, T. Nishio, and T. Shinoda, Proceedings of IDW/AD'05, p.431 (2005)
3)　S. Webster, M. Ono, S. Ito, K. Tsutsumi, G. Uchida, H. Kajiyama, and T. Shinoda, Proceedings of IDW/AD'06, p.345 (2006)
4)　田頭博昭，放電ハンドブック，p.30，電気学会 (1974)
5)　K. Hayashi, S. Matsuishi, T. Kamiya, M. Hirano, and H. Hosono, *Nature*, **419**, 462 (2002)
6)　S. Matsuishi, M. Miyakawa, K. Hayshi, T.Kamiya, M. Hirano, I. Tanaka, and H. Hosono, *Science*, **301**, 626 (2003)
7)　Y. Toda, S. Matsuishi, K. Hayashi, K. Ueda, T. Kamiya, M. Hirano, and H. Hosono, *Adv. Matt.*, **16**, 685 (2004)
8)　Y. Toda, S. W. Kim, K. Hayashi, M. Hirano, T. Kamiya, and H. Hosono, *Appl. Phys. Lett.*, **87**, 254103-1 (2005)
9)　Y. Toda, H. Yanagi, E. Ikenaga, J. J. Kim, M. Kobata, S. Ueda, T. Kamiya, M. Hirano, K. Kobayashi, and H. Hosono, *Adv. Matt.*, **19**, 3564 (2007)
10)　武田雄士，北本良太，植月唯夫，福政修，照明学会誌，**91**, 700 (2007)
11)　辻川信人，古屋哲夫，山田顕二，出島尚，木原慎二，松尾和尋，電子情報通信学会技術研究報告．EID，電子ディスプレイ，**99 (598)**, 49 (2000)
12)　酒井忠司，小野富男，佐久間尚志，東芝レビュー，**60**, 34 (2005)
13)　G. Auday, Ph. Guillot, and J. Galy, *J. Appl. Phys.*, **88**, 4871 (2000)
14)　鳥山四男，放電ハンドブック，p.61，電気学会 (1961)

酸化物半導体と鉄系超伝導
—新物質・新機能・応用展開—《普及版》(B1169)

2010年8月31日　初　版　第1刷発行
2016年6月8日　普及版　第1刷発行

監　修　細野秀雄，平野正浩　Printed in Japan
発行者　辻　賢司
発行所　株式会社シーエムシー出版
東京都千代田区神田錦町1-17-1
電話03(3293)7066
大阪市中央区内平野町1-3-12
電話06(4794)8234
http://www.cmcbooks.co.jp/

〔印刷　日本ハイコム株式会社〕

ISBN978-4-7813-1111-1 C3054 ¥3600E